# 无畏

# The Comeback

## 女性职场进阶手册

## How Today's Moms Reenter the Workplace Successfully

[美] 谢里尔·卡索恩（Cheryl Casone）著
陈丽芳 译

中信出版集团 | 北京

**图书在版编目（CIP）数据**

无畏 /（美）谢里尔 · 卡索恩著；陈丽芳译. -- 北京：中信出版社，2019.6

书名原文：The Comeback: How Today's Moms Reenter the Workplace Successfully

ISBN 978-7-5217-0450-1

Ⅰ. ①无… Ⅱ. ①谢… ②陈… Ⅲ. ①女性 – 成功心理 – 通俗读物 Ⅳ. ①B848.4-49

中国版本图书馆CIP数据核字（2019）第075890号



**无畏**

著　　者：［美］谢里尔 · 卡索恩
译　　者：陈丽芳
出版发行：中信出版集团股份有限公司
（北京市朝阳区惠新东街甲4号富盛大厦2座　邮编　100029）
承 印 者：北京诚信伟业印刷有限公司

开　　本：880mm × 1230mm　1/32　　印　　张：6.25　　字　　数：120千字
版　　次：2019年6月第1版　　印　　次：2019年6月第1次印刷
京权图字：01–2019–2962　　广告经营许可证：京朝工商广字第8087号
书　　号：ISBN 978–7–5217–0450–1
定　　价：49.00元

感谢所有和我们慷慨分享个人经历的职场妈妈。

为保护个人隐私，本书相关人员大多均使用化名。

谨以此书献给每一位在职场打拼的妈妈

# 目 录

# 序

## 只要相信自己，就能心想事成

小时候，每天晚上母亲在哄我上床睡觉时，总不忘对我说一句："只要相信自己，你就能心想事成。"我很幸运能有这样的好母亲。我对她的话深信不疑，而且我知道，要实现人生的诸多目标，就必须懂得付出、十分努力才行。

我曾有过许多远大的理想，其中有些理想已经成为现实。童年时期，我担任过音乐会的小提琴手。高中毕业典礼上，我作为优秀毕业生发表致辞。后来，我去斯坦福大学读书，并于 1989 年成为美国小姐选美大赛的冠军。这些独特的经历和年少时的勤奋，为我在电视行业的迅速成长奠定了坚实的基础。25 年来，我一步一个脚印，从当初弗吉尼亚州里士满市一个初出茅庐的电视记者，到辛辛那提、克里夫兰和达拉斯等多个城市的媒体从业者，最终成为纽约市福克斯新闻节目的主播。

这一路走来，母亲的话时常在耳畔回响："相信自己，你就能心想事成！"年少无知的我，从来没有想过要让这句话变成现实，也没想过自己将克服怎样的挑战。随着阅历的加深，我深刻地体会到：职场如战场，对女性而言，更是如此。如果不坚持自己的梦想，不放手甩开自我强加的负疚感，热心地帮助他人，女性就永远不可能成功。

作为美国小姐和电视工作者，我在职业发展刚起步时，曾遭遇过性骚扰。每次从事新的工作，大家对我先入为主的印象掩盖了真实的我。他们总说："瞧瞧当年的美国小姐。"当时，我在婚后一周被解聘，不再是俄亥俄州克里夫兰城的电视主播。老板炒我鱿鱼时还宽慰我说："有了丈夫，你就用不着工作了。"因此，我必须付出双倍的努力，立志成为电视台的台柱，才能让大家不随便对我下定义，才能让他们发现真正的我。我相信，很多女性朋友只有付出更多的努力，才能克服性别歧视带来的障碍。

生活不易，女人何苦为难自己。但是，很多女性仍然给自己加了很多思想包袱——她们总觉得自己做得不够：家庭主妇因为无法工作而内疚；职场妈妈往往会因为自己在外打拼，没照顾好孩子而深陷自责。无论她们怎么做，负疚感都如影随形，仿佛这就是宿命。

我们不能再这样纠结下去了。如果我们想要重出江湖，就不应在自责中浪费时间。首先，你要想清楚你究竟想成为怎样的人。重返职场是你的个人选择，没有人能告诉你怎么做最合适。

无论你做出怎样的选择，都需要权衡、取舍。我一直很清楚，我要做到家庭、事业兼顾，我希望能给孩子们做好表率，做一个有价值的人。为此，我必须面对现实：成为一个好妈妈是我最重要的事，但是这绝对不是我唯一的目标。尽管我是一个做任何事都要求自己百分之百投入的人，但我的全身心投入也只是针对当下正在做的事情而已。我在上班的时候，能照顾到小孩吗？不能。同理，如果我在家里，能全身心投入工作吗？也不可能。但无论我在哪里，我肯定会选择百分之百尽力。我会想办法兼顾工作和身为人母的责任。只有这样做了，人生才没白活。当然，我也不能自欺欺人，我可不是女超人。

既然大家都不是女超人，我们就得寻求帮助。如果你有个贴心的爱人，能理解你的人生目标，和你一起分担养育子女的责任，那么家庭事业双丰收就容易得多。当年我在初识我的丈夫时就告诉他，有了孩子以后我要继续工作。我很高兴和他谈恋爱的时候就直言不讳。我们要面对现实，就算你给自己设定了规则，说想要家庭事业平分秋色，但现实未必能如你所愿。你和爱人最好从一开始就商量好分工协作，尽可能做到双方都能实现自己的人生目标。

30 多年的从业经历让我领悟到了一个最重要的道理：我选择在生完孩子后回归职场，是要告诉我 11 岁的儿子和 13 岁的女儿——妈妈当自强。我尤其希望我的儿子能理解我。为什么？因为我觉得我需要改变男性的思维模式，尤其是小男孩对身居要位的“女强人”的看法。我希望通过了解我，儿子能够尊重甚至敬佩未来将和他共事的女同事，一如他尊重、敬佩我一样。如果女性要克服回归职场道路上的所有障碍，我们就需要下一代男性能够扶持女人。

所有的女性必须互相帮助。我很幸运，在个人职业发展中碰到了几个非常强大的女上司，她们一路督促鼓励着我跳出自己的舒适圈，担当重任，并且激励我做最好的自己。当然，我也碰到过一些故意和我过不去的女性朋友。在我当选美国小姐后，纽约一位著名的女性电视记者在采访我时，曾提了一系列唐突的问题（“你曾经吸过毒吗？”“你有性经验吗？”）而让整个新闻界诟病。可以说，我碰到过各色各样的人，正是因为这些经历，得以让我将回馈社会、帮助其他女性成长作为我人生的一大目标。

谢里尔 · 卡索恩是激励其他人成长的强者，她写下了《无畏》一书，旨在帮助更多的女性朋友实现养家的理想。同为记者，我可以说，谢里尔 · 卡索恩独特的视野和帮助女性实现回归职场的方法都在这本含金量极高的书中体现出来了。同为职场妈妈，我可以大胆地对那些想要重新拥有自己事业的女性说："这是你们顺利回归职场的必读书！"

母亲一直在鼓励我追寻自己的梦想，她让我一直坚持实现自己的理想。从她身上，我明白，女性若要实现职场回归，需要勇气。母亲在过去 40 年里一直呕心沥血，抚养我们成人。10 年前，她成了我们家族汽车经销企业的CEO（首席执行官）。我们家族曾有上百年经销汽车的历史。当通用汽车公司和美国政府联合关闭了整个美国的汽车经销业务时，我的父母也被剥夺了经销汽车资格。但他们并不甘心就此失去我们赖以生存的营生。当时，明尼苏达州的机动车辆销售依然是一个利润不错的行业。我母亲认定她绝不可以坐以待毙，不能让苦心经营的百年家族基业就此毁了。于是，她开始联系明尼苏达州所有的国会议员，她甚至前往国会大厦请愿。你猜结果如何？她赢得了重振旗鼓、把家业发扬光大的机会。

我母亲能重新回归职场，我对此很感恩。同时，我希望更多的女性能鼓足勇气，实现自己的梦想。让我们下定决心，无论是重返职场，还是白手起家，我都会在这里一直为你们加油。我用母亲经常提醒我的一句话和大家共勉："只要相信自己，你就能心想事成。"我相信所有的女性都能回归职场，我也相信你能从谢里尔 · 卡索恩的书中获益良多。

格雷琴 · 卡尔森（Gretchen Carlson）①

---

① 格雷琴 · 卡尔森（Gretchen Carlson），福克斯新闻频道《卡尔森故事会》节目主持人，著有《变得真实》（*Gelting Real*）一书。

# 前言

## 直面挑战，迎接变化

玛莎是一名女秘书，生孩子前她一直在工作。生了女儿后，她在家待了两年。等她返回职场时，她选择了临时性的工作，只为能有更多的时间陪伴女儿。如果女儿生病或她和丈夫想去休假的时候，非全职性的工作更灵活、方便。这样她不至于荒废了业务，也不怕就此丢失职场人脉。

玛莎的独生女在去了托儿所后，很快适应了那里的生活。她喜欢和别的小朋友一起玩，在家里也比较好带，玛莎很幸运。等到女儿快 4 岁的时候，可以上幼儿园了，玛莎觉得现在是时候开始全职工作了。她很喜欢待在家里陪女儿，但是她也很热爱工作。“工作和身为人母的身份让我的人生更加圆满。”她在工作中得心应手，知道自己该干什么，也能和不同的人接触。她喜欢上班，也需要一份工作贴补家用。整天待在家里，坐等着女儿放学回家，这不是她想要的生活。

玛莎也许早有不祥的预感，就在她返回职场不久，玛莎就和丈夫分居了，之后又离婚了。

现在，玛莎已经 70 多岁了，她仍记得自己当初做了母亲后重返职场的骄傲。工作让她的人生更加完整，她也对自己更加满意。工作让她快乐，也让她成了一个更加幸福的母亲。虽然一边工作、一边照顾家庭很辛苦，但她依然认定女性回归职场后，也能更好地平衡个人的家庭生活和社会角色。当年，玛莎的职业选择非常有限，大多是秘书、老师和护士这样的工作；而今，情况已经发生了巨大的变化。玛莎觉得她和其他职场妈妈通过自己努力工作给孩子们树立了良好的榜样。

玛莎的想法是对的，她重返职场的决定给了女儿积极的影响。我也确信这一点，因为玛莎就是我的母亲，我就是她的女儿。每天清晨，我看着母亲早早起床，做好一天的准备，帮我收拾好东西，然后我们一起出门。每天晚上，她下班回来，我都能感觉到她对生活的热爱以及对我的关怀。我们一起度过美好的夜晚。周末，我们也互相陪伴。她从来没有离开过我。我也一直支持着她。我见证了她的乐观热情和积极进取，也深受她的影响，让自己做得更好。她就是我的榜样。在我眼里，这个勤劳的职业妇女，一直都拥有充实且有意义的生活。她照顾我的同时，又将工作做得很好。她认真、从容的生活态度，在工作和家庭生活之间游刃有余，这一切都让我着实钦佩。她为生活和工作设定了很高的标准，对此我很感激。

从某种程度上来讲，是她激励着我去写这本书。作为一个财经记者和主播，我曾在福克斯商业新闻网上报道过一件事。2008 年 9 月 15 日，雷曼兄弟破产，随之而来的是美国经济大崩盘。当时，我对此一无所知，但正因为经济形势不景气，我有幸得以和很多像我母亲一样的职业妇女交谈——她们都在不遗余力地平衡自己的家庭和事业。很多人在当了多年的全职太太后，又迫于生计返回职场，因为她们的配偶下岗、降薪或者所在的公司倒闭了。情况最糟的时候，美国的失业率高达 10%。[①]大家都想知道哪些单位在招人，哪些行业能尽快走出低谷。我找到了答案。我不仅报道了华尔街的大事，还追踪硅谷、制造业、娱乐业等领域的信息。突然，就业问题成了我的工作重心。

在美国经历了大萧条之后，我继续关注就业问题，而女性的就业问题是我采访报道的重点内容。有一天，在广告时段，《福克斯之友》栏目的主持人伊丽莎白·哈塞尔贝克提到她有很多才华横溢、创意无限、经验丰富的“妈妈”朋友，她们希望重返职场，却苦于没有门路。她问我是否有关于女性重新回归职场的信息。当时，我毫无头绪，但我答应她会先做一番调查，再给她回复。在我开始调查时，我想起了自己的母亲，还想到很多同事和朋友——她们都是在孩子还很小的时候就回来上班，重新开创自己的事业的。我想，这世上一定有境遇更加艰难的女性，她们急需一份工作，赚钱养家。我对这些女性的遭遇感到同情，认为职场也需要这些女性。就这样，我心里萌生了写这本书的想法。

刚开始接手这个项目，我有点儿犹豫。毕竟这是一个以妈妈们为核心的课题。我还没有当妈妈，也从来没想过要生一个孩子。但是，我所在的地方有很多女性，我看到她们因为生孩子而离开职场，之后又回归的经历。我见证了科技的发展如何让这些妈妈失去自己的竞争优势——在她们休假期间，整个新闻网已安装了全新的系统；等她们回来时，只能向我和其他热心的同事求助如何使用并适应新的设备和系统。这一切我都看在眼里。我之前在福克斯电视台工作的时候，还见过女职

① “当前人口普查中获得的劳动力数据”，2015 年美国劳动局统计数据，http://data.bls.gov.timeseries/LNS14000000。

员因为产假错失了升职的机会。这绝对是对职场女性的惩罚，而这些情况是我这个没有孩子的女职员以及男同事从来没有遭遇过的。

虽然我还没有孩子，但是我想说说我的看法。首先，我的视角很独特：我是一个女人，一名记者、一个接触过多个行业佼佼者的职业发展专家。我倾听过很多女性和基层工作者的心声。很多职场妈妈会向我坦陈心声。我是一个善于挖掘信息的记者，我也是一个全身心支持女性维护自己权益和理想的女人。如果我那些职场妈妈朋友认定本书的观点很有用，那么其他女性读者也能从中获益。

我先从认识的女性朋友开始，后来通过社交媒体平台收集到了更多女性的信息。后来，这些接受调查访问的女性通过博客和相关妈妈论坛进行传播，让更多人知道了这个调查项目，也让我有机会接触到更多的女性朋友。最后，我有幸收集到各行各业几百名女性朋友的采访数据。我问她们，如何回归职场？如何找到自己心仪的工作？这一路上经历了哪些困难，她们又是如何克服的？如何重振自己的事业？我所采访的每个女性朋友都有自己独特的经历——有人面对过很多障碍，有人走了弯路，但她们都在这个过程中成长了，每个人都有值得他人借鉴的宝贵的经验和心得。有些人甚至说，如果再让她们经历一次这样的体验，她们也愿意。

在整理这些调查报告的过程中，最让我感到惊讶和感恩的是，有太多被采访者都对自己有机会接受采访感到兴奋。她们的热心和慷慨打动了我。我和一位女性沟通的时候，她向我推荐了另一个正在经历重大挫折的朋友。她们希望借此机会，帮助她更好地振作起来，并且从这些挑战和困难中学到更多。这些女性都很热情，无论她们来自哪个国家，无论她们的职业是什么。这就好像是一列女性互助的快车，一路的旅程让我大开眼界，也让我备感温暖。我采访过律师、医生、健身教练和服务生，还有教师、记者、退伍军人、企业家和社会工作者，我希望能吸收各行各业女性的智慧。这些女性朋友有一个共同的特点：她们都希望自己在职场成功。

我所采访的多数女性都曾打算重返职场，但大多数人只有当自己的人生面临巨大的困境或者受到不可控力影响的时候（比如经济大萧条或者离婚），才会痛下决心，努力回归职场。不管回归职场的初衷是什么，她们回归的过程和经历都有很多相似之处。在美国，虽然职场妈妈占据了整个劳动力约 50%的比例，但我发现，几乎并没有相关的专业机构能够让这些需要职业支持的女性得到应有的帮助。

了解到这些女性的困难和痛苦之后，我便立刻开始着手帮助她们寻找解决办法。之后，我采访了一些就业律师、心理学家、理财师、职业规划导师、人力资源经理和首席执行官，她们都为我提供了妈妈们克服回归职场障碍的方法。不管大家从事哪个行业，回归职场的过程都是有章可循的。

我写这本书的一个原因是，我觉得每个女人都有机会像我的母亲一样兼顾家庭与事业。还有一个原因就是，当今我们的工作模式发生了深刻的变化，并且变化之快让人应接不暇时，女性为生育、抚养孩子，无论是请几个月的产假还是暂时停止工作，等到她们想要回归职场时，都需要一站式的资源支持，引导她们顺利回归。另外，我写这本书，也想要让女性朋友们知道，她们对于职场的巨大价值。最后，希望女性朋友能团结起来，并且，那些有条件接触更多信息的人有责任和大家一起分享有关如何顺利回归职场的信息。

本书每一章都有职场妈妈们的心得故事、建议和鼓舞人心的话语，你可以从这些在各个行业奋斗的职场妈妈们身上学到很多。有些职场妈妈身居要位，有些职场妈妈看似平凡，但她们的故事都有闪光之处。这本书旨在为那些打算休产假、辞职带孩子的女性朋友而写，希望能够为她们构建一个回归的框架，让她们在经历了短暂的休假或长期不工作的状态之后，能够顺利重返职场，找到心仪的工作，并且激励她们在各自的岗位上取得辉煌的成就。我希望大家都能家庭美满、事业有成。

现在有很多有关改善女性整体就业环境的书，也有很多关于如何平衡家庭和事业的书。但是，本书的内容和这两者都有所区别。它主要是为了帮助女性掌控自己的人生轨迹，无论你是被迫还是主动选择回归职场，本书都能为你提供顺利返回职场的建议。当然，本书也是为所有在未来会成为母亲的女性撰写的。而且，对于那些仍在工作的职场妈妈，无论你们将来打算当全职太太，还是创业或者在家里工作，你们都能从这本书中找到所需要的信息。无论你是谁，无论你的人生发生了怎样的变化，我都希望这本书能帮助你做到我母亲曾经做到的，正视发生的变化，自信地说："放马过来吧！"

# 第一部分

# 蓄势待发

# 第 1 章
# 做好充分的准备，勇敢回归

那些说全职妈妈很好当的人，他们肯定没有当过家庭主妇。想要做好全职妈妈，需要有老师的耐心、婚礼策划人的组织能力、会计师的理财智慧、警察的警觉和力量。如今，很多全职妈妈都曾在这些领域里接受过专业的训练，在生孩子、带孩子之前，她们都曾是各行各业的精英。

这些女性辞职的理由各种各样：孩子送托儿所的花费太高；怕错过孩子们的成长时光；家庭和事业无法兼顾；丈夫工作太忙，很难调班、请假，或者丈夫认为他的事业更重要；就想和孩子待在一起。

越来越多的职业女性将自己的专业技能和经验带回家。也许，此刻正在看这本书的你就是一个在职场雷厉风行的人——你牵头了融资项目，你可以在两年时间里将家庭教师协会的预算从 15 000 美元增加到 28 000 美元；你可以变着花样做菜，一下子能做出供 4 个人吃 3 天的东西；你可以一心多用，一天完成的事情很多人一个星期都干不完。很多全职妈妈喜欢待在家里做一些很重要的事情。若没有小家的正常运转，就没有整个社会的有序发展，而全职妈妈做的正是没有薪水的“工作”。

对一些女性来说，这样做仍是不够的。她们错失了能够发挥个人价值的工作良机，在满是家务、孩子以及与孩子学校相关的生活中感到窒息。她们所做的一切也没有得到应有的回报。但是，劳动获得报酬，得到他人的尊重，参与或见证重大历史事件——这种刺激和快感让她们怀念，她们也决定为孩子树立良好的榜样。她们不甘心自己多年所受的教育就此浪费，当孩子去上学后，她们也不想留守空巢，她们需要新的挑战。我听到的最让人动容的一句话是：“我不想大家只知道我是泰勒的母亲。”

全职妈妈重返职场，理由与其个人的际遇息息相关，不一而足，一如当年她们决心暂时离开职场、回归家庭一样。无论你多么热衷于养育下一代，也不管你是一位多么称职的全职妈妈，你早晚有可能决定义无反顾地重返职场。

**回归醒言**

“我重新回归职场后，情感上也有了寄托，我喜欢有自己的天地。看到周围的职场女性，我敬佩她们能自力更生，她们的自信让我觉得孩子并不是生活的全部。她们的生活丰富多彩，她们可以去度假，可以尽情构想如何装修自己的房子。以前，我在去参加烧烤派对时，常听到一些职场女性朋友说她们准备用什么材质的窗帘布或者打算去哪里度假。如果家里只有我丈夫一个人赚钱，那么我们根本没财力去做这些事情。我倒不是说生活不能缺少漂亮的窗帘布和度假安排，我也不想和别人攀比，但是，人生有很多种可能性，每一个人的角色也是多样的。

——蒂娜，猎头顾问、两个孩子的母亲

这类想法的改变或许会让你觉得很不可思议，或者你觉得别人怎样想并不至于让你放弃做全职妈妈。我在撰写本书时采访了数百位女性，其中大多数女性都有这种感觉——她们从来没有想过自己有一天会重返职场，但她们的确这样做了。有些人是因为上述理由，有些人是迫于形势。想想看，这样的事情不会发生在你身上？看看下列这些数据。

- 当今美国的离婚率已经达到了大约40%。[①]
- 2033年，美国州立大学本科教育的预期费用是95 000美元。[②]
- 大约31%的美国人没有退休储蓄账户、养老金、存款，什么都

① “美国2000年至2014年婚姻和结婚率的初步数据”（Provisional Number of Marriages and Marriage Rate: United States, 2000-2014），疾病预防和控制中心，见网页http://www.cdc.gov/nchs/nvss/marriage_divorce_tables.htm.

② 《辅导：高等教育的实是成本》“Tutorial Real Cost of Higher Education”，网站SavingForCollege.com，见网页http://www.savingforcollege.com/tutorial101/the_real cost_of_higher_education.php。

没有。[①]

- 52%的美国适龄工作家庭（约 4 600 万人口）有在退休后无法保持自己退休前生活水准的风险。[②]
- 美国鳏寡老人的平均年龄是 55 岁。[③]
- 家庭主妇群体中，有将近 500 万人生活在贫困线以下[④]。

我希望你决定回归职场时，并非是迫于经济压力或是面临生活中的困难。不过世事难料，也许你必须在人生的某个节点重新开始工作。也许对某些读者而言，这个时机已经到来。

如果你碰到了这种情况，那么欢迎回归。哪怕重返职场并非你的人生首选项，它也将开启你人生崭新的篇章。如果你的孩子已经长大

---

① “2014 年美国家庭经济状况报告”（Report on the Economic Well-being of U.S. Households in 2014），联邦储备系统委员会（Board of Governors of the Federal Reserve System），见网页 http://www.federalresreve.gov/econresdata/2014-report-economic-well-being-us-households-201505.pdf。

② “国家监管研究所最新调查显示有半数不符合标准”（NRRI Update Shows Half Still Falling Short），波士顿学院退休研究中心，2014 年 12 月，根据联邦储备针对消费者个人财务状况的调查结果所做的研究，见网页 http://crr.bc.edu/wp-content/uploads/2014/12/IB 14-20-508.pdf。

③ 大卫 · 韦弗（David A.Weaver），“Windows 和社会安全”（Windows and Social Security），《社会保障公报 70》Social Security Bulletin 70，3（2010），见网页 http://www.socialsecurity.gov/policy/docs/ssb/v70n3p89.pdf。

④ 卡门 · 德纳维斯 · 沃特（Carmen DeNavas-Walt）和伯纳德特 · 普洛克特（Bernadette D. Proctor），“美国的收入和贫困：2014 年当前人口报告”（Income and Poverty in the United States，2014；Current Population Peports），美国人口普查局（United States Census Bureau），见网页 http://www.census.gov/content/dam/Census/library/publications/2015/demo/p60-252.pdf。

成人，那么你将开始一段有趣的、重新发现自我价值的旅程——你和当年的自己一样聪明能干，而且身为人母让你的阅历更丰富了，对人生也会有更加独到的见解。如果你的孩子还小，即便你去工作，也不影响他们快乐成长。

我采访的许多女性都表示，在她们回归前后，家人的从容应对出乎她们的意料。有几位女性说，孩子不但没有责怪她们，而是更加疼惜辛苦工作的妈妈，她们完全没有料到孩子会这么懂事。哈佛商学院的一份调查表明，母亲有工作的女孩长大后比同龄人的表现更加出色，不但薪水更高，而且更有可能担任管理岗位。一个女性重返职场，受益的不仅是她的女儿，儿子也一样。调查表明，职场女性的儿子比全职太太的儿子更有成就。当然，这些调查结果并不否认全职妈妈悉心照顾儿女的优势，它表明，只要父母关心、支持孩子的成长，孩子就会拥有超强的适应能力。明白了这个道理，妈妈就能更好、更安心地工作，工作满意度也更高，更有可能实现个人的独立自主，并获得全新的自我成就感。

话虽如此，我采访的所有妈妈都坦言，回归职场的过程充满了艰辛。我明白这一点。当前，对于同级的职位，女性的薪酬往往只有男性的 79%，这不得不说是女性的一大挑战[①]。有时，这样的薪资甚至都

① 卡门·德纳维斯·沃特（Carmen DeNavas-Walt）和伯纳德特·普洛克特（Bernadette D. Proctor），"美国的收入和贫困：2014 年当前人口报告"（Income and Poverty in the United States，2014；Current Population Peports），美国人口普查局（United States Census Bureau），见网页 http://www.census.gov/content/dam/Census/library/publications/2015/demo/p60-252.pdf。

不够支付孩子的托管费用和上班的通勤费用。当人们质疑职场妈妈的专业素质和对工作的投入程度时，你会觉得一个女性要做到事业家庭两不误，真的很难。而当你启用了公司特许的弹性工作制或者因为家里的事情请假过多时，你晋升的机会肯定会受限。即使你离开职场只有一两年的时间，科技飞速的进步也会让你应接不暇。如果你在过去的 5 年时间里，生活中只有婴儿奶粉、纸尿裤，或者整天忙着绞尽脑汁说服家里的“混世小魔王”快餐是垃圾食品，或者处于青春叛逆期的孩子因为你不懂怎样使用社交网站对你不耐烦时，你肯定会怀疑自己重返职场究竟还有没有价值，你不再拥有当年踌躇满志的自信了。

全职妈妈要回归职场确实太难了，但这恰恰解释了经济合作和发展组织的统计数据：1990 年至今，劳动力市场中美国适龄工作女性的数量只增加了 1%。正因为困难重重，在我所采访的女性中，有一半以上的女性回归职场都是出于情势所迫。这里存在一个问题：因为全职妈妈重返职场困难重重，社会上给她们提供的就业机会也有限。因此，如果不提前规划，等到你不得不回归职场时，可供你选择的职业就会少之又少。

我要告诉大家一个让人振奋的消息：其实女性回归职场并没有那么难，只要提前考虑、做好规划，就能为重返工作岗位做好准备。只要你觉得自己准备好了，就可以随时执行计划。这就好比你给自己买了份保险——尽管你可能用不着这个回归计划，但是如果你和家人都有所准备，岂不是两全其美吗?

理想状况下，如果你是新婚或者头一次怀孕，那么你可以在请产假前就做好准备。如果你此刻正忙着照顾小孩，还要准时上班，觉得太劳碌不值得，那么你可以慢慢做好过渡——先回归家庭，等孩子大了，或者你觉得自己可以工作时再出山。如果你已经停止工作一段时间了，却苦于不知如何回归职场，或者不知道自己这样折腾值不值，那么我会非常有信心地告诉你：你完全可以重出江湖，而且你做得到！

也许你此刻回归职场是迫于形势，为了贴补家用。在这种情况下，请记住，你的回归绝对好处多多。对于重返职场的女性而言，最大的好处在于，她们不仅有机会充实自己的人生，还能丰富家庭生活。虽然平衡事业和家庭实属不易，但是，克服工作上的挑战能给你带来成就感，并且能丰富你的个人经历，也会让你变得更有魅力。

回归职场，不仅关乎你和家人。有了更多女性的回归，国家的经济实力才能更加强大。据《华尔街日报》刊载，在分析美国国会预算办公厅获得的数据后得出结论：如果美国的劳动力持续萎缩下去，美国将逐渐丧失竞争力。[①]当我在进行就业调查时，我总会在科学、技术、工程和数学领域（也就是人们通常所说的STEM职业中）发现很多就业机会。我鼓励更多的女性进入这些领域，因为这是能让一个人大展宏图、获得高薪回报的职业选择。

女性回归职场能大大改变整个就业市场的情况。高盛集团针对日本经济的调查报告显示，如果日本女性的就业率水平上升到和日本男

---

① 劳伦·韦伯（Lauren Weber），“如何让更多的女性进入职场”（How to Get More Women into the Workforce），《华尔街日报》（Wall Street Journal），见网页http://www.wsj.com/articles/how-to-get-more-women-into-the-workforce-1443600975?cb=logged0.7026360139716417。

性一样的水平（达到 80%），那么就业大军将增加 700 万人口，而经济实力将增长 13%①。同时，麦肯锡咨询公司的一份报告显示，如果全世界女性的就业率能和男性就业率持平，那么截至 2025 年，全球经济总额将增长 12 万亿美元②。国际货币基金会组织估计，如果美国的女性在公司文化和就业市场上能和男性各撑半边天，美国的经济将会增长 5%，以美元来计算，增长额将达到 43 000 亿美元③。这些数据说明了一切。职业女性不仅能推动美国经济的增长，还能推动全球各国经济的发展。这样一来，女性回归职场，不仅有利于家庭，还能为经济发展做出贡献，而国家整体经济实力的增长，自然会普惠无数家庭。

女性回归职场，还要考虑一个重要因素。要让更多想要或者需要回归职场的女性心想事成，降低回归难度的唯一办法就是让成她们主动回归职场。这些女性可以改变整个体制，但她们只能从内部突破。

---

① 佐名昭（Yoshiaki Nohara），“高盛的松井为日本增长注入了女性引擎”（Goldman’s Matsui Turns Abe to Womenomics for Japan Groeth），《彭博商业》（Bloomberg Business），见 网 页 http://www.bloomberg.com/news/articles/2014-01-21/goldman-s-mstsui-turns-abe-to-womennmics-for-Japan-growth。

② 乔纳森 · 沃泽尔（Johnnathan Woetzel）等，“推动男女平等能够带来价值 12 万亿美元的全球增长”（How Advancing Women’ s Equality Can Add ＄12 Trillion to Global Growth）。麦肯锡咨询公司（Mckinsey & Company），见网页 http://www.mckinsey.com/insights/growth/how_advancing_womens_equality_can_add_12_trillion_to_global_growth。

③ 卡特琳 · 埃尔伯 · 沃泰克（Katrin Elborgh-Woytek）等，“女性、工作和经济：性别平等的宏观收益”（Women，Work and the Economy：Macroecomic Gains from Gender Equality），“国际货币基金组织”（International Monetary Fund），见网页 http://www.imf.org/external/pubs/ft/sdn1310.pdf。

首先，她们要能立足于职场，让更多的人听到女性的心声，从体制内部完善女性就业机制：各个组织要倾听女性的声音，利用她们的智慧、技能、独特的见解和集体影响力；人力资源部门的人员也要明白这一点，待回归的女性在面试前更要牢记这一点。

回归职场容易吗？也许很不容易。但是，这和你初入职场时的情景大不相同。你曾经工作过，现在只是把以前放下的工作重新拿起来而已。之前你请了产假或者为了家庭决定辞职的时候，你不过是暂时上交了自己的工作证，而且现在的你比原来更成熟了，你将更加出色。你只需做好准备，整装待发，用实际行动证明这一点。本书所提到的女性就是为了证明这一点。我们是为了帮助你重新从家庭走出来，回归职场，让我们赶紧开始吧，大家已经企盼你回归很久了！

# 第 2 章
# 自始至终都要努力工作

你是个妈妈，当初穿着西装去上班的时候，正是电视剧《欲望都市》（*Sex and the City*）热播的时候。那时候，剧中的米兰达 · 霍布斯是职场妈妈竞相模仿的偶像。所以，你们一定要相信自己也能继续在职场上叱咤风云。你并没有错失良机。这里要提醒大家的是，我提供的建议并非只针对那些认定自己会当家庭主妇的人，本书的读者是所有职业女性。是的，我也希望这本书的理念能影响年轻女性，让她们尽早吸收新的理念，在自己的工作和生活中实践。有一天，当她们决定要小孩、请产假并最终回归职场的时候，她们会因为曾经读过这本书而更加从容。当然，本章的内容适合所有已经离开职场、想要回归职场的女性。为什么呢？因为其实一个女性规划如何为了生儿育女暂时告别职场所花费的精力，与为了重返职场所需要的心理和其他准备工作实际上是差不多的。

简言之，在职场中，人们对女性的期望与对男性的期望有所不同。面对一些过分的要求，我们不能忍气吞声，也不能对所有请求都来者不拒；另外，我们也不能咄咄逼人，以免给自己贴上“不好相处”的标签。在会议上发言时，女性被打断的概率更高。为了让大家都听到并理解我们的观点，女性有时候需要更加努力。我们一定要证明我们有男性无法比拟的优势和见地。但对于职场妈妈来说，职场中所受到的歧视会更多。曾有人对她们在职场中遭受的偏见和歧视做过解释，那就是身为人母的惩罚（motherhood penalty）。很多公司对待员工非常热情友好，也能体谅员工拥有自己的家庭与生活。但是，也有很多公司和上级主管，一听说你是个职业女性，而且还是一个母亲，就不由得从潜意识里对你心存偏见——他们会认为你有孩子，所以工作起来可能不那么用心、效率也会降低，业绩就更不用说了。面对这种情况，你要证明他们是错误的，无论你是在工作或打算休产假，还是打算重返职场，你都能证明，他们的观点是错误的。以下这些铁一般的职场规则不仅是给职场妈妈的建议，也是给所有女性的。

### 规则 1：像你从来没有离开职场一样努力工作

如果你只是把当前的工作当作权宜之计——你只是想有点儿事做——那么等到你怀孕了，你会发现，别人也会以同样的态度对待你。他们不会拿你当回事，因为你一直以来也没把自己做的事情当成一项事业，你没有像其他同事一样拼命工作，也没有像他们那样投入。所以，即使你从心底里知道，某一天你会成为一个全职妈妈，你也要表现出自己非常重视这份工作。因为努力工作、支持同事、配合上级是你的责任，而且你不知道世事将如何发展。也许你过一段时间才会怀孕，也许你慢慢就喜欢上了这份工作。你有很多理由把自己塑造成一名不可替代的好雇员，所以，请努力成为明星员工，积极争取晋升的机会。你可以成为领导者，也可以成为很好的团队合作者。请卯足了劲儿工作，让所有人看到（也让你自己明白）你是怎样一个人。给其他的年轻雇员树立榜样，你会成为引导新员工的资深模范。

此外，要让大家都乐于和你共事。做一个守时、专业、很有个人魅力的女性。有些职场专家建议女性要严格分开个人的工作和生活，我对此不以为然。人脉是非常宝贵的资源，但这并不代表你可以公然表现自己的情绪，也不要在办公室里表现得太夸张（当然世俗对此往往有不同的标准，男人如果在会上大发雷霆或者明显表现出自己的情绪，大家可能会敬仰他的激情。但是，女人要在会议桌上表露过多的情绪，就会被冠上“过于情绪化”、“不理智”甚至更糟糕的名头）。你要在职场上交一些朋友，要表现出你对其他人的生活和家庭很感兴趣。平日里多帮助他人，让大家知道你一直在关注、支持他们。

每个人都需要同盟。你现在积累的人脉关系将决定，在你有了孕期反应，在办公室里毫无征兆地呕吐时，是否有人帮你；你之前的付出会决定，当你全职在家很久以后想回归工作岗位时，是否有人打开门来欢迎你。所谓“种瓜得瓜”，你一开始设下的工作基调将直接影响到你在怀孕后会受到怎样的待遇。如果你决定加入丁克一族，那么你现在付出的努力会保证你在职场确立自己明星雇员的地位，大家会由此信任你、敬佩你。

不要只顾着去配合你的主管或领导，公司的每个人都举足轻重。也许那个刚从耶鲁大学毕业的 28 岁菜鸟有一天会超过你，成为你的领导，等你休完产假的时候，就得向他汇报工作。这些壮志凌云的年轻人将是公司里成长最快的人。也许你曾指导、帮助过他们，你要好好积累这些资源，有一天你会需要他们的帮助。有可能当初面试的时候，你是他的面试官，但当你休产假的时候，他已经晋升了。如果你在家里待了 5 年，等你回归的时候，他已经成为公司副总级别的领导了，而且是那些决定是否欢迎你回归的决策领导。我自己也和同事经常调侃："一定要对实习生和气一点儿，他们有一天可能会成为你的领导。"

记住，等你准备回归职场时，你需要他人的提携和帮助，你需要一定的人脉资源，不管你的产假是 12 周还是 12 年。如果你已离开职场长达 2 年，那么你一定要积极地向前一步，和当初的同事联系。不要害怕，他们还会记着你的好。再入职规划公司（iRelaunch.com）联合创始人卡罗·费舍曼·科恩（Carol Fishman Cohen）在做了全职妈妈多年后，再次复出创建了自己的公司，她把这种现象称为"时间冷冻"——那些年轻人一直记着你，你在他们心中一直是元老，是那个和气的职业女性。在他们脑海中，你还是当年准备请产假当妈妈的样子，他们没看见你整天给孩子换尿布的手忙脚乱，也不知道你缺乏自信。他们记忆中的你，永远是你当初指导他们的自信的状态。所以，你也没有必要让他们了解你在人生比较忙乱的那段日子里究竟经历了什么。

## 规则 2：了解你们公司的产假制度

你所在的公司对待育龄期的女职员的政策是宽松还是严苛，直接源于高层领导的态度。当瑞秋·佐伊看到她的公司里有很多育龄妇女时，你猜她做了什么？她开办了一家托儿所，这样，这些职场妈妈就能留在公司里继续为她效力。脸书的CEO马克·扎克伯格在妻子生了女儿后，宣布他会请2个月的产假，而他给男职员的产假则是4个月。雅虎公司的CEO梅丽莎·梅尔在2012年任职后，为所有育龄期员工设立了为期16周的产假制度，虽然她自己当时只休了2周的产假。而且，在她生了双胞胎女儿后，请的产假也很短。可以说，她并没有给公司其他女员工做好榜样，有些员工本打算休满产假再回来工作的。

公司的产假制度及其对应的公司文化，是你在备孕、休产假并最终决定回归职场时要提前知晓的。在进行招聘面试的时候，你可能无法问及产假制度，但是你可以询问公司的其他人员，去了解相关情况。比如，公司内部有托儿所吗？有专门的哺乳室吗？大家每天几点下班？他们周末加班的频率高吗？你一定要寻找一个有人情味的公司，尤其是对待职场妈妈相对宽松的工作环境。

当然，你可能已经就职于某家公司，当初你也没有想着去了解公司的产假制度。那么，现在是去了解的时候了。绝大多数公司网站上都有具体说明，你可以提前制订生育计划。大部分公司都有相关的制度手册，详细介绍员工的福利和保险制度。有些公司会有几周的带薪假期，之后几周的产假只发部分工资，而有些公司在整个产假期间都是停薪的。

在美国，1993 年通过的《家庭医疗休假法》( Family and Medical Leave Act ) 能够保护孕产妇的权益，并在其停薪休产假的过程中享受公司的健康保险。但公司是否适用这个制度取决于很多要素，包括在公司就职的年限等等。

在宣布自己怀孕前，你最好了解一下公司的产假制度。我采访过的一位女士是在 25 年前休产假的，之后她便开始了兼职工作，几年后又开始做全职工作。她当初告诉老板她要休产假的时候，老板的话让她大跌眼镜，他说："你真幸运，我也想什么都不干还能放四个月的假。"她对此只能耸耸肩，这就是那个年代的人对孕妇的态度。幸运的是她，很了解自己的权利，并不会因为老板的一番浑话而放弃自己的产假福利。

这位女士后来工作了很多年，而且很成功。随着时代的变迁，人们的观念和态度日益多元，她发现育龄妇女不受尊敬的现象越来越少。

也许你从没有想过去了解公司的产假制度，而且已经生了小孩了，我强烈建议你了解一下公司制度。你家里可能也有老人，他们也会需要你的照顾，到时候你也得请假去照顾他们。所以，提前了解公司制度一定没有坏处。如果你的孩子生病了，你需要请假，你也要了解公司有关事假的制度。

女性通常是照顾他人的主体。对于女性而言，母亲这个角色一直等到孩子长大、能够自立了，还在继续。由于没有人能够预测将来发生的事情，请时刻做好准备。

如果你能证明自己是一个值得信赖的员工，你对工作全心全意，你跟老板和同事的关系都很好，那么碰到你有事情要请假，申请弹性工作制度或者想兼顾工作与家庭时，就能获得更多来自同事和老板的同情和理解。

## 规则3：构建家庭统一战线

如果你打算去旅行，你会开着拖车，但什么日常用品和食物都不带，也不知道去哪里吗？你会直接去机场，等到了登机口才决定飞往哪里吗？当然不会。生孩子就是一场冒险之旅，很多事情是你没法提前做好准备的。但很多事情，你绝对可以，也应该提前计划——比如去旅行。一旦你坐下来认真思考接下来该干什么，你就会更加清楚自己想要什么，也就能在面对新情况时更好地决策。

钱永远是各个家庭首先考虑的要素。不管你觉得自己需不需要，都要提前制订好理财计划以备不时之需，这样也能大大降低夫妻之间矛盾和冲突的概率。在你准备生孩子之前更需要做好理财计划，因为有了孩子以后，生活的忙乱和身体的疲劳会让你考虑方便多过省钱。需要提醒你注意的是，虽然你的花费多了，但你若提前有所规划，有经济基础，你就能更加从容地生活，而不是整天在压力下煎熬。

所以，你可以和伴侣坐下来，拿出笔和纸或者打开电脑，然后开始算笔账。如果家里多了一个人吃饭，那么整个家庭的财务开支将会发生怎样的变化？你要写下自己的支出习惯，然后做出调整，为迎接新生命做好准备，否则等孩子出生了就会感到经济上捉襟见肘。

你可以和伴侣一起谈谈自己的工作，看看谁的工作时间更加灵活？孩子生病了、学校放假了或天气突然变化时，谁请假比较方便？谁公司的产假制度和医保制度更好？谁目前出差的时间比较多？孩子出生后，谁能为了孩子缩短出差的时间？孩子小的时候，哪一方能在家专职带孩子？兼职工作可能吗？如果你请假了，整个家庭的收入会缩减多少？如此一来，这会在多大程度上影响家庭存款？别忘了孩子上大学还有夫妻双方养老的费用。要知道，一旦你不再工作，公司就不会继续往你的养老金账户上存钱，这表明以后你这个账户上的收入就是目前的余额加日后的利息收入。如果现在银行的年息是5%，那么40年后这个账户里会有多少钱？

所有的理财师都会告诉你，家里准备一部分应急资金是很有必要的。一旦有人失业或者其他紧急状况发生（如生病或者死亡）。你将需要足够的钱来保证接下来至少6个月的费用：

- 房租或者房屋贷款
- 食物
- 汽车维护费用
- 水电费
- 保险费（汽车和家庭）
- 孩子的开销，包括学费、服装和课外培训班的费用
- 医疗保险

如果你手头没有这笔存款，那么你要赶紧为存够这笔钱制订计

划了。

谈谈你们双方的职业。如果你决定暂时待在家里带孩子，那么你将为此错失未来的职业发展机会，你能承受吗？你会因为离开职场而丧失自己的竞争优势吗？你对此关注吗？你会因为别人的升迁而心存不满吗？

当孩子出生后，你沉浸在为人父母的欢乐中，完全看不见职场上的挑战。等你某天回来上班，感到压力超大、身心俱疲、急需帮助的时候，才发现你的配偶爱莫能助。这太让人沮丧了！无论发生什么，你们都要对彼此体贴关心。孩子的降生肯定需要你进行调整，提前和伴侣商量如何应对、适应这种变化，这会大大减少夫妻双方因为生活琐事拌嘴的概率。

## 规则 4：确保了解自己的财务状况

除了努力存钱外，你还应该保证自己和配偶了解家庭的财务状况。我采访的理财师曾提及：绝大多数女性，包括一些受过高等教育的职业女性，都会开支票来支付家庭的账单，但她们对家庭整体的财务状况都缺乏全面的了解——她们不知道自己的收入和支出，不知道贷款利率，也不知道自己的养老账户里有多少钱。这是一个普遍存在的问题。如果碰到离婚或意外伤亡的情况，职场妈妈们只有了解家庭的财务状况，才能在意外发生的时候独当一面。她们要知道如果家里只剩一个劳动力——那个人不是别人正是自己时，或是面对婚姻的破裂时，该如何应对。每个女性都要知道自己家里的每一分钱都花在哪里了。

我的姑奶奶罗莎·克鲁克斯的经历给我留下了深刻的印象。在我的姑爷爷威尔顿70多岁去世时，姑奶奶罗莎还算健康，精力充沛。但是她从来没有开过支票，也不知道如何处理支票和储蓄账户，更不知道她和丈夫威尔顿存了多少钱。于是，一个快70岁的老人，不得不从头开始学习如何管理钱财。她活到了90多岁，自己一个人生活了20多年，我想这肯定是不容易的。所以，要避免罗莎姑奶奶的情况，我们一定要提前做好准备。

如果你是已婚人士，尤其当你是一位全职妈妈时，除了在家专心带孩子，你还得有自己的私人账户，账户余额至少要够整个家庭当月的开销，你可以把这个账户称为充裕资金或者私房钱等。我采访的很多多年不工作的女性都没有自己的单独账户，也没有再学习充电、提升技能以备重返工作岗位，更没有能自己支配的一分钱。你可以对你的配偶保密，不提自己拥有一个充裕的私人账户，但你必须保证自己有独立支配家庭财产的能力。实际上，夫妻双方都应该拥有自己能够独立支配资金和预算的账户，家庭收入未必一定要只放在一个账户里。

拥有自己的私人账户和你是否信任配偶之间一点儿关系都没有，但这却和与日俱增的离婚率以及夫妻双方的财务健康有着重大关系。一旦因为和配偶分居而不得不重返职场时，你得确保自己有足够的财力去找工作，你得购买新衣服、打印简历、重新联系自己认识的人，还要参加培训，这些都需要钱。

如果你怀孕了，那么恭喜你，接下来该怎么办？

如果你还没有研究过公司的产假制度，也没有和配偶商量要孩子的时间，没关系，坐下来，和配偶看一看家庭的财务状况，聊聊未来几年的计划。将生子计划、家庭财务状况和公司的产假制度进行比照，做出相应调整。一旦你制订了计划，就能决定在公司里宣布自己怀孕的时机了。

## 在恰当的时间宣布怀孕

了解一下同行业的其他女性在宣布了怀孕后都是怎么开展工作的，并且受到了怎样的待遇。你所在的行业里职场妈妈多吗？有多少职场妈妈在担任高层管理职位？很多人选择在怀孕 3 个月后才向外界公布怀孕，但在我所处的行业里，很多女性不会提自己怀孕的事，即便后来孕相明显，她们也不会直接在工作场合宣布自己怀孕的消息。在新闻演播室里，女主播都怕自己宣布怀孕后会失去工作机会。所以你也要了解一下你所在的行业对待孕妇的态度，看看你周围那些宣布了怀孕以后的女性的待遇，然后问一问自己：

- 她们的待遇如何？
- 你是否听到过怀孕女同事的抱怨？
- 怀孕女同事在公司的职业发展是否和她们的付出成正比？

理清这些问题，能够让你明白该何时公布自己怀孕。

## 和人力资源部经理约谈

当你决定向大家公布自己怀孕的消息时，我建议你先去人力资源部，而不是直属领导的办公室。当然，最终如何定夺，还要靠你自己。我在和很多请过产假的女性交流后，给大家提出了这一条建议。在你申请产假之前，有很多因素要考虑，而人力资源部门的工作人员会给你提供相应的指导，也能帮助你维护自己的权益。

理想状况下，你已经知道了这些问题的答案，但你还是要问一问：你需要了解医疗保险具体的承保范围，有哪些医院可供选择生产？去医院产检以及照顾婴儿有哪些费用可以报销？休产假期间的工资是全额发放的吗？你的福利和年假怎么计算？近来，我和一位女性朋友沟通，她怀孕的时候，根本不知道自己能拿多少薪水，后来她请产假的时候，公司只发了一小部分工资。当你怀孕后才知道这些事，就比较被动了。你需要确保自己获悉信息的渠道畅通，这样才能提前做好准备，不至于等到生了孩子后措手不及。

问一问延长假期的情况。我在电视台的第一份工作是顶替一个请了 6 个月产假的主播。除了每个人享受的为期 12 个月的产假外，公司是否准许延长假期，你的经济实力是否允许你继续休假，这些都是值得考虑的问题。如果公司根本不允许延长产假，或者没有正式的相关规定，那么你更有必要提前计划，并且说服自己这个计划绝对行得通。

## 和主管领导谈一谈

如果你已经做了其他该做的工作——你做了调查，知道产假的具体情况。那么在和人力资源部门的人员沟通后，你要立即和主管领导聊一聊。即使你平常和主管领导的关系不错，也要以专业的方式切入主题，展开交谈。不管你的主管领导是否为你怀孕的消息感到高兴，一旦你在办公室里宣布了自己怀孕，那么以下问题肯定是主管领导要考虑的。

- 我该找谁去接手她的工作？
- 产假什么时候开始？
- 她什么时候回来？
- 她请了产假后会对公司造成怎样的影响？
- 她生了一胎后，还要再生第二胎吗？她第二胎什么时候要？

无论你是否在岗，你的主管领导都有义务保证整个公司正常运转，主管领导需要考虑整个团队的协作。你休假了，肯定得有人接手你的工作。如果没有找到临时替换你的人，那么你的团队，包括你的主管领导都得协助完成本属于你的工作任务。他们会帮你分担这些任务，因为他们日后也有可能有事，需要你来分担他们额外的工作。但是千万不要低估你的离开给他们的工作和生活带来的影响。

越来越多的企业领导者意识到职场妈妈的价值，以及为她们回归职场创造便利有重大的意义。但是理想丰满，现实骨感。很多职场妈妈不可能获得和她们同龄的男性员工相同的待遇。要清楚地说明自己的情况，要自信，不要为自己休产假感到抱歉，这样才能让老板看好你。要为接下来的几个月做好规划，预计会出现的情况，尽可能让主管领导放心，让一切都在掌控之中。

## 设定一个回归职场的日期

你一旦休产假，离开多久、是否回来都不得而知。你可能觉得自己很快就能回归，但是，假如你休了几周产假之后突然出现了意外状况，比如健康问题或者家庭危机，让你无法及时重返职场。如果出现这种情况，你一定要诚恳，及时将家里的情况报告给领导。但是，如果你知道自己可能不会再回去工作，也要及时开诚布公地说明——不要请产假，也不要拿公司发的薪水，而是应该直接辞职。这会让你在之后付出代价——你可能会从此失去获得公司薪水和医疗保险的机会。想象一下，这样的行为将对你在整个行业的信誉造成怎样的影响。如果老板和同事都认定你休完产假就会回去上班，而你并没有回去，那么他们肯定会对你有想法。这就成了是你一直让他们心存希望，甚至在无端吊他们的胃口。如果你需要公司领导帮你写推荐信，这样的情况下，他是不可能给你写的。你做好这样的准备了吗？为什么要毁了自己在职场的声誉？记住，我在为写本书进行调研时，发现我所采访的绝大多数女性都曾打算过当全职妈妈。所以，千万不要断了自己的后路。你的信誉比什么都重要。

对于回归日期的设定，通常有两种观点：一种是确定期限，一种是顺其自然。相关律师建议我们：一定要说清楚自己的意图，如果你希望日后回归，可以先设定一个假期结束的日子，这一点要毫不含糊。当然，我采访的绝大多数女性都在快生产的时候才开始请产假，这样她们才能有更多的时间和自己的孩子待在一起。不过生产的时间可说不准啊！你有可能提前两个星期、甚至两个月生产，也有可能到了预产期你的宝宝还待在肚子里不愿意出来，那么你很有可能要赶紧催产。这些因素都有可能影响你的回归日期。不过，只要公司准许，你可以一直等到临盆再确定回归的日期。

如果你希望和公司协商获得更长的产假，或者回归后有弹性的工作时间，那么你要充分了解自己具备的权利。在你确保自己拥有这份工作的同时，还要明白世界并非完美，你可能会被降薪，可能被调配到其他的部门，或者要和一个不那么好相处的客户合作，你可能会受到歧视（尽管大家都不会明着对你说）。但是一旦公司知道你有可能会在未来几年连生好几胎，你在公司的发展就没戏了。

## 如果你改变了主意

如果你打算怀孕、请产假或者回归职场，首先要做好规划。就在我们讨论这些问题的时候，也有可能会发生无数我们无法预料的情况，其中包括这一点：你无法预料自己有了孩子以后的感受。你本来很肯定地认为自己想待在家里照顾孩子，但是你在家里待了 3 个月后发现，如果不工作（哪怕是兼职工作也好），你就会发疯。从另一角度来讲，最勤奋的职业女性在家带一周孩子后，也有可能决定辞职。

你的感觉变化了，并不代表你的计划也得改变，财务、家庭与后勤情况决定了这一点。假设你真的打算休完产假就上班，但是你现在却不忍心离开孩子，那么你可以延长假期。你可以好好研究一下公司的制度，清楚自己还有哪些选择。

让我们看看史黛丝的故事。史黛丝曾自信地认为自己会在产假结束后就返回职场。但是产假到期了，她却没有回去上班。之前，她是一个工作积极、事业有成的记者。有一天，两件大事同时发生了：她怀上了第一个孩子；公司向她发出任命通知，委以重任，让她主持一档全新的网络新闻节目。这份工作不仅要求她每天长时间工作，还需要她从加州搬到纽约。尽管这两件事情都足以改变她的人生轨迹，但她已经下定了决心：她只请6周产假，然后和家人搬到纽约。随着预产期的临近，她向领导、制作人和每个同事保证一切正常。她期待着宝宝的诞生，对新的工作也充满期待。

她记得大家盯着她的惊讶的表情，后来她才知道为什么大家这么惊讶。“只请6周产假？你疯了吧！”当然，他们非常直白，因为史黛丝在家里和新生儿待了几周后，又延长了自己的产假，休足了12周。她很舍不得离开宝宝去上班，所以拿起了之前没有仔细阅读就迫不及待签署的工作合同。然后，她惊讶地发现合同中有个规定：她可以和经理商量产假休满后的工作方式，她可以兼职工作。于是，她向公司申请了6个月的产假，回归后兼职，每周工作3天。在这种工作模式下，她又生了第二胎。

史黛丝给大家的建议是：你要明白自己也有改变主意的时候。所以，要仔细阅读公司的制度手册，看看你有哪些选择。所以，你一定要保证自己通读了合同的全部内容，这样才能知道合同中的条约是否适合自己。

## 制订计划清单

也许你准备回归职场，无法提前很长时间进行规划，但至少可以确保自己在请产假前已经做到了以下这些事情：

- 检查自己的资格和证书。想想看，若要在你选择的行业里继续工作，你需要持有什么执照或者证书？如果这些执照和证书过期了，会有什么后果？还要记住，规则往往会发生变化，一旦你请了产假，就要保证每年一次或者每半年一次在你所在的行业协会或者政府机构内检查一下行业的资格要求是否发生了变化。
- 加入专业团体。在休产假的时候，你也要保证和专业人士联系。你在休产假时尤其需要专业团体的支持，你得到的互联信息将最大程度降低你回归职场的难度。
- 更新简历。从德高望重、行业影响力大的同事和直属主管以及与你一起共事的客户和顾客那里获得推荐信和相关建议。等你回归的时候，这些人很有可能已经成了公司里的关键人物。一定要保证你在休假前获得他们的推荐。
- 在家里创建工作的氛围。在家给自己创造一个独立的空间，在这个空间里，你能远离尘嚣，静下心来工作。你可以将客房改造成工作间。如果没有专门的房间，你可以随时开辟一个区域。在家里构建小型的家庭办公室，能强制让你每天花 10 分钟的时间来和行业联系人联络，并浏览最新的行业信息。如果你每次发个邮件或者阅读新闻都得拿出电脑、重新开机，你很有可能不会经常去收发邮件，也不想去阅读新闻了。设立一个家庭工作区域，这件事情格外重要。刷牙的时候，你可以花 10 分钟的时间了解行业信息，联系专业人士。

## 休产假前你应该做的

如果你马上就要休产假，人力资源部已经通知你具体的休假时间，同事也打算在休息室给你举办贴心的派对，你的双脚肿胀，感觉鞋子都要撑爆了。你要尽可能完成收尾工作，并及时把那些没完成的项目托付给同事，然后向他们提供需要的信息。假如你确定自己能在产假后回归，请别忘了携带下列信息：

- 大家的网上沟通方式。无论你的直属领导、客户和同事使用哪些社交平台，一定要掌握他们的社交沟通模式。
- 公司领导和同事的个人联系方式，包括家庭住址、家用电子邮件地址、手机号码等。当然，究竟使用何种联系方式还要视情况决定。每个人都希望能够见证你人生开怀的时刻，你可以写一封表达自己心意的邮件，感谢大家的理解。另外，如果你决定不回去上班，那么保留他们的联系方式尤其是电子邮箱地址，就格外重要了。（你不知道何时可能用得着。）

- 列出在你休假期间公司开展的项目、牵头的事项、客户合约以及可能面临的挑战等。这样，你会对自己不在岗期间公司会发生什么做到心中有数，你可以通过电子邮件来询问事情的进展，提供支持，鼓励他人，尽可能参与到项目的运行当中。在我们公司，有一个执行制片人生完第一个小孩休产假时，经常给我发邮件来询问项目的进展，她的敬业精神让我佩服。这让我觉得，虽然她人不在办公室，但她的心一直和我们在一起。她对我们和工作的关注让我们深受鼓舞，也让我们一直期盼着她的归来。就这样，她把自己生孩子对工作的影响降到最低程度。事实上，我觉得她从来没有离开过。如果你要延长产假，这个策略非常有效。所谓“人在家里，心在公司”。而今，女性即便生了孩子，也能在家里做到运筹帷幄、决胜千里。
- 将你的联系人和联系方式打印一份带到家里，即使你现在已经习惯了高科技，你也可以在家里备份一份联系人名单。将相关内容进行备份，尤其是和你个人有关的东西（虽然我从来不提倡使用工作电话和电脑来进行私人沟通），你永远猜不到电子文档什么时候会不翼而飞。
- 个人的物品、作品和照片等。这样即便你以后决定不再回去上班，也不用再返回公司拿个人物品。要知道，离职后再去拿东西，即使以前的同事和领导欢迎你，我也建议你提前做好准备，以防万一。很多公司设立了离职至少提前两个星期告知用人部门的规定，这主要是考虑到网络安全和网络犯罪的可能性。如果你休产假后不想再回去，就要提前把自己所有的东西收拾好带走，这样你就不用请人把你的东西打包并快递给你了。即使你产假满了要回去上班，提前收拾好自己的东西，办公室一片整洁，你会有更多的空间来开展新的项目。

- 休产假之前，在公司内部找到你的同盟者。一定要及时和内部人员沟通，这样你才能掌握公司发生的新情况，包括开展了哪些新项目，涉及人员有哪些，等等。不管你喜不喜欢，都要获得尽可能多的内部消息，这会给你带来更多回报。

无论你是否准备回归职场，都请做到高姿态离开。你的母亲可曾告诉过你，“一定要给自己留条后路”。做事要专业，让别人挑不出毛病。你不知道你的未来会怎样，也不知道你将来和过去的联络人、雇主、雇员会有怎样的交集。就算你明天就开始休产假了，现在你恨不得赶紧飞出办公室，永远也不回来了，你仍要按照明天就回来上班的感觉离开岗位。

今天你有可能觉得自己以后不会回来上班了——但是我会在这本书里不厌其烦地强调——我采访过的绝大多数女性都认为她们生完小孩后不会返回职场，但是她们后来都回归了。所以，请你也做好回归的准备。也许你已经离开工作岗位一段时间，正努力准备回归，那么在回归以后，一定要灵活应变。正如你所了解的，船到桥头自然直，你将为家人和个人的职业发展做出正确的选择。

# 第3章
# 积累并拓展人脉，不断提升自己的业务资质

我要给所有尚未离开职场的职业女性一条建议：一定要以从不打算离开的状态工作。我还要给那些已经离开职场的女性一条建议：无论你是10周前还是10年前离开职场的，你都必须重新塑造自己。在生孩子以前，你或许认为自己是一个职业女性；孩子出生后，你觉得自己的主要角色是母亲。如果你打算回归职场，经历新的变化，那么你就要重新界定自己，也要让别人对你刮目相看。现在，你不仅仅是一位母亲。一旦你改变了对自己的定位，就能更好地让其他人重新审视你。这一点很重要，因为思维模式能改变你的行为。如果你认为自己是一个职业女性，你就会用职业女性的标准要求自己。这是你重新包装自己的第一步，而正是因为有了这样的看法，你才能更好地重塑自己。

有了新的思维模式，接下来你要向合适的人展示自己。知道你准备重回职场的人越多，你找到好工作、得到更多支持的概率也就越大。为此，你需要让曾经和你共事的人知道，你打算复出了。你需要

拓展自己的人脉、毛遂自荐——首先，你是一个职业女性；其次，你是一个职场妈妈。你要迅速建立起自己的职业圈子，在全职工作的同时，不断提高自己的职业素质，这样才能以更好的形象在业界立足。

**回归醒言**

不工作不代表你就不是一个职业女性了，你要一直把自己当成职业女性，因为这能帮助你向其他人传达这个信息，也会帮助你一直记得自己在事业上有所成就的决心。

——安吉拉，心理学家、两个孩子的母亲

**维护职业圈人脉**

无论你之前从事什么工作，当你暂时离开职场时，也千万不要疏于管理你之前辛辛苦苦积累的人脉资源，不要全身而退。你和以前的工作伙伴联系得越紧密，你重回职场的历程就越容易。

如果你看到这里，心中在想“糟了！太晚了”，也别担心，记得从现在开始，一定要重新联系老同事，积极拓展交际圈，积累新的人脉。赶快行动吧！

如果你刚生完孩子，还在休产假。你决定辞职，主要是不想家里单位两头跑，那样太忙，压力也太大。那么，让你拓展自己在职业圈子里的人脉，你可能会觉得暂时没有太大用处——反正已经休假了，什么都不管，多轻松啊！你当初选择留在家里带孩子，不就是想集中精力相夫教子吗？我知道。很多女性辞职回家都是抱着这样的态度，但是她们后来都觉得当初不该丢了职业圈子里的人脉资源。

当年，达尼亚辞职在家照顾三个孩子时，就不再和同事及客户联系了，也从未更新过自己的简历。18 年来，她已经成了一个典型的家庭主妇。为了打发时间，她会做点儿刺绣和丝印活，只为少数固定客户服务，并没有花心思拓展业务。之后，她的丈夫失业了。突然之间，一个 51 岁的中年妇女要供三个孩子上大学，她不仅要支付一大笔教育费用，还要购买医疗健康保险。于是，达尼亚不得不重返职场。但是，想要在她以前工作的行业里找到一份工作是不太可能的。18 年来，科技飞速发展，她已经无法胜任之前的工作。她必须重新塑造自己，再去找工作。

达尼亚已经是"过气"的员工，现在她需要重新证明自己在职场的价值，她必须好好下一番功夫。多年来，她参与过多项志愿者服务，除此之外，一切都得从头开始。而且，她的刺绣业务不过是玩玩儿而已。回想过去，她真的希望当初孩子慢慢长大的时候，她能够跟以前的同事和客户多联系，那么她现在再找工作的时候也不至于一点儿着落都没有。为了拓展自己的职业交际圈，准备回归职场的女性肯定要承受很大压力，发掘自身的潜力，看看自己到底想干什么、能干什么，再去获得有助于自己重返职场的行业资格。达尼亚为此整整花了 5 年的时间。如今，她会告诉大家，每个暂时离开职场的女性一定要在抚养孩子的同时，尽可能保持自己的社交圈，拓展相关的人脉资源，在思想上做好重返工作岗位的准备，因为你无法预料自己什么时候会需要这些资源。

无论你是十年前辞职回家带孩子，还是才休了两周产假，都要注意，家庭生活并不是你的全部。你不需要花太多的力气去维护你的交际圈就能得到丰厚的回报。那么，怎么做呢?

- 关注新闻。用你打盹儿的时间或者接送孩子的间歇，可以花20分钟左右的时间观看有线电视新闻。在你观看足球比赛时，可以花15分钟左右的时间来浏览当天的新闻，这也是不错的选择。在这个信息爆炸的时代，参加一些八卦和热点话题讨论，有助于你及时了解时事动态，而且，有时你也希望自己在参与此类讨论的时候有料可爆。另外，拓展自己的交际圈，了解最新的时事动态，能表明你除了孩子以外还有其他的关注点，同时还能展示出自己的才华，何乐而不为!
- 订阅行业杂志和刊物。在候诊室等医生、晚上哄孩子入睡以后，都是不错的阅读时间。
- 安排午餐约会的时间。和以前的同事保持联系，包括我在前面章节里提到的前途无量的实习生，这样做主要有两个理由：其一，有一天他们可能会成为你的推荐人；其二，他们可能会帮助你及时了解所在领域的最新动态。如果你能对当前行业的发展动态和前景侃侃而谈，提供精辟的分析，尤其当大家都知道你离开职场已经有一段时间，这一定会让他们对你刮目相看的。你和老同事保持联络，请他们聊聊最新的八卦消息，之后可以记录你在听到这些消息时的感受——你觉得这些信息有趣吗?这些消息让人振奋吗?还是你觉得自己越来越不关注这些信息，甚至已经屏蔽办公室里钩心斗角的信息了？明白这些，会让你更加清楚自己想要找一份怎样的工作。即使你已经决定回归家庭，老同事能给你的人脉资源依然宝贵。当你有朝一日要重新去找工作、参加面试时，兴许会用得着这些资源。别担心你无法向前同事提供同样的人脉资源。首先，你肯定已经阅读了很多行业信息，如果你所知道的信息他们不知道，那么你可以和他们共享这些信息；其次，如果你在工作期间和他们保持了不错的关系，那么你和他们也算得上有交情了，他们会乐于聆听你的生活故事。我很喜欢看前同事孩子的照片，这种关联让我觉得当我在职场上筋疲力尽时，内心仍有个宁静的港湾。也许有一天，当你打算做出重大的人生改变时，你会需要他们的建议，这对你们双方来说是双赢的关系。

- 设置邮箱的新邮件提醒。我订阅了雅虎邮箱账号的邮件提醒业务。我经常浏览福克斯商业新闻和福克斯新闻，因为我不希望错失了解公司最新动态的机会。你可以设置诸如制药、销售或者保育一类的关键词，这样就能关注软件销售或者儿童保育问题的信息了。有了这些关键词，当《华尔街日报》刊登了一篇有关你原工作单位和职业的最新文章时，这篇文章就会被直接推送给你。
- 尝试做个消费者。如果有机会，一定要去尝试一下做回消费者，以消费者的眼光看看你之前所处的行业，无论是医药还是零售。我曾经采访的一位女性在生小孩前是做销售的。后来她在带孩子的时候签署了一份担当卧底顾客的协议。她一开始是奔着这份工作的收入去的，后来她觉得自己能从消费者的视角重新审视自己的职业。在孩子睡觉的时间里，她就给公司撰写报告。绝大多数公司都会雇佣卧底顾客来了解消费者的动态，所以如果你要定期去沃尔玛或者梅西百货的，何不充分利用这些宝贵的时间，干点额外的工作？

## 拓展新的交际圈

一旦你重新包装自己作为职业女性的形象，并和现有的职业交际圈保持活跃的互动，接下来你就要开始积极拓展人脉了。你会觉得："天哪！我现在就得去加入各种组织，参加又烧钱又耗时的午餐和鸡尾酒会了！我得赶紧去印制名片！我该穿什么？"

我不是这个意思。拓展人脉意味着你可以搜索相关信息，和有关人员积极沟通。这是随时随地都能进行的。

积极拓展人脉这一步不可或缺，并且能在各个方面帮助你：

- 让你有机会结交新朋友和联系人。
- 拓展当前的交际圈。
- 帮助你宣传自己和所做的事情。
- 为你提供机会结交知晓行业内幕消息的人士。
- 让你及时了解原来所在行业以及你感兴趣的新行业的消息。

达尼亚下定决心，积极出击，她从熟人那里到处打听，随时随地了解情况。有一天，她在做了一些背景调查，并且在自己的手工作坊业务圈子里公布了求职信息后，在女儿学校的足球场找到了自己需要的资源——她看到一家化工公司正在招聘销售人员，达尼亚很感兴趣。她曾经成功卖出自己的刺绣作品，虽然只是小规模的，但她觉得自己也有能力销售化工产品。也许她自己都觉得此番举动很不可思议，如果她真的得到这份工作，也纯属意料之外，但是她别无选择。另外，她了解到女儿球队的同学的父亲就是这家化工公司的高级管理人员。达尼亚抱着试试看的态度，去询问那位同学的父亲能否帮助她。于是，她在足球场上跟他提起这件事。达尼亚告诉他，她经营手工作坊刺绣生意很多年，所以她对自己的组织能力很有信心。几次谈话后，这位同学的父亲对她的能力很钦佩，就帮助了她，后来，达尼亚成功应聘。重返职场就像去国外一样，首先你要明白自己面临的是一个全新的世界。几个月后，达尼亚适应了一切，她胜任了化工领域初级职员的工作。她在这个公司工作了一年时间，业绩也很好。也许这并不是她理想中的工作，但是这份工作却给了她宝贵的机会和经历——她不但在简历上有了更新，而且这份工作经历以及她本身具备的创业技能和多年管理手工作坊的经验，也帮助她找到了新的工作。

拓展人脉成了我在职业发展道路上成功的关键因素。当我 20 多岁担任空乘员时，我大学时代的很多朋友都在凤凰城担任主播，其中一个朋友搬到旧金山后，帮助我获得了在CBS电视台实习的机会。（我搬到旧金山也是人生的一次冒险，当时我一心想要发挥传播学背景的优势，在电视界找到一份工作。）实习过后，我有了正式的工作，然后我又接手了另一项工作，最后在科隆恩电视台（Kron TV）安定下来。

在纽约的MSNBC（微软全国广播公司）开始工作后，我以为自己会在一个新闻网至少待上几年时间。此时，我已经实现了人生一大目标，而且在新闻网有了工作。我觉得我会继续和大家保持联络，但是我没有必要花费更多的力气去拓展人脉，或者说，我至少不需要急着去拓展。但是，事情的发展超出了我的预料——我在拓展人际圈的同时，找到了在福克斯新闻网工作的机会，正是这份工作让我有机会参与牵头福克斯商业新闻网的工作。

刚到纽约时，我只认识三个人，我不得不从头开始搭建自己的职业和个人关系网，但是我从没想过个人和职业圈子会交织起来。我在MSNBC工作一年时间就离开了，因为我不适合这份工作。当时我很沮丧，并且花了两个月的时间去考虑自己能否继续待在有线电视新闻的圈子里。直到我在梅西百货感恩节游行的现场节目直播中看到了WNBC（全美广播公司）的贾尼斯·赫夫（Janice Huff）的风采，我才意识到自己忽略了电视新闻节目这样的机会。于是，我下定决心，按照爷爷常对我说的“从头再来”的思路，开始给纽约的朋友打电话。

幸运的是，一个在另一家新闻网工作的朋友建议我联系她在福克斯新闻频道的制片人，之后我去应聘，为我面试的是罗杰·艾尔斯（Roger Ailes）本人。当时，他们正打算创建福克斯商业新闻网，并且正在寻找财经记者。这改变了我的人生轨迹，它成就了我，也成就了我的职业生涯。

你不会预见到，在人生中有哪几封邮件或者哪些人会改变你的人生。只要你想要回归职场——哪怕这是很多年以后的计划，你也要尽可能了解你认识的每个人，充分利用每一件事带来的际遇，不要放弃你碰到的招聘广告，因为你不知道在未来什么会改变你的人生。

**回归醒言**

人脉、人脉。我在美国各个城市的郊区看到了一种非常特殊的人脉资源——你会在各种各样的聚会场所（如烧烤或者派对上）发现妈妈们聚在一起聊天，而男士们也是扎堆一起开怀畅饮。其实你的社交圈子里，不仅要有女士，还要有男士，因为大家的圈子不同。你和人们之间的关系越紧密，你越有可能被人记住，当机会出现的时候，你的朋友和泛泛之交能把你引荐给他人的概率也就越高。别忘了，新的工作伙伴和老板，有女士，也有男士！

——凯莉，图书管理员、三个孩子的母亲

## 不要做自己最难缠的敌人

我为撰写本书采访的每一位女性，不管她回归职场后是担任CEO、首席经理人、销售助理还是收银员，都承认不安全感会延缓她们找工作的进程，甚至局限她们的职业选择，让她们害怕与他人联系。她们之所以感到不安全，主要是因为离开职场已有一段时日。返回职场后，她们不仅要工作，还要平衡好家庭，并且她们已经不像原来那么年轻了。她们担心人们会拒绝她们，对她们有看法，甚至不拿她们当回事。我的建议是，不要让内心这种摇摆不定的声音控制你，不要让所谓“你不行、你做不到”等种种理由牵绊住你。我想告诉你，你绝对可以！每个人，哪怕是最成功的人士，偶尔也会心存不安。你可以直接忽略心底恐惧的声音，排解这种不安的情绪。一定要放轻松，不要让恐惧与不安影响你的职业发展。你要相信自己很聪明，拥有你该有的技能，你一定要相信自己！

再入职规划公司（iRelaunch.com）的职业专家建议，在拓展人脉的同时，你可以利用下面的技巧来建立自信：

- 首先，赶紧回到自己原先所在的行业，准备奋起。如果你换了新行业，就抓紧学习，因为随着知识的增长以及与人沟通能力的增进，你自然会更有信心。如果你不知道未来的出路在何方，就先留在你原先所在的行业——未必是你原先所在的公司，但是在熟悉的行业里工作，可以很好地帮助你实现从家庭回归职场的过渡。
- 练习介绍自己的背景以及想要回归职场的决心。在脑海里反复思考这些话是不够的，你一定要大声说出来。先对着那些看法不偏激的朋友和家人练习一遍，再告诉周围的人。“关于个人背景和对工作的兴趣的演讲需要练习，你练习得越多，演讲就越娴熟，你就会留给他人更加自信的感觉。”[①]

我知道这种办法行得通。当我还在西南航空公司担任空乘员时，

---

① 源自卡罗·费舍曼·科恩的采访视频。

我就开始思考自己应该从事一份和我的专业相匹配的工作——传媒和广播。于是，我开始与机长、乘务员甚至乘客沟通，畅想我在电视领域的职业前景。之后，我向凤凰城的朋友透露了我的打算，包括一个在凤凰城当地电视台的制片人。我们两人搬到旧金山后，她帮助我找到了在旧金山电视台实习的工作。由此可见，你根本无法预料世事的发展。我能从航空服务业转到电视直播行业，主要归功于我与他人积极的沟通。而且，我在真正成为一名记者以前，就认定自己将是一名记者了。

## 了解自己的背景

你当初为什么离开自己的工作岗位？你在生孩子之前是做什么工作的？你现在为什么想回归职场？人们总会问这些问题，但你不能回答“我一直以来就想生个孩子”，或者“如果我现在继续当家庭主妇，家里就入不敷出了”。你得想出一些更加理性的回答。也许上述回答都符合事实，但是这两种理由不足以让雇主雇用你，他们不仅不会冒险雇用你，还会对你心怀芥蒂，认为自己不能随便给你工作机会。

下面这几个问题，有助于你更好地向他人解释你回归职场的原因。你可以先把答案写下来，并重新进行描述。请一个亲友帮你把把关，保证你的说法让人信服，每个人都需要好编辑来梳理表达：

- 大学毕业后你是如何找到第一份工作的？
- 你当初决定请假／辞职的时候，是怎么想的？

- 如果你现在继续以前的职业，你最喜欢这份工作的哪些方面？它最吸引人的地方在哪里？
- 如果你换工作了，新的工作最吸引你的地方是什么？你为什么喜欢这类工作？

一定要积极地介绍自己，说明你重返职场后希望实现怎样的目标。比如，说“我家里需要钱”可能不如这样的说法更具说服力——“我挺喜欢在家里相夫教子的日子，但是，我如果继续这样生活，就会错失我在工作岗位上接受挑战、克服挑战带来的刺激和成就感。”你的说辞要言简意赅、单刀直入，一定要尽可能以轻松的方式和他人分享自己的人生经历。你的背景应该能体现你的优势和个性特征，从而帮助你顺利回归。

## 拓展人脉的渠道

### 参加拓展圈子的盛会

针对特定领域职业圈子举办的活动和盛会是寻找职业关系的理想场所。很多城市都有专门的联谊团体，以帮助创业者、女性、少数民族人士、小型企业主和各种职业人士来寻找行业支持。上网搜索一下，你就能找到这些团体，了解这些团体举办的相关活动。将这些活动纳入你的日程中。你没有理由害羞，很多人都会参加这种活动，他们都有相同的目的。另外，你偶尔换上礼服去参加一些活动，不用总是在家里做家务或是给孩子换尿布，这也是一种放松啊！

在下面这些地方，全能的妈妈能一心二用，在带孩子的同时顺便拓展自己的交际圈子。

**操场和托儿所**

想想你带着孩子出去玩的时候，多久和其他妈妈一起聊天？她们可能和你一样是全职妈妈，她们也有自己的圈子。这样的场合很适合你说出自己的复出计划，因为这种环境让你感到自在，你不会有压力。人们总是会在自己觉得身心安全的环境中闪耀夺目的光芒。有时候，如果我们不在状态，越努力想表达自己，就越有可能不招人待见。

**儿科医生的办公室**

每个儿科医生都见过无数家长，你可以定期去看儿科医生，他可能会问："你最近如何？"你可以告诉他："我打算回去上班了。"和医生聊一聊自己的打算，有可能帮助你得到更多的人脉资源。

**当地的商会**

查阅一下当地或者本城商会的资料，里面会有大量电子邮件和不断更新的新闻。如果有你能参加的活动，包括在你家附近的社区举办的活动，你甚至可以带着孩子前往。很多企业都是商会的成员。说不定在某个烘焙义卖的活动中，你就碰到了主办方。要知道，企业的领导者也是人，很多人都会自愿参加这类活动。

我为撰写本书采访了多位女性，她们都告诉我，其实拓展人际交往最好的地方是学校。她们和其他家长、老师（包括校长）、学校里的其他职员甚至校医都建立了沟通群，这些都是宝贵的社会资源。

**咖啡店、超市、大型超市、书店、宠物用品店、药店、干洗店、**

**修锁店、修鞋店、健身房等等**

事实上，你可以在任何地方着手拓展自己的职业交际圈。找工作和相亲很像，你不知道你会在星巴克碰到谁。你会和一个陌生人聊天，你可以观察一下，提出问题，然后找到可能有利于你的线索。

拓展交际圈一开始会让人感觉不自在，正因为如此，我们更要着手去做。在你真正工作之前，就要学着去做，随意一些，快乐一些。与他人交谈的时候，可以顺带提一提找工作的事，但是千万不要急功近利，不要让别人和你聊了半天后，感觉被你利用了。

**开启话题**

- 你的丈夫/妻子是做什么的？
- 你们生孩子之前在哪里工作？
- 我以前在XX公司上班，你有在这个领域里工作的亲戚朋友吗？
- 你参加过某个职业团体吗？
- 你一开始是如何起步的？

人们愿意和你沟通的程度往往会超过你的想象。他们愿意聊一聊自己。我作为记者了解到，人们愿意谈论自己的生活、职业、经历，甚至个人问题。芭芭拉·沃尔特斯（Barbara Walters）的节目为什么会让那么多人落泪？她提出问题，然后倾听大家的心声。

## 请心平气和

如果参加各种拓展人脉圈的活动让你感到紧张，这里我给大家介绍一些屡试不爽的好点子：

- 把拓展人脉的活动当成为时 30 分钟的电视真人秀节目——你准备见 10 个陌生人。先想清楚自己要带多少张名片，你想和他人建立怎样的联系。比如，10 张名片，5 个电话号码。设定这个目标以后，你就不会长时间只和一个人交谈，而是会确保自己和更多的人沟通。当你和不同的人沟通后，你便可以调侃自己眼前碰到的现实：你们都在一家经济型酒店的会议室里，不要太把自己当回事儿，“我今天来是为了切达干酪酥饼”。大家参加这样的活动，都有相同的目的。你和其他人都是一样的，你要想想如何让个人的经历更加有意思。你一定要放松，享受这个沟通的过程。如果现场有酒，那你不要忘了喝一杯。如果你在一大群人当中感觉自己过得很开心，那么你可以喝两杯，到此为止。当然，你也可以完全不喝酒，如果你滴酒不沾，也没有人会因此轻视你。
- 眼前摆着一大堆吃的东西，这让你很难谈正事。有了鸡尾酒，你可能会发现你忍不住想吃、喝东西，而你恰恰需要在此时集中精力和你看准的公司的经理沟通。坐在餐桌前，上面摆了满满的食物，这会让你的交谈效果大打折扣。碰到这种情况，你恨不得和大家招呼都不打一声，赶紧退场离开。我每次在参加活动前，总是会事先吃些东西，尤其在需要我喝酒时。对于上来的食物，我不会拒绝，我会每样菜都吃一点，但我的重心应该是和他人沟通，而不是只顾着吃眼前的鸡胸肉。我很坦白。另外，这种场合提供的食物也不会是什么山珍海味。

- 不要滔滔不绝地夸赞自己。一开始就这样做，人们只会对你退避三舍。请尝试进行一场私人、友好的谈话。你要和在这种活动、体育赛事或者派对中遇到的每个人交谈，就好比你在和他们约会一样。

## 网络交际圈

在线约会最美妙的一点是，你可以坐在家里，穿着睡衣，寻找潜在的约会对象。网络职业圈子拓展也是一样。

当然，你未必要穿着睡衣，你可以穿着商务休闲装，至少从腰部以上的地方看起来比较正式。如果你打算主动给别人打电话，这一点就很重要，理由如下：

也许对方会突然说："我们很久没见面了，要不我们在网上聊一下吧！"突然，你的手机铃响了，你发现和你在网上聊天的人突然要和你视频通话。他们知道你可以接电话，所以你不可能拒绝接听。你不需要西装笔挺、妆容精致地出现在对方面前，但是第一印象很重要，你要想着如何以最职业、最干练的形象出现在他们面前。

穿着越职业化，越显得职业素养越高。接听电话后，你的声音要显得非常专注，也不要忘了随时做记录。

在家里，通过电脑，你有多种和亲朋好友联系的机会。

## 电子邮件

用电子邮件沟通的方式非常传统，但很有效。在这个大家在网上互发信息的时代，比手写信件更有人情味的就是电子邮件了。花点儿时间给自己的好友、以前的同事、老板以及客户写一封信。邮件的内容未必是纯粹的公事，你可以关心他们的生活，同时问一些有关工作的问题。等到下一次沟通的时候，你可以引述他们的话，比如："你是怎么解决应付账款的问题的？""我一直在想那个让你头疼的客户，后来事情怎么样了？"这表明你在关注他们，他们对你依然非常重要。

## 朋友圈

朋友圈是妈妈们最好的联络工具。确保和朋友、以前的同事互相关注。如果你在自己的页面上看不见他们定期更新的状态，确保你能找到他们并关注他们。当他们更新状态、发布信息时，你要及时点赞或者评论。

一定要确保自己定期发布信息。你不一定要分享很多私人的信息，你甚至不需要在朋友圈上晒你家宝贝的照片。很多人对于自己在社交平台上发布什么信息有明确的标准。你的状态更新要及时，让大家知道你最近都做了什么以及为什么做这些事情，这样朋友圈里的朋友就会大致了解你的个性和关注点。你还可以分享你正在阅读的文章，表明除了孩子以外，你还有其他关注的领域。在这些文章下面发表一些评论，表明你对这些信息有所思考，而不是只读了标题而已。如果你要找工作，肯定首先要联系朋友圈里的朋友。

吉娜怀第一胎的时候，她知道，告诉大家自己在找工作的消息对抚养孩子不是特别有利，尤其是她的丈夫工作很忙，而且经常要出差。用她的话说，“一朝发垃圾信息，就能源源不断地收到更多的垃圾信息”。吉娜是一位博学多才的全职妈妈，她经常看财经类的新闻、博客和各种网站，同时也可以了解她以前的同事正在做什么。朋友圈更加有利于她和媒体行业的同事保持沟通。孩子出生后，她意识自己要赶紧返回职场。她知道，有朝一日，她将每天花固定的时间去做公共关系方面的工作，所以和外界保持联系至关重要。

每当孩子睡着或者去托儿所的时候，吉娜就会阅读朋友圈最新的消息。很多人都抱怨朋友圈太耗时间了，但是吉娜觉得这比在百忙之中抽出时间写邮件方便多了。吉娜认为，朋友圈可以让人们互相密切关注。而且，由于大家都能看到她的状态更新，所以她从来就没从同事和朋友的心中消失过，社交媒体让她有机会和那些她本不可能有机会见面的人有了沟通的平台。

吉娜在辞职三四年后，开创了自己的咨询公司，主要是给她以前的同事提供咨询服务，帮助他们说服客户接受他们的服务。朋友圈里的联系人帮助她实现了职业的无缝转型，她不需要研究、重新确立新的联系人，因为她从来就没有离开过自己的职业圈子。她一步一个脚印为自己搭建起了无所不在的关系网。由此可见，无论你在家做全职妈妈多久了，也不论你打算在家里待多久，一定要提前着手拓展自己的社交圈，这是一件事半功倍的事情。

## 微博

如果你不熟悉微博这个社交工具，你可能得多试几次才能明白如何使用。你一定要学会去用它，因为这是最佳的信息和互联资源。

使用微博来关注你最喜欢的育儿杂志、你的朋友、你以前的同事、当地的报纸和你感兴趣的公司等，转发并回复其中信息，这样大家都知道你们在互动。这种互动关系不仅能让你在职业的圈子里保持活跃，还能帮助你构建自己的社交网络，这是每个职业人士做好工作的前提。

微博的好处在于你能联系现在还未建立联系的行业内人士，你能找到在这个领域内的专业人士。关注他们，并关注他们关注的人。

微博还有一个好处是，每个人都可以看见你关注的人。也就是说你决定关注谁，在很大程度上说明了你的职业素养和个人所在的圈子，这可是牵线搭桥的绝佳平台。成功使用微博很简单，要经常和行业的微博保持联系，偶尔也要关注体育赛事或者电视节目，让大家知道你是个交友圈比较广泛的人。

还要记住，微博和其他社交媒体的时效性很重要。如果你希望能获得及时回应，一定要注意时间。微博的作用主要在于开展对话、建立联系，这就是社交媒体的本质。

请记住，你不需要每天在社交媒体上花费很长时间。你应该有足够的自控力，在没有找工作的时候，保证每个月或者每两个月一次更新状态。一旦开始找工作，你可以每周更新一次。当然，频率越高越有效。如果你在见缝插针地利用时间，可以建立自己滚动刷新状态的时间表。比如周一刷新朋友圈，周二刷新微博，周三拨打各种销售电话。

等等，什么是销售电话？你想要拨打销售电话吗？

对啊，我说的就是这个。

当你发现某个人刚好有你需要的信息，或者你认定他刚好能帮助你，你要向对方直接提出来。这里的关键点是，你不要咄咄逼人，也不要让人觉得你走投无路。

如何拨打陌生销售电话？

我敢向你保证，我第一次拨打陌生销售电话的时候非常紧张。现在我觉得轻松多了。如果你积极练习，并运用一些特定的聊天技巧，你会觉得打销售电话一点儿都不难。

- 假设你想要和地税局一个招聘会计人员的主管沟通，那么你可以先打电话到地税局前台问他的分机号码，或者上网查他的电话号码、姓名。你也可以通过这个直拨电话介绍自己。我最喜欢用的开场白是：“我知道您很忙很忙。”
- 不要在周一上午和任何人联系。周一上午大家都很忙，因为要准备一周的工作。即使必须要打电话，也得等到周一下午。周二、周三不错，因为大家在这两天工作状态都比较好，工作效率也比较高。到了周四，基本上就有点儿周末前的懒散了，所以还是要当心点儿。周五，大多数人基本上就不在工作状态了。

- 在电话里一定要揣摩对方的语气或个性，你可以从声音中听出来他是否在专心听电话。如果对方有心情跟你聊天，你也可以聊聊家常。如果他们开门见山，你就直接说："我知道您很忙，所以怎样给您发送我的个人信息？我可以当面把简历交给您吗？"你要让人感到你很珍视他们的时间，也要表达你的感恩之情。
- 有一次，某个搞公关的人给我打电话，说了半天，都没有提到一点儿跟自己有关的事情，甚至连一声问候都没有。有时候，对方根本不认识我，却假装认识我。还有些电子邮件里面写着我和对方曾经见过面，但是我压根儿就没见过他们。所以，你一定要诚实，把你最好的一面展现出来，坦率一些，而且不要显得很无趣。每个人都有自己独特的智慧和魅力，要好好发挥。
- 这是一个很好的开场白："你好，我叫谢里尔。我知道您很忙，我打电话是想给您提供一些有关……的信息。我在想能否占用您几分钟，我们谈一谈？"

你要提问，但是要有正确的提问方式。"你会雇用我吗？"这是个错误的问题，你得这样问：

- "你有时间吗？我们见一面吧。"面对面的交流效果更好。
- "你能看一下我的简历吗？看看是否符合这个岗位的标准？"
- "在你们这个行业，最好的入门方式是什么？"
- "你还建议我联系其他人吗？"
- "我以后还能打电话给你吗？"

## 及时更新你的从业资历

时刻保证你的业务资质能够满足行业标准，这与维护自己的职业交际圈同样重要。这一点如何强调都不过分。不要让你的从业资格证过期，在日历上设立标记。看看是否有年检要求？你是否隔几年就得去申请新的执照？如果你不对自己的从业资格上心，后果会很严重。

2006 年，医生南希生了第一胎，于是她决定做兼职工作。生了第二个和第三个孩子后，她辞职做了全职太太。8 年后，孩子们慢慢长大，她决定继续行医。她意识到如果继续待在家里，那么重返职场就会很难。其实她已经落后了很多，如果再继续等下去，可能会断了她再次行医的念想。

几年前，她和家人离开美国东海岸，搬到了加州。南希之前是在东海岸获得医生执照的，一般情况下，换个城市，工作不会有问题。但是由于她获得医生执照的时间过长，所以加州相关部门要求她重新申请执照。南希经历了好几次面试和考试，并且在内华达学习了一年以后，才重新得到医生执照，获得了在加州行医的资格。

好消息是，南希充分利用了自己的行医经历，她不仅通过了医生执照的最低要求考试，还花时间拓展了自己的知识领域，提升了职业素质，获得了新技能，从而提升了自己的薪资水平。

凯瑞一直想着等孩子大一点儿了，她就能继续担任理疗师。她会有意识地提醒自己提高职业素质并且更新资格证书。她坦言，一旦要去照顾孩子，家务缠身，她就会有放弃工作的冲动。

“我一直提醒自己，不要让执照过期。但是在心底里，我总想着我会先把孩子养大，然后参加志愿服务，接着慢慢变老，成为奶奶。我不打算上班了，因为我喜欢待在家里，我喜欢当全职妈妈。记得在研究生毕业的时候，教授对我说了这样一句话：‘千万别让你的证书过期，因为你以后再也无法通过资格证书的考试了。’听到这句话的时候，我觉得他特别可笑。谁会这么愚蠢？但是的确有人就犯傻了。我认识的一些护士和医疗从业人士的专业资格证书就过期了，如果他们想重新申请，就得经过非常复杂的考试，非常耗精力！”

若要获得新的理疗师资格证书，凯瑞需要完成 30 个小时的面授课程——通过上课、参加网络课程或者实时媒体交流完成既定学时的内容。而且，面授也会考察大家的实际操作能力，因为考生需要帮助病人恢复神经或身体损伤的情况。

凯瑞做了几件很有趣的事情。她首先开始讲授网络大学课程——《解剖学》和《病理学》。这样一来，她就能逼着自己更新知识库，而且还能在家完成教授，这完全符合她的日程安排。她会在孩子上床睡觉后给学生批改作业。

当凯瑞一家搬到新的城市后，她抓紧机会，每周花几个小时的时间和病人接触，从而保证自己不荒废医术。当时，孩子们都在上学。凯瑞和丈夫意识到，3 个孩子都要上大学，只靠一个人赚钱养家，根本存不下来钱。他们不希望在孩子上大学时，全家背债度日，所以凯瑞得赶紧为重返职场做好准备。凯瑞希望有一天自己能将兼职工作转为专职工作。几年后，她做到了。

**温馨提示**

• 如果你搬家了，请提前做好功课，了解新的城市需要哪些执业资质。

• 有些颁发执照的机构也有可能帮助你找到工作。实际上，在你休假的时候，可以参加相关行业认证机构举办的活动，这样就能认识一些日后有可能帮助你的人。

• 相关业务监管部门也能为你提升职业素质提供资源。你可以在网站上注册登记，获得相关的联系方式和资讯。

## 给自己选择权

在我采访过的女性中，那些顺利回归、享受回归职场过程的人，都是给自己充分选择余地的人。没有人想被逼无奈，随随便便找个工作。那些休假没多久就开始为未来做规划的人，也会给自己充分的时间准备回归。了解职场风云变幻的人，相比那些突然决定要回去上班的全职妈妈更容易找到适合自己的工作。如果有可能，你要打好业务基础，尽可能拓展交际圈，维护职场的人脉圈。无论你此刻是在忙着回归职场，还是在未来一两年内都不可能回去上班，你都需要重新塑造自己，积极拓展自己的交际圈子，积极和业内人士联系，还要和以前的老板、同事保持良好的关系，这些都是你未来顺利回归职场的关键。

# 第 4 章
# 及时更新网络上的个人简历

如果你离开职场已经有一段时间，你会为被当今瞬息万变的科技改变的求职方式和应聘流程感到惊讶。年龄大一些的女性，肯定记得她们当年用信封装上 60 份简历寄给应聘公司的情景。那时候公司招人，都是在报纸上刊登广告。我还记得我第一次制作简历的情景：我选择了很特别的米色和蓝色的纸张和信封来体现我的与众不同。

今天你要找工作，只要在网上填写申请，上传电子版的简历就可以。新的应聘过程快捷、便利，你可以一边在微波炉里热饭，一边填好简历上传。我知道，对于曾经辞职或者休假在家，而后决定回归职场的女性来说，要把所有能体现个人能力的技能在短短的一份简历里体现出来，可不是一件容易的事。不过，在你读了本章的内容后，你就会发现，写一份好的简历其实没那么难。

## 领英（LinkedIn）

在谈论简历之前，我们先谈一谈领英。领英可能是当今世界上最有用的求职工具之一。虽说如此，我不得不承认，我是为撰写本书才开始使用领英的。

我需要和更多的职业人士在领英上关联，这样才能更好地利用领英。于是，我求助了专家凯蒂·福格蒂，她是领英重启私人咨询公司（LinkedIn Reboot）的创始人。凯蒂为诸多管理人员、企业家、跳槽者和打算重返职场的人、等待在职场上大展拳脚的大学应届毕业生创造了强大且优化的领英人事档案。她的专长是通过优化求职者的简历，让那些暂时告别职场的人顺利回归。凯蒂认为，领英是全职妈妈重返职场的极佳工具。她说："女性天生具备社交属性，她们喜欢分享，所以她们和领英这样的社交网络平台是天作之合。打算回归职场的全职妈妈能够借助领英获得更好的职业机会，这可不是一纸简历能够比拟的。"

换言之，领英这个平台能让你以独特的方式来讲述自己的故事。

按照凯蒂的说法，领英可以做到：

- 公开透明地展示全职妈妈的情况以及她们回归职场的理由。
- 展示全职妈妈的选择，表明她们接下来在职场发展的重点。
- 精准地展现自己，不要刻意隐瞒自己是妈妈。

领英并不会局限应聘者。普通简历上有一行是目标岗位，接下来几行是个人简介和技能。而在领英这个平台上，个人档案可以是一个文档，里面写着适用于多个工作岗位的信息。个人档案能恰到好处地进行自我推介，从而帮助很多潜在的雇主发现建立档案的人的声音和个性，这种传递信息的方式是普通简历办不到的。在领英这个平台上，你可以利用在家的时间和环境，向潜在的雇主表明你依然可以为他们创造价值。你还可以用档案中剩下的篇幅来全面地说明这一点，更重要的是，你可以随时更新自己的档案，在你为重回职场做准备时，不断在档案上添加新的内容。你有可能在社区担任了管理岗位，你有可能在志愿者服务方面又有新的成绩（领英档案中有一栏专门用来描述志愿服务内容），你也有可能获得了新技巧或得到了新证书。这样你就可以随时更新自己的领英档案，确保所有和你关联的人都能看到你的最新状态。当然，你不必时刻更新领英档案。不过你可能想要让别人知道你的动态，让你的信息更新及时出现在关联人的推送信息中。

领英非常重要。企业总会利用领英找到合适的人才，而且潜在的雇主也能及时登录以便了解更多有关你的信息，他们可以在面试前后随时查阅你的动态。我知道很多公司在决定录用员工之前，人力部门的人员总是会去查阅新员工的领英档案。所以，你该如何介绍自己？不要担心，你可能需要几个小时甚至一个周末的时间来好好编辑你的领英档案。这是一个令人激动的时刻，你要挂上自己的招牌，让大家知道你准备出山了，你有千万个理由向所有人证明你是值得被雇用的。

一开始，你需要做到：

- 你可以对隐私项目进行设置，这样在编辑领英档案时就不至于全部对外公布。你可以暂时关闭直播状态，等你做好准备时，就可以重新开启这个功能。
- 用你的名字创建网络链接地址，比如我的链接就是www.linkedin.com/cherylcasone。你可以进入帮助中心，选择搜索提问栏，定制你的领英档案链接。
- 让前雇主给你推荐，你所工作的每一家单位都能给你提供推荐。不一定是你的直属领导。
- 在网络上保持社交活跃性，就像你在现实世界中一样。
- 一定要让你的技能栏目发声。用凯蒂的话说，就是“一定要发出自己的声音”。你的技能必须是高频搜索词，这样才能吸引大家的眼球。你可以加上50个关键词，但排在前10位的应该是每个类别里最突出的，这样才能提升你的形象。
- 加入各种行业协会。按照领英平台的经验，你加入的行业越多、状态越活跃，就越有可能让别人发现你的档案。一定要找到那些和你的意向相匹配的行业协会或者机构，包括职业女性团体等。
- 每个季度更新一下你的领英档案。
- 看看其他人的领英档案，查阅你的导师或者行业领袖的领英档案。他们都做了些什么？他们的经历是如何体现在领英档案里的？你要积极地向他们学习。
- 不要将那些必填的项目留空白。
- 使用具体的描述来表明你的成绩，包括你在筹款或者志愿者服务方面的成绩。

- 使用现代的合乎行业特征的语言。不要说空话，要真诚。

凯蒂举了好几个例子，告诉我们如何完善领英档案。以下是一些全职妈妈顺利回归职场时，在领英档案中使用的描述：

- 我的工作性质需要有强烈的量化、分析和沟通能力，强调聚焦客户和跨部门的团队建设。我对成功的定义在于能够积极地为他人效力，并获得成效。
- 我热爱书籍，我相信图书的力量。信息是强大的商品，和他人分享信息潜藏着巨大的能量。
- 我曾是一个负责全球创意的协调者。我成为母亲后，就告别了传统的职场，后来又参与过一系列创业项目和代理经纪业务。后来我利用之前积累的经验，创建了自己的公司。
- 为什么从金融学转到图书信息学？我发现，我可以将自己对信息的关注和对学术的热情结合起来，开拓新的业务领域。

**职场妈妈在领英平台上自荐常犯的五大错误**

1、忸怩作态不可取。不要在简历上面写你是“某某家庭CEO”，大家都知道全职太太是做什么的。

2、不要提及狗、丈夫和小孩。你的档案照片应该是身着职业装、完全体现你职业风格的。不要放你度假时的照片，也不要放过于随意的照片。

3、一定要极力推销自己。工作就是工作，如果你积极参与了志愿者服务或者通过继续教育拓展了个人的职业技能，请一定写入你的领英档案中。此外，你一定要全方位展现自己。比如，健康养生行业的公司如果在招聘人力资源专员，你对瑜伽或者慢跑的爱好会吸引它们。

4、不必道歉。你无须在领英档案中为自己做全职妈妈而辩解，其他场合也大可不必。请不要解释你的选择，一定要坚持使用领英档案来推销自己，让企业方知道你能为它们创造价值、满足它们的需要。

5、简历毫无特色。不要为你在家当全职妈妈的选择道歉，也不要什么都不说。雇主们都很忙，他们才没有工夫深挖你的工作简历。如果你已经全职在家一段时间，请直接说明，但不要让这部分信息成为整个档案的中心。一定要在领英档案中清楚地表明你的价值趋向，用一句概括性的语句来说明你工作史上的空白，然后继续描述其他内容。

最后，当你打算使用领英作为返回职场的平台时，请用下列原则来构建你的档案：透明、真实、自信！祝你好运！

——凯蒂·福格蒂，领英重启信息资讯创始人

## 旧式的简历

领英是一个举足轻重的人脉搜索引擎，各界职业人士都已在领英建立了自己的人才档案。除此之外，你依然需要一份传统的简历给相关的招聘机构和单位。招聘者或者管理者可以在领英平台上读到你的档案，但他们依然会要求你把简历发送给他们，这主要是为了方便公司在人才库中找到你的档案。当你在某个公司网站或者人力资源部门申请某个岗位的时候，你就要上传自己的简历。只要有了面试机会，你就能展示出自己的个性和无尽的创意，让招聘者对你刮目相看，但首先你得先让招聘者认可你的简历才能获得这个面试的机会。通常来说，人力资源主管或专员大概只有 6 秒钟的时间来处理一份简历。

**回归醒言**

只要你准备回归职场，并且找到行业的招聘方，就可以给他们发送简历，并要求他们给你回信。他们可能会说："你的简历很棒，不用修改了！"他们也会说："这份简历已经过时了，需要重新修正一下！"招聘者比任何人都了解你目前的应聘状况，你也能尽快得到反馈。

——梅达，出版人、四个孩子的母亲

## 赶紧动手

你如何找到心仪的工作呢？你如何制作一份精美的简历？请按照下列提示进行操作。

**简历的篇幅在一页以内。**你可以适当地调整页边距和字体，保证你将所有重要的信息都在一页内展现。要保证你的简历页面清爽、信息易读。留白很重要，这让读者能够专注于关键信息，不会分心。通过简历，可以看出你是否值得信任，是将你的简历纳入联系人名单里还是直接扔进垃圾箱里。在某些行业里，2~3 页的简历是正常的。在提交简历前，和同行聊一聊，了解一下具体的要求。

**标题要显眼。**将你的姓名、联系方式和领英人事档案的联系方式放在顶部，确保人力部门的人能看得到这些信息。不管你信不信，有些人压根儿不看简历具体的信息，他们只看你的社交平台地址，然后在社交平台页面上查阅你的资料。如果你的微博等社交平台信息和你的职业生活息息相关，或者从某种程度代表着你的工作状态，你也可以在简历中加上这些信息。一定要把邮箱地址和电话放在显眼的位置，这样才方便大家联系你。

**用一个听起来很职业的电子邮箱地址。**一个不太职业的电子邮箱地址很有可能让你得不到面试的机会。实际上，根据 CareerBuilder.com 的调查，一个不合适的电子邮箱地址有 30% 的概率毁掉你的面试机会。你的私人电子邮件地址最好不要提及你作为母亲的身份或者孩子的信息（姓氏@电子邮件地址.com）。但是，如果有人已经用相同的名字注册了邮箱地址，你也可以想一个简单一点儿的邮箱地址。

**职业目标**。简历标题下面应该是你的职业目标。这里应该是一句话，比如，“在财务服务机构中担任行政助理”。简短有力地描述你的职业目标，明确说明你的目标岗位。

**职业成就**。在你的职业史中选择最重要的业绩，包括那些和你申请岗位相关的工作经历。你可能至少需要一句话来描述每个职业成就的具体内容。这与工作经历有所不同——工作经历下面会有两三项关键的技能，但是职业成就下面用两三行的篇幅来说明你之前的职业发展顶峰。比如“带领一个 10 人的团队为一家财富 500 强公司开展多渠道的营销活动”。请谨慎措辞，每个字都很重要。你需要表明你的工作态度认真，勤奋努力，会给整个团队带来新的创意。

**工作经历**。这一项是工作经历的概述。先列出你最近从事的工作、工作单位、所在的城市，以及你在这个单位的工作时间。之后列出 1~3 点岗位职责，使用明确的动词来概述。请记住，假如你申请的是会计岗位，就不要将自己 8 年前从事服务生的经历写到简历里。

**教育背景**。除非你是应届毕业生，你正在申请的是人生当中的第一份工作，否则就把这一栏放在简历最底部。如果你已经毕业了很久，就不用把毕业的年份写在上面。如果你已经赢得了比较知名的奖学金，如罗德斯奖学金（Rhodes）或者富布莱特奖学金（Fulbright），也请在简历中列出。

**总结一下个人的亮点**。请继续在成就一栏里说明自己的志愿者经历，这样能表明你的优点和之前特别出色的项目经历，包括：

- 带领一个营销团队，为某个针对 8~18 岁的贫困女生开展课后营销活动，并获得了可量化的曝光度的增加。

- 参与某个公共关系活动，连续3个季度获得了博物馆会员的增员收入。
- 减少了17%的社区食物残渣变为堆肥料成本。
- 重新安排了阳光小学的图书馆馆内设置，为两个额外的计算机中心腾出了空间。

一定要列出你在逻辑学、会计学或者办公室管理等方面的技能，这些技能有可能是你在以前的工作经历中获得的，也有可能是你在家里当全职太太、管理慈善事业或者志愿者活动中获得的。不要掩盖你是哈佛大学硕士或耶鲁大学博士的事实，哪怕你申请的工作岗位根本不需要这么高的学历。无论你的亮点是什么，请先把它放在前面，因为很多审阅简历的人都没有时间读完简历的全部内容。

**包含关键词**。如果你要应聘一个大型公司的某个岗位，那么很有可能根本不是公司的人力资源专员或者某个高管在看你的简历。很多人力资源部门的人员都使用应聘追踪软件（application tracking software，ATS）来帮助他们删选成百上千份的简历。这个软件会以和岗位相关的特定的关键词来扫描简历。比如，如果雇主坚持应聘者必须有Excel（电子表格）操作的经历，计算机就会挑选那些包含Excel技能的简历，然后将这些简历的所有者纳入电话通知面试的人选之列。这种筛选的过程可以为雇主和人力资源部门节省时间。

职场妈妈可以将很多关键词放入自己的简历中，来证明自己对公司的价值。如果你曾经在孩子的学校参加过志愿者活动或者是家长委员会的成员，你就可以写上“具有组织领导能力”“多任务处理能力”。问问自己，要当一个好妈妈，你需要具备哪些特征和素养。我建议你找出 5 个词来描述自己，包括你的个性和素养，并找出恰当的方式在简历的“技能”一栏里展现出来。

**一定要保证这些关键词合乎潜在雇主的期望。**看看招聘广告上要求的技能是否在某种程度上跟你的技能匹配。如果没有正式的招聘广告，就浏览这家公司的网站，看看公司简介，了解其日常经营状况、经营目标和发展规划，根据这些来阐述自己的技能。

我使用招聘广告中的用词来修改简历，因此，我收到了 3 个公司的录用通知。

——安德鲁

我对我的简历进行了有针对性的修改，然后一周内就收到了录用通知书。

——奥拉夫

**附加材料。**有些行业（比如设计、建筑和广告）要求你提供作品集、作品范本或者作品的视觉展现。和从业者谈一谈，看看行业对从业者的素质要求有哪些大的改变。在电视媒体界制作节目的人员会向潜在的雇主展示自己的作品集，以此说明自己的从业经历和成就。多年前，这种作品集往往是存在录像带上，如今一切都已经数字化，很多人将自己的作品放在网站上。如果你已经把产品上传到网站上了，那么就可以在简历上列出网址，并在领英档案上标注出来。

## 求职信

我永远都不会忘记我在上大学时制作的简历和求职信——当时我把所有的材料都放到信封里，贴上邮票，然后寄出去。现在的情况没有太大的变化，只是求职信变成了求职邮件。除了提交简历材料的方式不同外，你将简历呈现给公司或者潜在雇主的方式没什么区别。求职信要简短，确保里面有明确要求雇主行动的语句，比如："能占用你几分钟时间，在电话里聊一聊招聘的事吗？""你有 15 分钟给我安排一下面试吗？"然后在信里写下姓名等等。（其实这样写，无非就是表明我想要这份工作，不要有太大压力，我们只是随便聊聊而已。）

最后，确保在你的求职信里不要有任何的错别字。很多人力主管和人力专员都跟我说过，他们曾经见过很多简历里有排版、语法和标点等错误。你在提交简历之前，先大声把求职信朗读出来，然后找个人帮忙校对一下，再检查 3 遍。根据 CareerBuilder.com 网站的统计，61% 的招聘单位会因为求职者简历中的语法和打印错误而直接不予考虑。这就是说，只要你的简历里出现了排版或者错别字等错误，你想应聘就很难了，这样的错误你可犯不起。

**制作简历"十要"**

1、使用招聘广告里的用词。既然你是为应聘某个岗位制作简历，如果招聘广告上说"必须有出色的管理能力"，你就可以在你的简历里写上你也具备这个能力，并解释为什么。

2、列出工作目标。告诉未来的雇主你的求职目标，以及你能为公司创造的价值。

3、简化。对简历进行编辑，尤其是在工作经历这一栏里。使用恰当的文字来描述你曾经做过的工作，要清楚、明了。

4、灵活多变。按照你申请的工作岗位及时调整简历中各个栏目的内容。确保你已经认真核对招聘广告中的信息，然后重新按照其中要求的技能来撰写简历，努力争取面试的机会。

5、前后一致。无论你采用何种风格制作简历，一定要前后一致。如果你的工作经历是按照岗位名称、公司名称、城市和日期这样的顺序来排列的，那么每一项工作经历都要按这样的顺序描述，不要一栏里先放公司名称，另一栏里先放城市名称。在字体的加黑加粗和人称使用方面，一定要前后一致。

6、简历整体设计要美观，要保持页面整洁。

7、写明你获得的职业资格。这项信息表明你在行业里依然很活跃。

8、列出你从事的志愿者工作。这表明你很关注他人，并且乐于助人。

9、经常更新简历。不要写完一份简历就觉得万事大吉了，你要不断地进行更新。

10、使用项目编号。不要使用又长又让人费解的句子，你可不是在写《战争与和平》这样的鸿篇巨著。

## 制作简历“十不要”

1、不要用缩写。一定要用全称，不要使用缩写形式。

2、不要故作风趣。比如，“我在大学联谊会上一下子喝掉了10 瓶啤酒”。

3、不要写出薪水要求。如果雇用方要谈论薪资，他们会主动提出。

4、不要列出过去工作的薪资报酬。你不用在简历里给自己明码标价。首先，你的标价有可能超出了潜在雇主的极限，也有可能你提的薪资远远低于雇主给出的水平，你不希望这样的情况发生吧！而且你也不希望给别人留下唯利是图的印象。

5、不要列出推荐人。如果你想让雇主给你打电话，你就需要保持一点儿神秘感，别把推荐人的信息一次性在简历里展示完。他们会联系你索要推荐人的信息，你相当于获得了和他们在电话里沟通的机会。

6、不要把简历装点得过于炫目，太有艺术感。不要加入图标或者用艺术字体，只用普通文字即可，最好精简些。

7、不要撒谎，也不要夸大其词，“突出自己的优势”和“编造信息”是两个概念，你的简历要 100% 真实。

8、提及个人生活时，要注意说话的艺术。只有在你的爱好和兴趣点有利于你的职业发展时才列出来。不要提及孩子的活动，你的简历只和自己有关，所有的用词都要目标明确。

9、避免简历中的信息冗长，不要让人看着不舒服。

10、不要想着送礼或走后门。不要给招聘办公室里送块蛋糕，然后里面夹着你的简历。

## 凯蒂的做法

有人曾对凯蒂说："一旦你离开了职场去生孩子，那么你可能不会再回来了。"但是她下定决心逆流而上。她之前在纽约的金融行业里工作。如果要重回职场，她想去一个更有趣、压力小的行业，但是工作还得有挑战性、薪水高、工作时间灵活。于是，她仔细思考了自己的技能和兴趣，决定进行一场职场方向大扭转。在研究了图书馆学后，她打算成为一名图书管理员。

凯蒂读书的时候成绩就很好，这次她找了一个专业顾问给她"参谋"，对方说她选择的道路是对的，这大大增强了凯蒂的信心。但她在写简历时，仍要面对同一个问题：她有 5 年时间没有工作。她要如何说服雇主忽视她的年龄，相信她能比那些应届毕业生做得更加出色？当她在领英档案中填写工作经历的时候，也有这样的苦恼。她一直想用恰当的语言描述她的阅历以及潜能，此外，她还需要一个职业故事，她需要描述她的技能在未来职业发展中发挥重要的作用。问题是，她完全没有头绪。

于是，专业顾问能帮凯蒂梳理简历，避重就轻，不刻意去谈及在家带孩子没有工作的那5年时间。此外，专业顾问还帮她想了一个故事，解释如何将她在金融业的技能和在图书馆学的培训结合起来，从而发挥其独特的优势。凯蒂的简历并没有提及她在家带孩子的那5年时间，而是从价值定位的角度出发，帮她打造了一份完美的简历，同时更新了领英的人才档案。这个专业顾问还告诉凯莉，她的职业转变是件好事，因为凯蒂得以全新的自我重回职场。只要凯蒂能说服潜在的雇主，以她的技能和素质完全能胜任现在的工作，那么他们就会忽略她在家的5年。凯蒂最终找到了一份在大学担任图书管理员和导师的工作，这是一份很有挑战性和成就感的职业。凯蒂得到了满意的薪资，并且有了充裕的假期，工作上还没有太多压力。可以说，凯蒂达成了自己的目标！

如果你在经济上没有太大压力，那么请一个专业人士来帮忙是一个很不错的选择。女性常常对于如何展示自己的优势感到不知所措，但是专业顾问会让你知道，其实你有多么优秀。当然，如果你请不起专业人士，也不要为此裹足不前。你一定要大胆展示自己的才华。想象一下，如果你正在为朋友推荐工作，你会有所保留吗？肯定不会，因为你希望让大家都能看到朋友的优势。你一定要让整个世界都看到你是值得被了解、被关注的。

# 第 5 章
# 选择回归的最佳时机

一旦你下定决心重返职场，就要积极地在职业圈中保持活跃的状态，制定好你的简历。接下来，就是一个价值高达 64 000 美元的问题："你准备什么时候回归？"你什么时候可以去上班？你什么时候可以重新开始职场和家庭两不误的生活模式？如果你对自己何时回归职场有选择权，那么你还要看看孩子们是否也做好了准备，然后给自己加油打气，全力以赴，一举成功。

孩子该怎么办？

撰写本书时，我采访的女性对于回归职场这个问题，最担心的是她们上班会给孩子带来怎样的影响。如果把孩子们送去托管中心或者找个保姆来照顾他们，他们是否会有被抛弃的感觉？下班后，她们要做家务，还要照顾孩子的饮食起居，甚至包括辅导功课，这一切会不会让她们觉得筋疲力尽？和全职妈妈的孩子们相比，这些孩子是否会有所缺失？

**回归醒言**

你决定回归职场，很大程度上取决于你丈夫的工作以及他的时间安排，这会直接影响你们照顾孩子的时间。我的丈夫很配合我，我们就像团队合作一样。但是，他的工作性质不是朝九晚五的，他要上夜班，有时候忙起来，一周只能休息一天，甚至没有休息日。这意味着当我在做出回归职场的决定时，在照顾孩子方面我是指望不上他的，这也会直接影响我该以何种方式回归职场。

——多莉安娜，电视节目制作人、两个孩子的母亲

实际上，这些重返职场的女性的孩子们适应得很好，也学会了和家庭成员协作，他们的自理能力增强了，也更加有耐心。并非孩子们无法适应新的生活，而是当有些妈妈们不能经常陪伴孩子们时，会为错过孩子们的比赛而怅然若失。比如，桑德拉生完孩子后，因为经济原因必须回去工作，她希望女儿支持自己在生活中向前一步，承担责任，让女儿明白什么是独立自主，以及女性也可以获得职场上的成功。桑德拉说："我要让女儿明白，只要她愿意，就可以做成任何事情。这一点非常重要。成功的意义对于我和对于她肯定有所不同，我希望她知道自己想要做什么，并且信心满满。"桑德拉从这段经历中学到的另一个经验是，她要把自己的感觉传递给她的女儿："你不可能鱼和熊掌兼得。"有时候，工作占的时间更多；有时候，又要照顾家里多一些，关键是我们不能总是只顾着一头。

桑德拉的经历证明了很多热点研究的发现——孩子们会因为妈妈

再次步入职场的积极影响而受益。以下研究结果或许会让那些纠结于如何平衡家庭与事业，生怕自己工作会影响孩子[①]的女性放下心来。

- 那些母亲在职场打拼的女孩在未来会更成功。她们的薪资更高，而且最终成为管理者的概率也更高。
- 那些母亲在职场打拼的男孩在成年后，会在抚养下一代和做家务方面承担更多的责任。
- 那些母亲在职场打拼的孩子在男女平等方面持有更公平的态度。

我在撰写本书时采访的很多女性都说过，等待返回职场比真正回去上班更加令人煎熬。实际上，在回归职场一段时间后，她们就能平静地面对自己的决定，尤其是意识到她们给孩子们树立了好榜样，孩子们也为她们感到骄傲时。而且，大部分职场妈妈都说，她们知道自己做出了正确的决定。

## 给自己一次赢的机会

担心回归职场可能会给孩子带来不好的影响，这不是让女性犹豫该不该回归的唯一理由，还有一点也很重要，那就是她们缺乏自信。只有她们真正尝试了，而且事业有成，她们才会拥有自信。她们

① 卡门·诺贝尔（Carmen Nobel），“职场妈妈让孩子受益终身”（Kids Benefit from Having a Working Mon），哈佛商学院的职场知识博客，见网页 http://hbswk.hbs.edu/item/7791.html。

目前觉得自己已经太久没有工作，也没有特别过硬的本事，所以感到恐惧。我的建议是，船到桥头自然直。只要你积极地尝试和前同事或者新认识的人联系，第一步就算成功了。当你做到“和他人联系”这件事情的时候，你可以把自己的战绩写下来。也许一开始，你在一个星期里只做成了一件事情。几个星期后，你就有可能每天都有新的突破——有些人收到了你的简历，或者你找到了合适的培训班来提升自己的技能。最后，你会发现你已经做成了 20 件事，这会让你感觉良好，并且很快就会获得面试的机会。

安·慕克吉是美国庄臣公司的全球首席营销官，她本人也是一位母亲。我们认识很多年了，无论碰到什么情况，安总是能把家庭和工作安排妥当，更好地平衡家庭和事业。因为工作关系，她要全球各地跑，每次看到她，她都告诉我一定要在百忙之中抽出时间陪家人一起度假。不管自己有多忙，她总会赶回家参加家庭聚会。她经常和很多纠结自己是否该重返职场的女性沟通，安慰她们不要因为工作而担心错失很多事情。她发现很多女性谈到自己因为长时间不工作，现在又必须回归职场，不知道自己究竟能做什么，压力很大。她坚信回归职场并不会让孩子难过，而且，在妈妈重回职场、自我成长的同时，孩子们也在成长。安说：“也许你不能天天陪着孩子们，但是你可以一辈子都陪伴他们成长。”

一旦回到职场，你就会从中受益，你会有所成就。不要因为恐惧而桎梏自己，一定要大胆地向前一步。一定要紧紧抓住机会，实现自己的梦想。你有很多才华和潜能，一定要充分利用，等待时机，一定要坚信自己能够成功。

## 制订双重计划

若想了解你和家人是否已经做好准备，请拿出一张纸和一支笔，写出 2 个计划：计划A是指如果一切顺利，事态会如何发展；计划B是指如果计划A不成功的话，情况会怎么样。这两套计划都有自己对应的情况。

**照顾孩子**。你的孩子上学了吗？你一定要请保姆在家里带孩子吗？你家附近有托儿所吗？你公司附近有托儿所吗？你丈夫的工作日程如何？他是否可以随时调整时间？他通常都无法按时下班回家照顾孩子吗？这种情况是否影响你对工作的选择？如果你不知道自己将来具体做什么工作，你可以大胆猜测一下，谁负责接送孩子？谁来做午餐？谁来做晚餐？如果孩子生病了，谁留在家里照顾？谁去参加家长会？如果孩子大一点儿了，你能出差吗？家里是否有第二辆车来满足出行的需求？按照实际情况把夫妻双方能做的事情罗列出来，看看哪些是可以实现的？哪些是两人都做不到的？

**通勤**。你愿意花多长时间到达公司？一个小时可以吗？你自己有车吗？你讨厌坐火车吗？一定要全面评估这些要素。如果去另一家单位上班，通勤时间更久，你愿意接受吗？

**社区义务**。谁会带孩子去参加学校活动？谁来组织每个月一次的烘焙义卖活动？你愿意找人帮你完成孩子学校的一些活动吗？

如果自己对两套方案都能做到心中有数，你就能安排好工作和家里的事情，同时也能让你在找工作的时候更有安全感，也更加自信。

**写下你的目标**

想知道自己何时回归职场最合适，你首先要对人生有所规划，同时知道如何实现这些人生目标。用回归日志记录你的想法、联系人和心里的顾虑，这能帮你评估当下的情况，思考在未来 5 年你的职业发展前景如何？未来 10 年呢？你的财务目标又是什么？你要在职场打拼多少年，才能实现这样的财务目标？你需要马上回去上班，还是再等一等？请画出你实现这些目标的路径，你会对自己何时回归了然于胸。

**给自己留出充裕的时间**

也许你认为自己已经做好了在一年内回归职场的准备。如果是这样，你也许想更快一点儿回去上班。你需要时间，确保你已经做好了求职的准备；你需要时间，确保你能重新塑造自己。

好消息是，哪怕你没有在最恰当的时机回归，你也能够顺利地实现过渡，找到理想的工作。你会适应新的生活，你的孩子也会适应。你是一个聪慧能干的母亲，身为人母教会了你如何灵活高效地做事。你可以尽你所能进行规划，然后利用手头的所有资源达成目标。你希望以怎样的方式回归呢？

# 第二部分

# 凯旋归来

# 第6章 战略性地制订回归计划

你重返职场的最终目标也许是为了成就一番自己的事业。虽说如此，你也没有必要一开始就从全职工作开始。你很渴望且需要一份全职工作，慢慢来也不失为一种好办法。实际上，一步一个脚印，从兼职工作做起，慢慢回归，这样能给你充裕的时间获得相关的经验，从而实现职业发展巨大的飞跃。

为了节目制作的效率，我在采编的时候，总希望从A地直达B地。但在找工作的时候，你所经历的心路历程可能跟你的想象不一样。你本来打算走这一条路，结果偏偏选了另外一条路。其实机会到处都是，只是我们以前从来没有发现而已。

你可能打算回到过去的岗位上工作，或许在另一家公司做着和以前差不多的事情。有些女性重新回归职场时，选择了和之前完全不同的行业，而且能够从底层做起，一路成功。根据你的个人情况，参与志愿者服务可能是你重归职场的非传统方式，你也许会创办自己的企业。下一步你就得明白你周围有哪些机遇。

## 评估你过往的职业经历

回想你所做的各种人生选择。当你从大学毕业的时候，你是否直接去了第一个向你发出录用通知书的机构工作呢？你是否有干点儿其他事情的冲动，却因为种种原因迟迟没有实现呢？我从空乘员转行做了电视新闻记者，因为我知道自己到底想要什么。但是，我在下定决心做出改变前，也花费了很多时间等待、观望。如果你一毕业就开始做某份工作，后来在同一个领域里换了份工作。你一直做得都不错，但你只是因为惯性的作用才坚持当前的职业发展道路。如果能重来一次，你还会选择当初的那条路吗？也许你一开始选择的道路就是错误的？

**职业专家醒言**

我在家专职带孩子 11 年后，决定重新回归职场，期间我所犯的最大的错误是我没有开展职业评估。我认为，你应该退后一步思考一下自己的兴趣和技能，这样做的意义格外重要。你不在工作状态的时间越长，职业评估就越重要。

——卡罗·费舍曼·科恩，

再入职规划公司（iRelaunch.com）联合创始人

一旦你坐下来评估自己的技能，并计划在家一段时间后重出江湖，你会发现这样的状况不是负担，而是新的机遇。你将直接回归，找到你理想的工作。但是在此之前，请一定要自问：这种工作和我当前的家庭状况匹配吗？有些女性非常幸运，她们离开职场时非常潇洒，回归职场也非常容易。有些人选择回到和她们过去的工作相关的行业中求职，但是具体工作却不尽相同。

再入职规划公司（iRelaunch.com）的联合创始人卡罗·费舍曼·科恩会请客户在决定回归前先拟定一份计划。当然，不是所有职场妈妈都能有幸获得这样的服务，很多人根本无暇顾及所谓回归的战略问题，要么是因为时机不对，要么就是经济状况不好。如果你碰到这样的情况，要记住你并没有失去一切。根据卡罗·费舍曼·科恩提供的数据，你可以继续从事以前的工作，给自己争取时间。你可以每天晚上花点儿时间思考下一步的职业规划，而下一步的职业转变才是你真正的回归。回归要讲究策略，这样能让你更好地根据个人兴趣、技能水平和生活方式，找到适合职业发展的岗位。

**确定你的技能组合**

希拉里曾经在纽约出版集团担任营销和品牌专家。当她辞职回家，生了第一个孩子后，她每天都会使用蓝莓手机工作。后来，她生完二胎后就搬到了伦敦，并且打算重回职场。虽然她家境殷实，不愁吃喝，又有了新房子，但她想过一种有挑战的生活，这样才能让她感到更充实，生活更有意义。

希拉里决定不再重归出版业，因为之前她以很高的姿态离开，在出版这个领域，她再也不可能达到原先那种工作水准了。她说："我压根儿就没想着回到出版行业。我觉得我不可能再有离开前那样辉煌的业绩了。"于是，她不得不开始重塑自我的旅程。

首先，她列出了自己拥有的多项技能，包括举办各种活动、开展公关活动、杂志排版以及她在做全职妈妈时从事志愿者服务的过程中学到的技能。她从没有想过要掩盖自己做全职妈妈的经历，她说："我没什么藏着掖着的，我可以很肯定地说，担任家长委员会主席这种志愿者工作是最难的。"于是，她开始寻找让她感兴趣并且能最大限度利用她的技能的工作。

经过努力，希拉里在一家小型的健身器材公司得到了营销主管的职位，手下管理着好几个员工，大部分员工都比她年轻 15 岁以上。

希拉里很聪明，她很早就意识到，她回归职场后不能继续从事以前的职业，她可以勇敢地尝试一下其他事情。当你经历职业的过渡时，一定要做好准备，重塑自我。首先，用笔记下你当前的工作重心和目标是什么，这能帮助你理清思路。你的人生发生了怎样的变化？你如何适应这种变化？列出你现有的资源、人脉以及你需要及时学会的知识。你能否重振雄风，将过去的职业生涯推向新的高峰？还是，行业变化发展太快，你再干老本行不会有太大的发展？你自身发生了多大的变化？如果从事原来的职业，你还能获得和以前一样的成就感吗？这些答案会帮助你进行评估。

**不要饥不择食**

如果你已经回顾了自己的职业发展历程，评估了自己的技能，并发现你可以干回老本行，那就太好了。如果不能，你也不要太紧张。首先，在找工作这件事情上，你不能饥不择食，否则你会犯错误。而且，即使你觉得未来渺茫，其实也没有这么糟，你不需要来者不拒。如果你现在很缺钱，你可以先放低要求。找一份工作，但不要忘记，眼前的这份工作只是权宜之计，你要时刻做好准备转到能够成就事业的工作上去，唯有如此，你才能获得真正的成就感，也才能获得你期望的薪资水平。

好消息是，如果你提前做好规划，就不需要这样一份过渡性的工作。也许你的日程不允许你接手休假之前的那份工作，但这并不代表你就要将就。职业规划师蕾切尔·艾里森一向主张"生活工作两不误"，她经常和一些优秀的职场女强人一起工作，她们在生孩子之前是"拼命三娘"，计划到一定年龄时一定要做到管理层，但是有了孩子以后发现自己精力有限，不可能心无旁骛地实现原计划了。按照艾里森的建议，你不要放弃未来，你可以用其他方式来展示自己的价值。现在你有两种选择：

- 转折点：从一个与自己的生活状态格格不入的行业转到更适合照顾家庭的行业。
- 重新思考：努力和管理层人员讨论你如何以兼顾事业和家庭的方式来工作——有些公司支持这样的做法，有些公司则不会。在你回归职场前，请选择适合你的公司。

### 是转折点还是重新思考的时刻？

你决定马上回归，但是你已经有很长一段时间没有工作了，你不知道自己应该做什么，在什么行业里开始比较好。在艾里森的帮助下，我设计了下面这个方法，它能帮助你理清你在进行下一份工作之前需要学习什么，并帮助你评估你具备的技能，以便更好地发挥和利用它们。

**第一步：盘存一下个人的经历**

写下在你当全职妈妈时的经历，以及你在这期间发展的技能。你有哪些技能可以告诉潜在的雇主？你曾经参与过社区的活动吗？这些经历能如何帮助现在的你？

**第二步：你对什么感兴趣**

列出你心仪的公司、行业、机构和工作。你可以从一个顾客的角度来思考，为什么你喜欢这些机构或者工作岗位？因为它们倡导的价值和文化与你的价值观和想法契合吗？现在，请写下你心目中理想的职业，然后想想这些理想的职业和你心仪的公司或岗位之间有哪些共同点？你能在这些公司中找到理想的岗位吗？

如果你找到了匹配项，请去掉那些不匹配的选项。

**第三步：什么对你而言最重要？**

人生的选择无处不在，所以这一步很重要。你需要考虑你的底线、做出妥协的前提以及对你来说最重要的东西，具体见下面的因素：

便利度

日常工作职责

通勤

时间

金钱

**第四步：目标**

找到那些符合你的标准的公司，然后着手应聘工作，同时思考：

- 这些公司的经营理念与你对家庭事业的看法契合吗？
- 你应聘岗位的通勤时间、薪资以及工作时间是否和你的日程相符？

一旦列出了这张清单，你就能减少自己的选项，也能更精准地找到自己想要的工作。你没有必要把时间浪费在你根本不可能去的公司，或者其经营理念与你的价值观不相符的公司。

如果你觉得此刻需要重新思考一下，那么恭喜你！你很有可能觉得你和老板针对你的工作方法达成了共识。如果你需要改变，也祝贺你，因为你将开始一场全新且令人激动的旅程！

我热爱我的工作，而且我在生完小孩后及时进行了职业转变，这不是因为我当上了妈妈，而是因为我人生中的重要转折。当我决定投身电视直播行业时，不是因为我不想再当乘务员，而是因为我希望在电视新闻节目中发挥自己的才干。我知道自己想要什么，我跟随自己的内心制定职业规划。当时我在电视台实习，周末继续做一名空乘员，这样就能获得更多的薪水以支付房租。我拼尽全力找到了梦寐以求的工作。我想，你此刻也面临着这样的选择——你重返职场，想要的不仅是一份工作，更是一份事业。只有这样，你才能真正回归，并在你热爱的行业中大放异彩。

## 要别出心裁

你不要做一份连自己都不喜欢的工作，你也需要在转行的过程中有更多独特的想法。好消息是，如果你开拓思维、灵活应变，那么在从全职妈妈转变为职场女性的过程中，你将有很多选择。如果你决定参加志愿者服务工作、实习或者开创自己的事业，你也会有很多选择。

### 志愿工作

嘉琳和丈夫都在军队里工作。当她意识到经常在全球各地奔波，无法照顾两个孩子的时候，她便辞职了。她从来没有想过要重返职场，虽然她拥有公共关系学的学位。之后，婚姻的裂痕开始出现，嘉琳觉得她和丈夫离婚是早晚的事情，于是她开始找工作。但是，很快她发现自己无法起步。在海军服役了多年，又在家里当了 7 年的全职妈妈，她没有过硬的简历，没有自己的人脉圈子，也没有可以帮她的人。什么都没有。

她只想找到一份薪水尚可的工作，但是她的海军服役经历和技能似乎帮不上什么忙。当时正是 2001 年，美国政府也没有针对退伍军人转业的计划。此外，她放弃了自己的工作，成了军属，主要是为了能在丈夫外出完成任务的时候专心照顾孩子。即使有了军队提供的支持，她要兼顾家庭和工作也是不可能的。在家里待了那么多年，她再次回归职场的希望渺茫。一些她前去应聘的公司评论说，她所做的是有利于家庭的选择，但他们更关注的是她和社会脱节多年的事实。有一次她甚至直接被这样告知，“这可不是你想要的第一份工作，赶紧回家吧。这份工作要求员工经常出差，这可不是你这样的妈妈能吃得消的”。

她知道自己可以在百货商场谋到一份工作，但是她希望能在公共关系这个领域找到专业对口的工作。她要一份事业，而不只是一份差事。她寻寻觅觅，希望能找到适合自己的道路。最后，她决定退后一步，在找工作的过程中有的放矢，寻找那些可能与华盛顿或者军方有关系的公司。然后向他们说明自己一开始可以以志愿者的身份加入公司，如果公司对她的业绩满意，再雇用她也不迟。她花了很长时间来回寻找，总算找到了一家适合她的公司，并在那里进行了几个月的志愿者服务，之后她被录用了，成了一名正式员工。虽然进行志愿者服务会在一开始让求职者的经济状况比较紧张，但是嘉琳认为她的坚持是值得的。如果她当初接受了最容易找到的工作，而没有在这家公司先主动奉献几个月的时间，她现在的薪资可能会每年少 25 000 美元。嘉琳在心中一直把实习也当成是全职工作，她所做的决策也是经过深思熟虑的，如果她是正式上班的话，也会做出相同的选择。最后，她不仅被这家公司录用，而且比其他同事上升更快。这是一个双赢的局面。

### 实习不是年轻人的专利

不是所有人都能牢牢把握实习期间碰到的机会。但对于那些能在实习中把握机会、获得工作的人而言，实习是证明自己实力、获得资历、说服雇主正式雇用你的绝佳机会。实习也可能是与工作相关的——为那些负担不起或无法花 2 到 3 年时间获得额外学位的人提供岗位所必需的职业培训。

从实习生到正式员工，这绝对是一条可行的回归之路。我本人的经历就说明了这一点。当我打算从航空服务业转型到电视新闻行业时，我并没有先读一个新闻学的硕士再去找工作，而是先学习了一些社区大学的课程，从而获得了在哥伦比亚广播公司CBS旧金山电视台的实习机会。为了补贴收入，付清生活的各种费用，我周末继续在西南航空公司担任空乘人员。是的，我一周上 7 天班的状态持续了 6 个月，最终圆满地完成了这个实习任务。只是空乘服务工作的减少大大降低了我的收入。我的确在那一段时间欠了债。从经济保障这个角度来说，我也算是犯了个错误，这进一步说明，你一定要提前做好财务规划。

因为我比其他实习生年纪都要大，所以我更要把握这个实习的机会。我有了一点儿人生阅历，知道自己想要什么。我有上进心。我利用这个实习机会参加录影、外出拍摄，尽可能体验我所能获得的一切新闻采访经历。最后，这个电视台给了我一份制片助理的工作，我还获得了一份制作全国旅行节目的机会，并且让我有机会出镜。我在面试的时候很诚实，在被问及“你最终的目标是什么”时，我说我希望最终能成为一名新闻主播。面试官说：“好的，我们可以试一试。”

你应该知道，我用行动表明了自己的决心。我几个星期以来一直在争取这样的机会，因为我的最终目标是在镜头前，而不是幕后。这个旅行节目后来在全国播出了，所以面试官让我通过了。我作为播报员的第一档节目在全国播出了，对曾经是乘务员的我来说，算是很不错了。

我意识到 27 岁可行的事情，在 38 岁、47 岁或者 51 岁未必就可行。随着年龄的增长，大家接受实习的概率可能会越来越少，尤其是没有薪水的实习岗位。很多公司喜欢雇用实习生，因为实习生工作热情高，而且不用支付劳动报酬，他们还能借实习机会筛选未来有可能为公司效力的人。

此外，这个世界变化太快，有些公司发现了雇用年长一点儿的实习生并从内部给他们提供成长机会的价值。和那些完全没有工作经验的实习生相比，这些新的中年实习机会（用高盛集团的话来形容，叫“回归实习”）是专门为中年职业人士准备的。而这些经历恰好能让那些脱离职场数年的妈妈们填充自己的简历[①]。

比如梅根，她曾在地方检察办公室工作，同时还担任一家互联网公司的法律顾问。后来，她在家全职带孩子，一过就是 8 年。她觉得自己完全和社会脱节了。当高盛公司的行政人员看了她的简历后，说：“你简历上有好几年是一片空白的。不过你可以跟我说说这几年

---

① 安妮·特格森（Anne Tergesen），“为 40 多岁的华尔街职场菜鸟提供的实习机会”（Internships for 40-somethings Take Root on Wall Street），《市场观察》（Market Watch）http://www.marketwatch.com/story/internships-for-40-somethings-take-root-on-wall-street-2015-03-03。

你都做了什么。”梅根意识到她需要好好思考一下，该如何把自己养育孩子的8年中所做的事情陈述给对方。她听说瑞士信贷（Credit Suisse）有一个“真正回归”（Real Returns）的项目，主要是针对准备重回职场的全职妈妈提供的带薪实习项目。她在家里重新修改了简历，并将自己8年的全职妈妈经历中值得与人分享的那些经历体现在其中。梅根说：“当你思考这个问题时，全职妈妈——将孩子带到欧洲，照顾他们的饮食起居，送他们上学，和学校打交道，帮忙筹款——所有这些活动都需要我发挥个人的强项和潜能，虽然我所做的并没有得到合理的报酬。”于是，梅根想出了一个职位头衔——“家政总管”——好让面试官和其他人知道她在这8年里都做了什么。她想换种方式来看待她先前带孩子的8年时光。她使用自身的组织技巧、项目管理能力、时间和协调能力等来描述这份工作所需要的素质。

后来，梅根获得了一个为期10周的带薪实习机会。其他参与者的年龄都在30岁至50岁之间。她热爱一切——她生活的圈子、培训项目以及实习工作本身，这份实习是真正专案式的，同时具有挑战性的工作。这个实习项目帮助梅根完成了工作的过渡。虽然工作时间长，梅根还要管好孩子，日程紧凑且繁忙，她也花了一段时间适应。但总体上而言，她觉得这一切很值得。

除了找到一份工作外，梅根还获得了：

- 自信心，她知道实习结束后，她可以参加正式的工作招聘面试，也可以在其他地方找到一份工作；

- 有机会碰到见解独到的嘉宾演讲者，也能参加各种研讨会；
- 可以帮忙写简历，并提前练习面试过程。

实习项目不仅是你进入公司工作的敲门砖，还能让你有机会现场体验一下工作。梅根说她项目里的有些人通过这次实习发现自己还没有做好回归的准备。如果你在某个地方实习过后，改变了主意，不想再回归，或者意识到这并不是你想象中的行业和领域，但因为是实习你并没有在此牺牲很多时间，也没有断了自己的后路。

在你接受一份无薪的实习前，一定要慎重考虑。对我而言，公司给实习生发薪水代表了他们很看重给公司注入新鲜的血液，并且也有打算在实习期满后正式聘用这些实习生。

——梅根，律师、三个孩子的母亲

**找一份实习工作**

在信息化时代，在网上找到那些愿意给打算换工作或者重回职场的人提供培训实习项目的公司并不难。但是在开始前，你得先想明白下列各个要素：

- 你想在什么行业内工作？
- 你打算做出彻底的改变吗？如果答案是肯定的，请先确定行业，然后去财经网站上查找一下这些公司的信息。我一直很喜欢雅虎财经，它按照行业对公司信息进行了汇总，包括银行业、实业、零售业、软件开发或者能源制造业等。

- 如果你已经想到了你愿意为其效力的公司，就可以在雅虎财经企业信息栏里查阅详情，你还可以留意到这个行业其他公司的情况。每个公司名称下面都有具体的诸如地址、网址和公司的补充信息。
- 如果你发现绝大多数实习项目都要求应聘者是学生，那么你可以报一个社区大学，或者参加一些在线课程的培训，总之你要让他们觉得你是合格的。

## 积极主动

请拿起电话。是的，电话。给各大公司打电话，并要求转接至人力资源部的某个人力资源专员。按照公司的规模，你可以在企业信息栏里看到联系人的信息，这样你就能练习你在本书第 3 章学习到的电话求职技巧。如果电话没有接通，你可以写一封邮件，在网上应聘。如果网上没有实习应聘信息，你可以编辑一份措辞精练的邮件。（当然你打电话时也要力求信息的精简。）

“亲爱的________：

我是_______。我想了解一下你们公司给非应届毕业生提供的实习项目的情况。我过去**年时间里一直没有工作。现在我打算重新回到XYZ行业。”

记住，最重要的一点是真诚。你的简历上的确会有几年的空白时间，你无法隐藏这些信息，你也没有必要在一开始的求职信里对此另加赘述。

**给自己创造实习机会**

如果你迫切想要去某个公司工作，但却没有担任初级岗位的资格，而且这家公司也没有针对非应届毕业生的实习项目，那么你可以为自己创造一个实习机会。首先要确定公司的需要。在公司网站的招聘启事一栏里，你可以看到公司当前公开招聘的岗位有哪些。看看每个岗位的资格要求。你可能不具备相应的技能，这也没关系，你可以写一封邮件给人力资源部门经理，提出一个针对非应届毕业生的实习计划，强调你对公司的关注，并说明即使你现在不具备他们想要的工作经验，但你具备他们期望的模范员工所具备的素质，如积极向上的态度和风格，组织能力、自律性强，还具备多任务处理的能力。我怎么能确定这些技能正是他们所需要的呢？因为我看过无数岗位描述，无论招聘什么，这些字眼都会出现在招聘启事中。一定要在你的计划书中强调你具备的能力和素质。你要向公司说明你会是他们不可多得的人才。此外你还要通过电话、邮件等方式进一步说明你学习的能力、你热切希望发展新技能的需要，以及你对新机遇的渴望和把握能力。

### 值得关注的地方

高盛集团在 2008 年推出了“回归”这个字眼，并将这个字眼变成了他们公司的标签。它主要是指一个为期 10 周的带薪返回工作岗位的过渡项目。很多公司都纷纷效仿高盛的做法。英国巴克莱银行（Barclays）正在英国推出一个类似的项目。摩根大通，瑞典银行、美国大都会人寿保险公司和摩根士丹利投资公司都打算开发此类项目。实际上，当我在撰写本书的时候，越来越多的行业都打算尝试这个项目。银行曾接受了很多准备重返职场的全职妈妈和退伍军人，他们的业绩普遍都很出色。

美国认证的“平缓过渡项目（OnRamp Fellowship）”可以帮助资深的女律师在全国各地的律师事务所获得实习机会。

Zillow 是一家房地产公司，最近为一批计算机科学家创建了实习项目。

**在接受一份无薪实习前，你要问自己的问题：**

- 你做得到无偿工作吗？你的经济条件允许你这样做吗？
- 无偿实习的工作时间以及相应的通勤时间，按照你能获得的经验和接触到的资源来看，是否划算？
- 你能否干劲十足地工作？
- 你接受这份实习工作只是为了多一份经历，给简历增色，还是打算实习结束后就应聘这家公司？请明确你的目标。

## 有利因素

很多公司意识到在公司的不同层级纳入女性雇员，能给他们带来很多优势。多元化给整个团队带来了全新的视角和不同的观点，这往往能增加团队的创新和解决问题的能力。很多管理者碰到女性雇员因为要生小孩而不得不离开岗位，感到非常沮丧。因为这些女性都是好人才。所以，很多公司致力于鼓励职场妈妈们勇敢尝试，并积极为她们专门打造全方位的回归项目，好减轻她们再次返回职场工作的压力。事实上，这些项目完全能大大减轻你们申请实习机会（无论是否有薪水）的压力。

**职业专家醒言**

在高层管理的架构中，女性的保留率并不高。行业内普遍强调保证公司员工性别多元化的重要性，因此一定要吸引一些资深的女性回到职场，并引入新的人才来实现这个目标。

——莉莎·摩纳哥，瑞士信贷副主席、全球项目经理

公司希望这些实习生能够满足公司对人才的需求，且摩根大通公司输送的恰恰就是他们需要的人才。实习项目是验证这一点的绝佳机会。

——朱莉·雷普莉，摩根大通公司总经理

无薪实习工作未必适合所有人。如果你有机会获得很好的工作经

验，接触到行业发展的最新成果，而且还有工资，你当然应该接受这样的工作。如果你简历上的工作经历足以让你获得有报酬的实习机会，那么你就不要参加这种针对非应届生的无偿实习项目。除非万不得已，除非你确实没有其他出路，除非这样做是为了给你获得面试机会铺路，否则不要接受无薪实习。因为这种类型的实习主要是针对那些打算转行的人设计的。

记住，除非你已经找到了朋友或者家人帮忙照顾孩子，否则，回去上班肯定意味着你要花钱请人照顾小孩。如果你工作所获得的报酬非常微薄，那么你无偿工作肯定是得不偿失的。

职场妈妈们，如果你获得了针对学生或者并非专门针对资深职业人士的实习机会，你会发现和你一起实习的人年纪都很小，无论做什么，都不要太过紧张。记住，我在哥伦比亚广播公司实习的时候，已经 27 岁了。在电视台，那绝对已经是老人的年纪了。我看起来起步很晚，因为其他实习生都是大学生或者大学毕业没多久。但是他们在外面休息聊天的时候，我在里面不断地赶工、修剪录像带、为故事录音或者乞求摄像师能否再给我多补几个镜头，这样我就能更好地在镜头前展示我的故事。我知道我需要一份个人作品的样例。我也知道我无法说服一个电视台雇用我当主播，因为我以前只做过西南航空公司的乘务员。所有新闻主播需要的技能和经历，我看似都没有。但是不管怎么样，我实现了职业生涯的逆袭。既然我可以，我相信你也能做到。

顺便说一下，那年春天和我一起实习的人都没有获得正式工作的机会。但是我在六个月实习期满的时候有了两个工作机会。

**兼职工作：家庭事业平衡的好办法**

对一些女性而言，兼职工作是很不错的选择。这是职场妈妈们平衡家庭和事业最理想的办法。兼职给他们机会来应用自己的职业和教育经验，赚钱养家，同时还能有比去上班更多的时间来陪孩子和家人。

不要害怕做出提议

如果你现在还在上班，并且近期打算离开岗位一阵子照顾孩子，你可以和工作单位的领导们商量一下，在休产假前能否兼职一段时间。你可以写一份提议书，动之以情、晓之以理。提议书里要包含下列问题的答案：

- 兼职工作具体如何进行？你是每天工作几个小时，还是每周工作三天？能否既在家里又在办公室里上班？在保证按期完成工作量的前提下，能否自己安排时间？
- 公司能够获得什么好处？你得列出一系列你在兼职工作状态下能给公司创造的价值清单（如保存智力资本等。）
- 你的工作业绩如何考查？你能给公司怎样的承诺？你的工作目标是什么？你的兼职工作状态能如何提升公司的底线？你的提议书应该着重回答这些问题。
- 技术手段能如何帮助你更好地完成兼职工作任务？

另外，请仔细留意公司的产假制度和说明。还记得第 2 章中，史黛丝在“如果你决定以后不回来工作”这一栏里有一段说明，“员工在产假结束后可以选择以兼职的形式工作，以保障自己的工作。”你会发现，如果你想工作的话，兼职是不错的选择。所以一定要好好留意公司的产假制度和说明。

轮班工作

还有一种兼职的方式是轮班工作。多莉安娜有个其他人无法比拟的优势：20 世纪 90 年代，她是当地的新闻记者，曾经做了一系列报道，介绍公司为双职工家庭提供补贴的故事。一些公司为职员做了很多贴心的事情，比如提供灵活的弹性工作制，当时这还是一种新风尚。怀孕后她意识到自己想要继续工作，但是全职工作吃不消，所以她想出了一个很有创意的办法。她做了些调查，找到曾经一起搭档的合作伙伴，然后想出了一个计划。她提议轮班工作——两个人承担一份工作。她做了相关的数据计算，以实际的证据向公司说明两个人承担一份工作不会让公司多花一分钱。实际上，按照多莉安娜的说法，她还为公司省了钱。没有轮班工作这种工作模式，这两个女职员可能都得辞职，公司看到能够留住两位聪慧能干的职员，而不需要花额外的精力去寻找并培训两个新的职员，这样的安排，公司乐见其成。多莉安娜和她的同事开创了轮班工作的先河，并给其他的职场妈妈树立了良好的榜样。

如果你对这种工作模式感兴趣，你可以向曾经经历过轮班工作的人取经，和人力资源部的人谈一谈，看是否有可能采用这种工作模式，然后写出明确的计划来说明如何分配任务，具体的工作任务怎样开展，以及如何用一个人的薪水支付两个员工。即使你的公司以前从来没有这样做过，也不要担心，至少你可以征求一下公司的意见。为此，你要做到：

- 帮公司做好调查。
- 给其他公司打电话，看看他们有哪些轮班工作的项目，或者跟其他公司的职场妈妈聊一聊，她们轮班工作的模式具体是怎样开展的。
- 列出所有的证据，在计划中说明，无论是弹性工作制、轮班工作或者是每周有一天时间在家办公，都不会增加公司的运营成本。
- 证明你的提议可以保证甚至提高工作效率（一周中的一天在家里上班，你省去了通勤的时间，你的工作时间延长了。）
- 确保轮班工作的模式适合你们的行业。多莉安娜知道在新闻媒体行业，采访播报的时效性很强，这就比较有利于她。只要有人按时完成这份工作，就可以了。如果你的工作是长周期的，需要面对面开展的，那么你的轮班工作计划就必须要考虑这一点。

如果不提出要求，你永远都不知道老板会不会答应。如果你是一个聪明能干的员工，对团队非常重要，尤其是你在公司已经是个老员工了，公司就应该坚持利用轮班工作来留住你。一来可以省去公司的很多麻烦，二来也可以节约劳动力成本，毕竟要招聘和培训新员工是耗时耗力的事情。

假如多莉安娜从未想到轮班工作计划，她可能几十年前就辞职了，她的职业轨迹就会完全不同。轮班工作计划允许她能够保证自己拥有热爱的事业。而今，她已经是新闻节目的导演了！

兼职需要注意的

兼职工作也有缺点，一定要明白有可能出现哪些错误。很多女性都有很棒的资历，但是她们经常要承担比当初和雇主议定的更多的工作。有些职业培训师说，就是因为这一点，她们最后都没有坚持下去。但是，如果你了解自己的行业，且明白整体的工作形势，应该问题不大。但是马洛里就没这么幸运了。

马洛里五年前离开法律行业，抚养自己的三个孩子，她当初从没有想过自己会回归职场。遗憾的是，丈夫的行业不景气，马洛里意识到为了保障家庭的经济收入，她得改变自己的计划。她想着可能要花好几年的时间才能回归，所以一定要为自己重新工作打好基础。但是，她面临着许多挑战：

- 她和圈子里认识的人几乎都没有联系了。
- 她此前担任首席法律顾问的公司受到经济衰退的影响，已经名存实亡，只剩下一个空壳了。
- 她和家人搬出了曼哈顿，住到了康涅狄格州。那里的工作机会要少很多。但是她坚持要在家附近工作。
- 她的律师执照已经过期了，这进一步减少了她的职业选择。

- 她的法律专长是技术，但是过去的五年里，技术几乎发展得超过了光速。

马洛里开始找工作，她找工作的时候很注重方法。她知道自己已经不具备吸引大公司的资历，所以她主要找小公司。最后，在领英平台，她找到了一个听起来很不错的招聘广告，“兼职法律顾问、独家顾问，为本公司提供服务，而非技术。”公司总部位于印度。这可以算是个优势。马洛里曾经和很多印度公司合作过，习惯了倒时差工作，也清楚美印两国的文化差异。工作的时间也很好，一周工作三天，其中一两天要进城工作。一切看起来非常完美。是的，薪水的确不高，但是她知道自己只能妥协，因为这份工作有比较灵活的工作时间，这一点很重要。她参加了应聘，成功被录用。这份工作看着很不错，而且事实证明，的确很不错。

但是，尽管马洛里对公司文化进行了调查，书面的兼职协议上也明确规定了工作职责和范围，现实却不尽如人意。马洛里很清楚，接手了这份工作，她每周工作的时间是三天。但到头来，她的工作任务远不止于此。她做的几乎是全职的工作量，但拿的却是兼职的薪水。她不仅要在公司工作，在家也得不停工作。最后她终于转成了全职员工，但她的薪水提升幅度非常有限，因为她没有采取手段。她低估了自己，最后只赚了她本可以在其他很多地方赚的薪水的一个零头。如果她一开始就是努力寻找全职工作，她的选择会多很多。马洛里想要所有的全职妈妈知道：兼职工作未必都划算。

我采访的很多兼职工作的女性，并非真的是在做兼职。实际上，那几乎算不上是兼职。虽然她们每周只需要花两天的时间在办公室里，但剩余时间几乎都是随时待命的。对于很多母亲而言，她们很难平衡家庭和事业。而今的兼职工作有一点好处就是：技术的发展允许她们可以不用在办公室里工作，一部手机、笔记本电脑或者其他电子移动设备就可以完成掌上办公室。有些人觉得这笔交易是划算的。但另一些人认为，很多人拿着兼职的薪水，要完成的却永远是比兼职更多的工作任务。

**临时工作**

德洛丽丝认为自己找份工作肯定没有什么问题。她毕业于哈佛大学，是职业律师。2009 年，她辞职之后生了两个孩子。5 年后，她离婚了。她不得不返回职场。她的证书和执照都有效。她很自信，觉得凭借自己在一家重量级的金融公司担任高级法律顾问的资历，肯定能找到好工作，毕竟才过去了 5 年时间而已。

她一开始只寻找高管类的工作，但是却找不到合适的。首先，这类岗位公开招聘的就很少；其次，各家公司内部有很多人员等待提拔晋升到这样的岗位上。最后，经过几个月求职无果，她调整了自己的策略，接手了一份在投资银行作为承包人的临时工作。

这让德洛丽丝大受打击——她曾是哈佛大学法学院的高材生，现在却只能当临时工，这样的心理落差太大了。看来，想要重新回到她之前的职业轨道异常艰难。德洛丽丝当时没有意识到的是：即使这是一份临时工作，她在回归职场这场战役上已经赢了一半了。她前脚已经跨进行业的门槛了，谁在乎她是怎么做到的？关键是她已经回到了职场。她的确干了一件很棒的事。

一个周末，当时德洛丽丝还算是公司的新员工，她接手了一个需要税收和法律知识背景的项目。第一次会议是电话会议，她之前从没见过这些人。电话会议开始了，出现了一个她知道如何处理的问题时，她并没有过多顾虑自己的临时工身份，单刀直入、化繁为简，以凝练的语言阐述了他们面临的问题并提出了解决措施。突然，有位男士打断了她，说："不好意思，请问你怎么称呼？"德洛丽丝惊了一下，她可能说得太多了。接着她很平静地解释说她是承包人，是新来的。她万万没有想到，这位男士接下来会这样说："我不得不打断一下，因为这是我从业十年以来，碰到的最流畅、最有理有据的讲述。我就想知道你是谁。"

德洛丽丝称，那一天是她人生中最棒的一天。

德洛丽丝做这份工作绝对是大材小用，但她没有因此而放松，反而是远比预期出色地完成了工作。换句话说：她的才华很快就被领导发现了。最终，德洛丽丝负责了整个项目，并运行了下去。如果她因为这份工作太过简单而没有接受，那么她就不会有机会发光发热。如果她表现平平，按照既定的方式工作，她也不会脱颖而出。但是她在看似普通的岗位上找到了提升自己的道路，也给雇主带来了远远超过她岗位应有业绩的效益。

这份临时工作，德洛丽丝干得很好。因此，六个月期限到了之后，她便进入了公司著名的实习项目，这个实习项目每年会从上万名应聘者中招聘十人。这个项目主要是为那些重回职场的人员设计的，这个机会让她在后来取得了更大的成就——她当上了主管。让人难以置信的是：就在德洛丽丝完成这个实习项目前，另外一家公司向她发出了面试邀请，她参加了应聘，并被成功录用。她为自己的跳槽感到内疚，但招聘她当临时工的那家投资银行则为她能够找到发挥自己优势、大展宏图的天地而感到欣慰。

当你走在回归职场的路上，千万不要担心自己找到的只是份临时的工作。只要你恰当运用这样的机会，临时工就能成为你新的职业跳板。需要临时工的地方往往会找人来完成他们短期或者长期的工作任务。大多数会找临时工的领域包括会计、行政管理、建筑或者科技行业。最好的办法是在网上搜索一下，看有没有本地找临时工的公司。房地产行业的工作区域性很强，临时工作也是一样。如果你能找到那些在本地区的主要行业，你很有可能找到本地某些寻找临时工的公司或机构。

### 德洛丽丝回归职场的经验

每份工作，无论多么微不足道，都是让人发光的好机会。

- 一个基层的岗位可能会给你被伯乐发现的机会。
- 即使你的岗位是基层的，你也要在电话和会议室里勇敢表达自己的观点。一定要让人们听到你的想法，要有自信。
- 接受你能承担的项目，哪怕这些项目涉及的其他人员远远高于你的职级。
- 在证明自身能力的时候，千万不要玩办公室政治。低下头、好好做事。就这样。
- 重新开始自己的职业时，从比以前离职的岗位更低的水平上起步，这样做没有问题。

- 不要低估自己，不要浪费一年的时间追寻你得不到的东西。一定要打开思维，考虑所有的选项，即使这些选项并不是你想要的。
- 即使你的桌子上堆了很多任务等着你去处理，你也要按照你一贯的高标准去认真完成，不能因为任务太多就在工作质量上大打折扣。
- 做好准备承担额外的工作来证明自己——只要有机会，你就要发挥自己的潜力。你之前习惯了一切事情都在家里完成，在工作中也保持这样的状态就可以。
- 高效工作，从容不迫，不要表露出疲惫的状态。你一定要保持乐观，努力工作。

**互联网工作**

各年龄层的观众问我最多的一个问题是：我在家里能做什么工作？首先，我要先警告各位：一定要当心。我当初在研究这个问题的时候发现有很多骗局。如果有人要求你为初期培训或者入职缴纳费用，一定别去！

通过互联网，我们可以和全球各地的人共享信息，这就催生了一种新的职业：虚拟私人助理。这些科技平台会安排日程、航班、公司活动规划还有其他繁忙的工作人士不愿干的枯燥的工作任务。其他合法的虚拟工作包括转录、在线授课、数据输入和记账工作等。

### 成为创业者

很多找不到满意工作或者想要完全控制自己工作和生活的女性选择了自己创业，并且非常成功。当下，社交媒体和网络允许女性白手起家，创造自己的事业。创业可以说是最有挑战性的回归职场的方式之一，也有可能是回报最高的方式之一。

苏珊之前是执业律师，为了生养孩子，她离开了职场。做出这个决定并不难，她有五个孩子，还要辅助丈夫。居家也像是一种关于后勤管理的科学。用苏珊的话来说，“家里的活儿永远也干不完。”随着孩子们长大，她应该如释重负了，但她还是非常关注孩子们的生活，以至于老大去上大学的时候，她感觉自己一团糟，感觉家人永远都不太可能再聚在一个屋檐下生活了。最后，她意识到必须和孩子们保持适当的距离，而且一定要找到自己的生活重心。“我得做点儿什么。我以前告诉我的孩子们，‘不许养宠物和植物’。我只照顾孩子。后来我发现，这样不行。我需要其他东西。”

苏珊并没有回去当律师，而是开创了她所说的“副业”。这一开始只是个爱好，后来变成了一份工作，最后让苏珊成了这份事业的创始人、所有者以及主编。“你的孩子”（Your Teen Media）是一个专门针对育儿话题的咨询平台，它的诞生和成长都来自苏珊的“母爱”，而这份事业也很快发展成了苏珊的家族企业。

自主创业的最大回报是在苏珊 50 岁生日宴会上，家人轮流在桌上祝福她。苏珊的大女儿说，她为苏珊开创了自己的事业感到异常骄傲。这是苏珊能收到的最好的生日礼物了。

在数字时代，使用脸书或者其他网站挂出自己的标签，了解或者创造新产品并成为一名创业者简直“易如反掌”。当然，让创办的事业运营下去，要付出努力。但这吓不倒妈妈们。首先，你已经习惯了吃苦——毕竟你连孩子都养大了；其次，你一定是充满了激情才会去创业。最后，你所有的努力和成就直接都归功于你和家人，这样的话，你就会觉得工作更加有动力。

社交媒体为创业者打开了全新的世界，让他们不离开客厅就能和客户沟通。还有一个虚拟的工作团队等着帮助你完成这些任务。你可以将会计、名片和网页设计等业务外包出去，只要使用搜索引擎就能办到。你甚至可以雇用一个虚拟或者远程助理来帮助你。

## 尽早开始

爱琳一直很喜欢摄影，但是她在大学上摄影课的时候，一位教授的一番话让她铭记于心，“摄影作为一个职业，生存状态艰难”。所以，她并没有打算成为职业摄影师，而是进入了新闻媒体行业，成了一名记者。她继续学习摄影课程，也学习了胶片摄影。但只是作为个人的兴趣爱好。后来，她离开职场，专心抚养两个孩子，并继续自己的爱好——在布鲁克林街区给孩子们拍照。最后，她的朋友们留意到她的摄影水平和独特的风格，也开始请她帮忙拍照。就这样，“爱琳·特纳摄影工作室”诞生了。

爱琳从没想过自己会成为一个女商人，有时候她觉得自己忙得有些晕头转向。在她慢慢完成从全职妈妈到职场女性过渡的过程中，在把摄影业务做得有声有色之前，她已经重新塑造了自己。现在当人们问她那个所有的全职妈妈都有可能被问到的问题：“你是干什么的？”

爱琳会回答："我是个摄影师"。同时，她也积极行动，让自己实至名归。虽然她有时候觉得自称是摄影师有点儿心虚，但是听到从自己的嘴里说出那些词，她就有了自信。绝大多数情况下，她觉得她是在为女儿树立好榜样，让她知道她自立自强、努力工作，不管有没有丈夫都能养活自己。爱琳觉得自己创业能得到女儿的支持，她非常满足，而且也很感恩，她自行创业守业，而且效果比预期的要好。

**回归醒言**

"我希望过去能对自己和自己的摄影水平有信心，这样我就能够早点创立摄影工作室。当时我有精力和心思更好地学习摄影。在有限的时间里把摄影学好实在很难，与此同时，我还得设计非艺术写真项目，包括营销和广告。"

——爱琳，摄影师、两个孩子的母亲

<u>找启动资金</u>

创业需要启动资金，想想你创业需要哪些工具和技术？比如，爱琳肯定得先买摄影装备。而你需要一台新的电脑？一台扫描仪？额外的显示器？几条电话线？名片？一定要想想那些成本可能超出预算的东西。

如果你在生孩子前有积蓄，就可以在自己能承受的范围内进行投资。我建议你不要一时头脑发热动用自己的退休金，但是如果你有积蓄，且动用这些积蓄不会影响你的未来目标，那么我赞成你使用这些钱来投资开展你的创业项目。我一直赞成，如有可能，要采用自筹的方式来启动创业。如果你想申请贷款，你所在当地或者社区的银行会有相关小型商业贷款。我不是一个经常从亲朋好友那里借钱的人。我也认为，为了借钱而出让初创企业的股权并不是一个理想的筹款方式。我们都有一些很有思想和主张的亲戚，但他们的意见未必是你想要的。你希望自己的职业发展被他们指指点点吗？有一天你创办的企业市值达到几百万美元的时候，有亲戚控股的企业就会面临更加复杂的决策难题。从小做起，但格局要大。无论是在家还是其他地方新开创企业需要的成本，都是现实要面对的问题。

## 白手起家

启动资金可能会是一个大数目，但好消息是，只要有一点儿创意，你就可以避免很多大额的开支。一定要留意，不要在创业初期为了请人给你设计网站而出让自己的股份。因为当你一年只赚 4 万块钱的时候，你出让 10% 的股份不算太难。但是，等到你把蛋糕做大了，收入是以百万计算的，那么每年都要出让 10% 的利润，会让你的心痛得滴血。创业初期一定要一分钱掰成两半花，明白哪些钱必须花，哪些钱不能花。找有成功经验的朋友，寻求法务或者营销的支持，必要的时候要进行讨价还价。

建立在线服务平台价格不菲，但你可以先自己建一个够用的，然后再请专业人士给你建立像模像样的网站。一开始，你可以建立一个社交网站页面。等你有资金和实力了，就出钱请专业人士建立一个网站。另外，如果你对给企业起什么样的名字感到困惑，可以在相关网络服务器注册，一旦注册成功，这个网页就是你的了。购买域名不需要花费你太多钱。有不少人给自己的企业命名并注册商标后才发现他们买不起资源定位器，因为有些要价几千美元。一旦你想好了企业的名称，一定要进行域名搜索并直接购买，这样别人就不会看到你搜索的内容并抢注了去，然后在你需要的时候开高价卖给你（是的，的确有这种技术让这种人有可乘之机）。你可以免费设立相应的个人网站页面。还可以通过一些网站不用花太多钱就能设立自己的名片。

一定要持续做市场调查和研究，确定你的所有投资都能派得上最大的用场，保证投资回报最大化。不断想出新的办法来获得你想要的。比如，每个假日、周年纪念日、生日等，你可以告诉你的丈夫和亲友，你想要网页设计资源包，或者希望在地下室某个角落放置一台办公桌。爱琳的设备很昂贵，所以圣诞节、生日和周年庆都是获得更高级的镜头的好时机。

### 采取恰当的预防措施

确保自己不要在法务或者会计方面出任何问题。从税收和法律方面考虑，成立有限责任公司或者小型公司都是不错的选择。一定要设立对公的银行账户和信用卡，这样你就能保证自己公私分明。

根据你所涉足的行业，你可能会考虑购买保险。比如，如果你和爱琳以及其他摄影师一样去拍摄婚礼现场，那么你就得小心有可能偶尔会有情况失控的时候。比如娇气的新娘生气了，那你就得保护好自己的设备和样片。为其他重大活动进行拍摄时也一样。

合理利用时间

由于自己的时间不固定，很多女性决定进入新领域或者重回职场时，会发现自己没空去参加培训提升自己，她们只能自学。爱琳希望自己能花更多的时间来研究摄影技术，但是孩子小的时候，她根本无暇顾及这些。回顾当初，她说："如果自己能好好利用孩子睡觉的时间来继续研究自己的爱好，她就能更好地学会如何从胶片摄影转变到数字摄影，而不至于在决定转行的时候让自己忙得无法喘息。"当她最终开始了自己的职业发展，有很多工作项目要处理，她当时只能边学边做，以至于回家陪孩子的时候，也在坚持学习。等到成立了摄影工作室，她只能利用晚上的时间自学或者参加网络学习。那时候，并没有很多面授的课程，所以她都得自学。幸运的是，作为一名全职妈妈，在她回归职场时不会时刻被自己的日程限制死，这样就能够发展自己对新行业的激情。

要学会变通

阿尔蒂达·吉伦打算自己创业，她希望拥有更有价值的人生。当她思考创业模式的时候，她首先做出的决定就是不能把所有的鸡蛋放在一个篮子里。她想要尝试一切，看哪里会出问题。她最终创立了"吉伦传媒"。这家公司非常成功，但是她觉得业务有些单一，并且自己越来越没有动力。最终，她与人合伙创办了全新的消费用品公司"盖格"。她在创办第一家公司的时候，并没有想过合伙，因为她觉得两个人一起共事可能会影响进度。后来她发现，一定要和他人合作共事，因为两个人合作能够提出更有创意、更有成效的观点。有了合伙人，她就能够保证所有的事情按部就班地完成。此外，由于她和合伙人各自承担了一半的风险，她会觉得压力更少一些，失败的风险也更小了。

合伙要注意的问题

互补能产生巨大的力量。阿尔蒂达和她的合伙人塞莱斯特达成了非常成功的合伙关系，因为他们的个性和专业背景互补，双方能给公司带来不同的视角和贡献。这是协作的前提。如果一个人擅长数字，另一个人擅长营销，这就是很好的互补。尽管合伙人的专业和技能背景不同，但应该有相同的经营理念。一定要照法律程序办事。即使是和最好的朋友合伙，也要请一位律师将双方合作的条款拟进合同，双方签订有法律效力的合伙协议。阿尔蒂达和合伙人塞莱斯特签订了书面协议，里面规定了两人的权限完全对等，同时规定了合伙关系解体后的事宜以及任何一方退出合伙制度的方式。

随时备战、有备无患

创业的进程和结果往往会有很多地方和想象的不一样，阿尔蒂达的故事就表明了这一点。

- 阿尔蒂达失去了去一家大型品牌公司工作的机会。
- 创业艰难、劳心劳力。阿尔蒂达负责信息技术、应收账款、文档保存和煮咖啡。
- 她得保证公司的业绩。如果她不工作，公司就没有进项资金。她每天都要花费一些时间来准备当天和未来几天的工作和任务。

周末，她会花20分钟规划下一周她的行程和约会安排，好给公司带来更多的业务。

- 自己当老板，看似时间最好把控，但是在家工作让时间管理变得更加困难。在家工作时，总是面临各种干扰因素。要给孩子做饭、送孩子去足球场和学校，这意味着即使一切很顺利，她也无法全身心投入工作。为此，最好的办法是将部分业务外包出去，这样她就能安心工作。人的精力有限，一个人不可能在专心照顾孩子的同时还能兼顾工作。如果孩子们不去学校，一定要找到高品质、口碑好的日托中心。如果经济条件允许，可以雇一个保姆，哪怕这个保姆只是兼职。也可以请个阿姨来打扫家里的卫生。家政服务中心能帮创业妈妈们很多忙。
- 为了避免个人精力过多为家务牵制，阿尔蒂达经常外出办公。有时候，星巴克咖啡厅就是她的办公点，尤其当她需要用电脑处理很多事务的时候，更是如此。她和塞莱斯特经常边走边谈。
- 阿尔蒂达从没想过要瞒着客户自己带孩子的事实。她一般在工作的时候就会尽量做到自己不受孩子的打扰。事实上，她很擅长这一点。因为她住在西海岸，经常会接到来自东部的电话，两地的时差相差三个小时。所以，往往是在阿尔蒂达准备送孩子上学的时候，东部的客户就来电话了。如果她希望让客户认为自己在办公室工作而不是在家，从而提升自己的可信度和专业化程度，那么她就要走进车里接听电话。阿尔蒂达建议：不要让客户觉得你在工作的同时还得照顾你的小孩。你得让电话另一端的人相信你是在一间敞亮的大型办公室里办公，你的旁边有很多助手，整个公司业务繁忙。要知道，没有人愿意跟一个扎着马尾辫、穿着瑜伽服，正在练功的大姐谈生意。

好好享受胜利的果实

阿尔蒂达自己创业最欣喜的地方是，她工作越努力，获得的报酬就越高。她知道自己享受每一分钟、每一刻的拼搏，她喜欢自己安排日程表和工作量。但是她也承认，创业并不适合所有人，它要求你具有独自奋战的毅力和耐力。

你可以按照自己面临的情况决定哪一种回归方式最适合你和你的家庭。无论你选择直接做回老本行还是开辟新领域，无论你是一开始就做全职工作，还是先从兼职甚至从实习生做起，或者你干脆自己创办公司，你总是有很多种选择。只要你勇敢回归，尽可能调整，接受每个选择的利弊，然后下定决心重返职场就可以。没有人能随随便便成功，但是每一种回归方式都有自己的优势。听一听那些成功重返职场女性的建议，可以帮助你理清自己的思路。现在赶紧行动起来，准备回归吧！

# 第 7 章 利用成功面试的技巧

你已经做足了功课，找到了你回归职场的时机，评估了目标职业，也确立了接下来的行动步骤，接下来你得去面试了。不要害怕面试，要庆祝每次面试的机会。得到了面试的机会，这说明已经有人注意到你了。这场战役你已经打赢了一半。所以，只要顺利通过面试就可以了！恭喜你！

你刚刚工作的时候，曾成功地让之前的雇主雇用你。而今，你重出江湖，也能办得到。不要把面试官当成你的敌人，面试官的目的不是为了陷害你或者让你出洋相，他们是想尽快了解你和你的才能，然后看这个公司的职位是否适合你。你们彼此都在进行选择。面试也是你评估公司和公司管理制度的时候。不要想太多。只要集中精力获得尽可能多的信息，然后在你能够做到的最短的时间内给对方留下深刻的印象。

**怎样才能做到这一点呢？**

**做调查。**聪明的求职者总会在应聘并考虑接受一份工作前做深入调查，从而找到最适合自己的公司和岗位，避免日后出现不愉快的情况。

**网络搜索**。通过搜索公共领域的信息来评估一家公司是否适合有家庭的你。很多公司网站都有人力资源信息，如《职场妈妈》（*Working Mother*）和《福布斯》（*Forbes*）杂志这类会发布员工满意度公司排名，一些求职网站上的信息也能清楚地展示在某个公司内工作是什么情况。

**参考其他妈妈的意见**。在听了其他妈妈热烈评价某些东西后，你会决定用什么手推车，或者报名参加哪个夏令营。你可以用同样的方法评估公司，领英和脸书就是很棒的搜索工具，你能通过来自相关行业人士的内幕消息轻松判断哪家公司适合你，哪家不适合。

**比较对照**。如果你实在找不到关于公司的信息，你可以通过浏览相关企业或者行业内其他公司的情况，从而做出推断。另外，领英是一个非常有用的信息渠道，你可以找到和目标岗位相关的一些人，你可以问一问他们的体会，看看公司是否能提供你理想中的平等又有激情的工作环境。

## 保持专业的职场形象

至少要准备应聘两家公司。为什么要两家？因为应聘就像约会，如果面试官还想见你（或者他的同事想要见你），你就会接到他们的电话，你可不想同一件衣服穿两次。要好好调查一下所在的行业，明确怎样的穿着合适，不要过于正式，也不要过于随意。哪怕你应聘的是一家由嬉皮士创办的小型商店，你最安全的穿着就是要比工作场所要求的稍微再正式一点儿。被录用后，你想穿什么颜色，怎样休闲的都可以（当然，如果你是在银行业，那么你的衣着颜色就很有限：黑色和海军蓝）。

做一些让自己放松的事情。你对自己的牙齿不够自信？你可以做个牙齿美白。不喜欢现在的发型？可以去发廊。如果没有钱，你可以去借一些装备。新的背包、耳环或者高跟鞋都能让你容光焕发，感觉超棒。但是做这些是为了让自己更自信，而不是为了面试官。最重要的是，你一定要以最有自信、能把事情做好的状态去应聘。如果你觉得自己很棒，并且比其他人更能胜任这份工作，你就更有可能说服对方。

你可以听听这个建议，这个建议我听过以后就一直在遵从：当你走进面试的房间时，不管是什么样的房间，一定要微笑。没有什么比微笑更好。你一定要抬头挺胸，握手时要有力（如果你拿不准，一定要和丈夫或者朋友练习一下）。你一定要让笑容赶走所有压力和恐惧。你的目标是传达自信和专业程度，不要坐立不安，也不要左顾右盼。把手机放到你看不到的地方。面试时和考官保持良好的眼神交流。

## 充分利用肢体语言

肢体语言是面试的关键。实际上，肢体语言是新闻主播这个职业非常看重的部分。我一定要向电视机前的观众展现出一种权威、自信和开放的感觉。我的一些技巧可以分享给大家。

不要：

- 双手交叉放在胸口
- 眼睛看着地板
- 看起来很懒散，靠在椅背上
- 倾听的时候歪着脑袋

一定要：

- 坐直身体
- 膝盖并拢
- 让自己镇静，不要腿脚发抖
- 抬头挺胸、肩膀下沉
- 双手叠放在大腿上
- 下巴微微上抬，就像你在拍证件照一样
- 深呼吸，然后慢慢呼气

## 善于倾听

面试之前做好功课。购买一下公司的产品或者体验一下它的服务，这样你就能从了解这家公司产品的消费者的角度来谈话。要熟悉它的历史以及这个行业最新显著的成就。一定要把握机会让面试官了解你一直在关注这家公司，能清楚地说出这家公司的产品、服务、成长，甚至是获得过哪些奖项。可能的话，结合他们的需要来谈自己的经历，说明你能帮助公司实现目标，给团队做贡献。不要让他们去猜你是否适合这份工作，你要多从你应聘公司的角度思考。让他们觉得你适合这份工作。可以和朋友，尤其是老同事练习一下面试，他们可能会给你提出建议，让你更好地应对面试官可能提出的问题。确保面试结束的时候，你是带着十分的自信离开的。面试官会拿你作为和其他应聘者作比较的黄金标准。

我作为一个新闻主播要给大家的建议是：提问，然后倾听。我曾面试过无数次，大部分面试官讲的话至少要比我多一倍。他们的言语中有很多有用的信息。在他们眼里，倾听显示了你的自信、智慧还有学习的欲望。一定要倾听对方所讲的话。

## 该说什么/不该说什么

有些问题你肯定会在面试的时候被问到，“你为什么想回来工作？”对于这个问题，你一定要提前做好准备。怎么说，如何说，你都要提前演练一下。不要说“我需要钱”。相反，你要用更有说服力的理由，先和你的朋友或配偶一起排练一下。比如说，“我做好了迎接新挑战的准备，这份工作可以给我带来什么和什么”，或者“我怀念以前活跃于某行业的感觉。在我没有工作的这段时间里，这种感觉更加深刻”。

## 了解应聘公司的企业文化

职场妈妈对于公司是否会允许她们平衡事业和家庭这个问题很关注，这无可厚非。但是如果在面试中提及自己的孩子，可能会传达错误的信息。也不要试图掩盖你身为人母的事实。你可以提到你有孩子了，但这绝对不是你们谈话的主题。你一定要让面试官集中在你和你的职业素质上，因为正如凯蒂·福格蒂说的，“公司可能会担心你无法专心投入这份工作。他们要雇用的是你，而不是你和你的孩子。”

当然，这并不表示你在决定去哪一家公司上班时不应该考虑孩子的问题。有些招聘者和职业培训师在接受采访时说，工作时间和弹性工作制这些问题应聘者但问无妨。很多人说，如果能提前知道加班的时间和规律，做决定就会容易很多。但是不要因此把这个问题标记为职场妈妈才会问的问题。你可以这样问：“你们的企业文化如何？”“你们工作的繁忙期具有周期性还是常态？”如果你听到了诸如工作强度比较大，你可能要周末加班，或者大家经常在晚上 10 点钟还在办公室吃夜宵的，你就可以猜想，这样的公司绝对不适合职场妈妈。也就是说，你一定要了解你以后要打交道的人。如果你要应聘一家每周需要工作 80 个小时的金融服务公司，那么你不可能有任何空闲时间。

## 取长补短

特雷西曾在餐饮业工作。作为一名服务生，她接受了传统的培训——关注顾客，提供无可挑剔的服务，知道如何在充满压力的环境中工作。当她决定返回职场的时候，整个行业已经完全变了，尤其是自动化操作十分普遍。特雷西对新科技一无所知，她知道自己可以学习，但是没有哪个大连锁店愿意雇用她。

特雷西很受打击。这些饭店的员工都很年轻。他们精通POS机的使用，下单、分析客户的用餐习惯以及和厨房沟通。但是特雷西在这些饭店都用过餐，知道这些员工在客户服务——也是餐饮服务最核心的地方——没有接受过专门的培训。她觉得提升客户服务不仅更方便管理，也能为饭店带来更多更满意、更忠实的回头客。经过几次面试并错过几次工作机会后，特雷西意识到自己必须要改变策略。

特雷西退一步，暂停找工作，她花了一点儿时间来分析自己为什么没有被那三家饭店录用。她回顾了之前面试时面试官对自己说的话，并分析了没有被录用的原因。明白了自己的劣势后，她开始强调自己的优势，并且转变了目标。

她开始去一家非连锁的饭店面试，这家饭店规模不小，是一个家族企业。老板在城里开了一家，正打算开第二家。在面试官提到技术问题前，特雷西自己开诚布公地说："我不知道如何操作你们的系统，但是我可以向你保证，我能在一个星期内学会。另外，我还会培训你们的员工。我能做到的，那是我的强项。"她选择了不去隐藏自己不懂技术的劣势，同时说明了自己的优势很强，足以弥补劣势。

特雷西先发制人，直接用她过去面试中失败的教训来为自己正名，给饭店老板留下了深刻的印象。她觉得特雷西的计划很好，也希望能雇用一个可以信赖的、资历深的员工给年轻的员工进行客户服务培训。5 年下来了，特雷西和饭店老板不仅成了好朋友，饭店老板还经常说雇用特雷西是她所做的最英明的决定。

特雷西的战略和我们在新闻会议室里所用的战略类似。如果你带着自己精心准备的观点走进会议室，你不会觉得自己不能自圆其说。你思考并规划了整个计划，帮助责任编辑节省了时间，也节省了他们筛选选题的时间。不要坐以待毙，也不要为自己有限的知识面而羞愧。你应该承认你的局限并告诉雇主你知道的。

**变劣势为优势**

- 如果你不知道如何操作计算机系统，那么你对新员工不熟悉的业务领域有多少了解？面对面沟通的技巧？后台管理？资历很重要，你就拥有！
- 如果缺了你，潜在的雇主会失去什么？
- 你拥有的、但其他人不具备的优势是什么？

## 面试结束前的最后一个问题

几乎每个面试的结尾，面试官都会问你是否还有其他问题。这个问题的答案应该是：有。一定要留一个问题在这个时候提出。这会让你显得更加积极，有很强的求知欲，也不希望这个面试和谈话就此结束。在面试官的眼里，那些什么问题都不问的人，往往是欠考虑的人。

下列是面试过程中和面试结束前你可以提出的问题：

- 公司的管理团队是如何组织的？
- 谁是招聘经理？
- 公司的领导模式如何？
- 你在这家公司的发展前景如何？公司会从内部提拔人才吗？
- 除了之前提及的职责外，你还需要承担哪些其他责任？

## 保持积极主动的工作态度

就像特雷西发现的，如果你绕过行业的龙头老大，去应聘一些中小企业，就更有机会扭转局面并克服自己的缺点。想到如果你就是他们紧缺的人才，小公司可能更愿意教你适应。在应聘过程中，除了公司岗位职责的规定外，你可以提出你能为公司所做的其他事情，比如组建团队、开展培训或者为那些新入职、没有太多职业经验的人提出发展战略。这一点你要做得很艺术，毕竟你不想给自己套上太多工作任务。但这可能是一个值得尝试的战略，至少从短期来看是的，你也许可以获得第一份工作，让你的简历信息更加丰富。

当然，在小公司你可以畅所欲言。大公司通常转变缓慢，也不太愿意放开，去接受有创意的想法。如果你找了一家大公司，一旦工作了，你最好尽快提出你的想法。这会显示出你的主动性，帮助你尽快在职场上升。

## 越战越勇，在挫折中成长

雷纳特一向井井有条，勤奋、有见识。她已经做好了第二天参加一个零售商店的工作面试。她安顿好了三个小孩，打印了简历并把第二天要穿的衣服熨好了，但是一场暴风雪把她的计划全打乱了（暴风雪在达拉斯很少见）。她有点儿手足无措。她打电话告诉对方她已经在路上了，确保对方会在。她提前不少时间出发，但是路况不好，路上很堵。最后她迟到了 20 分钟。她惊慌不定，还碰到了一个暴躁的店长。因为她迟到了，店长直接拒绝给她面试。更糟糕的是，那个店长对商店老板说雷纳特去找其他的工作了。雷纳特没有得到这份工作，但是她被那次灾难性的面试以及店长的极端无礼给惹怒了。她鼓起勇气进行第二次面试，以一种无所谓能否得到这份工作的态度去面试。她的状态很棒，比第一次要好很多。结果她的态度让面试官印象深刻，在面试中脱颖而出，得到了这份工作。从她的经历中我们知道：不要太紧张你得不到的工作，就当多参加面试，多积累经验。每次面试都会帮助你提升自己的技能和自信，教你一些以后用得着的东西。

## 给面试官寄出手写的感谢信

没有哪个用人单位会像你想象的那般高效率，你一定要明白这一点。我认识一些人，他们花了 6~9 个月的时间参加一个他们很感兴趣的公司的面试，反复面谈和电话，最后却发现公司已经找到理想的雇员了。

在你等待公司消息的时候，有很多事情可以去做。

寄出一份手写的感谢信是你在面试中拥有最后发言权的机会。当我收到观众的感谢信——当然，很少——他们的名字我会一一记得，并感谢他们的用心。你可以用同样的方式来感谢用人单位，重提你们在面试中交谈的内容，哪怕是一个愉快的瞬间。一定要有耐心。如果幸运的话，你很有可能会得到第二次面试的机会，你甚至会通过面试，最终获得工作机会。当然，你也可能会被淘汰，但不要沮丧。相反，你可以把这个过程当成丰富经验的机会。

- 如果你曾像特雷西那样搞砸过面试，在清单上列出导致出问题的 5 件事，想想以后碰到类似的情况该如何应对。
- 要积极给猎头或者给你面试的人打电话，问问他们自己尚待提升的空间在哪里，或者了解自己为什么没有被录用。如果他们告诉了你，你不如他们心仪人选的地方，你要积极改进。有时候，你会发现，你没有被录用完全是出于你无法控制的因素。如果是这样，要记住，你已经尽力了。如果可以，你要向对方说明，你很感谢对方给你面试的机会，希望如果公司下一次招人的时候能够考虑你。事实上，我在 3 年前有一次去福克斯面试，那次面试是在我接受现在的岗位的面试之前。那次面试我没有被录用，但是却让面试官记住了我。我在 2006 年 11 月再次走进他办公室面试的时候，一切都水到渠成了。
- 最重要的是：除非你已经收到录用通知书，否则不要终止你求

> 职的过程。很多公司都可能会对你说："欢迎你加入我们。"公司的主管投票、工作调动和其他一系列与你和个人能力无关的因素都会影响你能否得到这份工作。一定要从容淡定，要有耐心。在你签署劳动合同前，一定要把握所有的机会。

要明白，面试中一定要做你自己。最好的面试应该是让人觉得并没有在面试的面试，只是几个人在一起聊聊共同关心的话题罢了。如果你能轻松通过前面几秒钟的时间，和面试官进行了交流，你就会放松下来，一切就会自然而然，你甚至会很享受这个过程。如果你知道自己是这个岗位的首选，你就会有更多和公司商量的余地和谈判的筹码，这样也能帮助你更好地平衡工作和生活。

# 第 8 章
# 为自己争取更多的利益

你现在已经通过了面试，收到了录用通知书。恭喜你！但先不要放松，你得保持警惕，准备和人力主管谈判，争取对你和家人做出最好的安排。

很多女性都对谈判心有余悸，我知道，因为我也是女人。这就是我一直很感激我的经纪人，我也希望每个人都有很好的经纪人的原因。绝大多数电视新闻记者、主播和制片人都有经纪人。经纪人的职责就是代表我和同事们沟通，这样我们就能很好地理顺自己和公司的关系，也能更好地发挥创意，努力工作，专注干好我们的新闻和演艺事业。我的经纪人劳瑞·雅各比从我在旧金山的时候就陪着我了。她在那波利管理集团（Napoli Management）在洛杉矶的一个团队中工作，他们主要的任务是为客户在恰当的时间里找到合适的工作。当我开始思索如何给那些职场妈妈提供有关于签署对自己有利的劳动协议时，我首先想到的就是劳瑞。

按照劳瑞的想法，职场妈妈想要谈到最好的条件，无论她们面对的是什么工作，首先要明白下列几点：

1、**彻底忘记“我不行”这三个字**。这是因为：孩子们整天都在和妈妈谈判：“我能在回家的路上吃冰激凌吗？”你的答案是：“可以，但是饭后就没有冰激凌了。”谈判结束。你也要和伴侣商量要去哪里吃饭或者是否要去拜访亲戚。谈判无处不在，这就是人生。这就好比出海之后，你要学会既能在平静的海面上航行，也能应对暴风雨来临时咆哮的海浪。我相信，你绝对不缺乏谈判技能。

2、**永远保持乐观**。这听起来老掉牙的一句话实际上蕴含着真理：有志者，事竟成。如果谈判双方都中意对方，肯定是能走到一起的。你在面试阶段表现良好，公司已经打算雇用你，不然也不会花那么多时间给你安排面试。除非你突然坐地起价，要求提升薪水，同时没有附加任何理由，不然，公司不会随便打消雇用你的念头。尤其是高层岗位的招聘，通常有一定的商议空间。

3、**用人单位可能会问你之前的工作薪酬是多少**。除非之前的工作和当前的工作相关，否则不要谈论之前的薪酬。如果你之前的那份工作是在 10 年甚至 20 年前，那么薪酬多少就跟现在这份工作的报酬一点儿关系都没有了，你可以直接这样说。礼貌地简述之前的工作，并说明那时的薪水和现在的薪水不可同日而语了。

4、**有时候雇主会问你：“你期望的薪水是多少？”**请不要先摊牌。比如，你很愿意以 5 万美元的报酬接受这个职位，但是公司原本却打算以 62 000 美元雇佣你，如果你直接说明了，那么面试官就该窃喜了，因为她知道她可以帮助老板省下 12 000 美元，还能签下你。所以，让雇主先提出价格。曾有一位潜在的雇主询问劳瑞她从客户那里拿多少报酬时，劳瑞经常开玩笑地说："150 万美元。"尽管你的薪水远低于这个水平，你很可能得到和她一样的回应：对方先是一愣，然后大笑。但相信我，这种办法屡试不爽。我们都希望有 150 万、1 000 万甚至 1 亿美元的报酬。这种方式可以弱化这个问题，然后将话题拉回到雇佣条件的商量过程。如果面试官也大笑起来，说："别开玩笑了。告诉我你期望的薪水是多少？"你可以这样回答："我要找的是能够给我跟这个职位匹配的薪酬的公司。我很高兴，我现在有这个机会了。"

5、**做好功课，对问题做好准备，并提出理由为自己争取更好的条件**。有时候，你会听到非常肯定的说辞："这份工作薪水是这样的，福利是这样的。"公司几乎没有想过你会质疑他们的安排。但是总会有谈判的空间，你要试试才能知道。如果你获得了一份录用通知，一定要提一点条件去谈，比如薪水更高、工作时间更少、一天在家工作的时间等等。他们可能会告诉你，他们还有其他人选。这可能是事实。但你一定是他们的首选，不然你也不会收到录用通知书了。所以，你是有主动权的。

6、**如果你想要更高的薪酬，一定要知道公司提供的薪酬和你理想薪酬之间的差距，然后在公司给定的水平上多要一点**。当然，如果你下定了决心，如果公司给不到你期望的报酬就走的话，请坦白一点。告诉他们你的要求，同时解释为什么你值得他们提供这样的报酬。

如果你需要花额外的钱来请人照顾小孩，但这并不是雇主的错。哪怕你是个单亲妈妈，也是如此。不过你一定要评估一下现状。还记得德洛丽丝吗？她是毕业于哈佛大学的律师，但是她当年回归职场的时候，是从金融服务公司起步的。她在已经找到工作的前提下，还是不断去争取条件更好的工作。她懂得在谈判中如何收放自如、如何主动出击。但这并不是说，这件事情对她而言就很轻松。她碰到的公司已经比较慷慨了，她也担心雇主会转头寻找其他人。但是她知道很多关键的信息。她知道只有在进入公司后，才有可能获得她期望的薪水。那个公司里，薪水的提升都是有迹可循的。她知道人力资源部的经理本人就是个职场妈妈，也许可以理解她现在面临的处境。最后，她还知道她是最适合这份工作的人，如果她走了，公司也很难找到一个与她业务素质相当的人来替代她。

德洛丽丝肯定公司不会撤销给她的录用通知，所以她为自己多争取一点也没什么。于是她与人力资源部门约好了时间，解释她是家中唯一挣钱的人，如果她的薪水不足以让她花钱请人照顾孩子，她连生活都有问题，尤其是她要接手的这份工作需要她每天工作很长时间。她希望能和用人单位商量一下，能否将报酬结构调整一下，即每个月能提前支付的部分多一些，而减少一下奖金的比例。于是，她得到了她想要的，前提是她要勇敢地提出自己想要的条件才行。

德洛丽丝得到了她想要的之后，她不再在工作场合提及她的家庭情况。当孩子们和爸爸在一起时，她会加班，好弥补一下平日里她不得不在家照顾孩子而缺席的工作日。她从来不会抱怨一边工作一边安排孩子上学有多么难。她从不提及自己因为要和丈夫离婚、分财产，心有多么累。她从来不提这些。她只是默默地工作、再工作。最后，她得到了她想要的一切，能一边兼顾工作，一边照顾孩子。德洛丽丝的经历鼓舞着所有的职场妈妈。话说到这个份儿上，我要告诉大家，一定要谨慎地选择你的战场。雇主可不会去想你的孩子情况如何，他们是需要矫形支架，还是需要一大笔费用上大学。当然，他们可能会注意到现在物价一直在上涨。我的经纪人曾有过一个客户，想让她向经理解释一下，因为水费上涨，而家里的游泳池里不能缺水，所以她希望能提升自己的薪水。很遗憾，没有人会谅解这样的需求。记住，每个人都有希望加薪和提升待遇的理由，但是你的要求应该和你的职业素质、时机以及你对细节的关注有关。你在和雇主交涉的过程中拥有的话语权也与你能给公司创造多大的价值、你本人多么出色息息相关。

7、**不要看低自己。**你要聊一聊你的工作成绩和专长。不要害怕提及你的成就和你是怎么做到的。解释一下你为什么应该得到更好的待遇。你要有理有据，这是一个自我推销的机会。应该不会太难。公司支付你的每一分钱都是值得的。缺乏自信让很多女性在和雇主的交谈中失去她们本应该获得的有利条件，尤其是那些已经多年不工作的妈妈。

8、**不要漫天要价。**如果你做好了功课，知道你所应聘的这个岗位通常给定的报酬在 6 万美元至 8 万美元之间，那么你就不应该索要 12 万美元，并希望有人能把你当回事。你只会显得非常傲慢。

9、**在谈判中想一想除了薪酬以外的福利。**是否有更多的假期？有更多灵活安排的时间？每年参加某个会议机票报销？这些都是实实在在的利益。如果你希望自己在职业上有长足的发展，那么你可以要求继续教育的学费或者奖学金，这样你就可以将学到的知识应用在工作中。

凯莉对于自己能找到一份工作已经心满意足，尤其考虑到她当时求职的经济形势。她在一家社区大学里获得了教师的岗位。这是一个很好的过渡性工作。她的老板善解人意，同事默契。这种工作和凯莉的生活方式吻合，并且完全没有办公室的钩心斗角。几个月下来，她对于自己的薪水不到5万美元——远远低于之前工作的水平——有些不满。虽然她可以延长自己的工作时间，但是她严格按照每周规定的35小时工作。一年后，知道自己可以在大城市的大学里找到更好的工作后，她开始寻找城外的工作。但是，当她开始认真审视生存成本时，她突然意识到现有工作的薪资水平已经是行业领先了。另外，她有暑假，这可以大大降低自己育儿的成本。最后，她发现这份工作很符合她的状态——工作时间不算长、通勤时间短、生活成本不高、工作比较灵活、压力也不大，同事们很和气，这些都足以弥补这份工作薪水不够高的不足。这甚至让她明白，在当地，这样的工资不算太低。

10、**如果有雇主向你发出录用函，你不需要马上答复。**你应该感谢人事经理给你这样的机会，说明你很感谢自己被录用，回复他们你需要一天或者一个周末的时间来考虑一下。这样你就有时间想想如何答复。之后，你就可以决定是全盘接受还是部分接受，甚至是全盘否决这个录用的机会。最重要的一点是，你得去争取自己想要的。

## 你是不可多得的人才

莎朗·奥康纳，教育学博士、心理学家，同时也是一位职场妈妈。

她不希望由公司或者世俗的想法来决定自己如何平衡家庭、工作以及时间安排，她要自己做主。于是她和另外两位职场妈妈成立了DKS咨询公司——一家职业发展和管理者培训公司。她们决定打造一个以家庭为先的企业，她们的工作环境比较灵活，如果某个员工因为孩子问题暂时无法工作，另外一个员工就会介入，去帮助客户。她们采用团队合作的方法。莎朗给职场妈妈的建议是，在生完小孩回去工作的时候，要有魄力争取更好的雇佣条件。要知道，你是公司不可多得的人才，理应得到应有的待遇，即使你是兼职员工或者工作时间比较灵活，也应该如此。

莎朗的一位客户，她的工作日程安排是每周工作四天（每周星期三、星期六、星期天不工作）。但是，她依然觉得她可以要求更高的薪水，哪怕她现在比男同事工作的时间更少。DKS帮助她明白，即使周三不工作，她也已经比那些每个工作日都工作的男同事获得更高的薪水了。不过这样，她明白自己有权利争取更好的条件，而且她做到了。

对很多女性朋友而言，找工作的时候，谈条件是最难的。有些公司会采用双重标准，它们会认为女性不应该讨价还价。我要告诉你，不要让这种所谓的“标准”影响了你，你一定要争取自己应该获得的待遇。你要去为那些鼓励性别平等的公司工作，一定要坚强、大胆！让我们努力改变职场对妈妈们的偏见，更要为改变职场对女性的待遇而努力！

# 第三部分

# 华丽绽放

# 第 9 章
# 快速适应，快乐工作

一旦开始工作了，你会发现，和你之前工作的时候相比，现在的变化真是太大了。你也有可能会发现，不管如何，其实周围的一切和你记忆中的没有太大差别。你可能会碰到一些意料之外的人或事，有些让人高兴，有些让人心忧。如何应对那些让人不愉快的情况，决定了你回归职场是否成功。本书中介绍的所有女性，她们回归职场都不是一帆风顺的，但是她们并没有让困难打倒。如果你发现自己身处类似的情境，你之前养育孩子的经历将会成为你的优势。毕竟，身为人母是让你学着平衡、提升、适应和创造奇迹最好的途径。

## 理解他人，换位思考

凯瑟琳认为自己争取到了最好的工作。作为一家学校的资深社会工作者，她在请了短暂的产假后，获准兼职工作。但是学校里的其他老师却没有相同的待遇。她们回归后还得全职工作。结果如何？大家愤愤不平，甚至产生了敌对情绪。一开始，大家表现得并不明显。当凯瑟琳问及她们究竟是怎么回事后，听到了这样的回答："我们发现你不在的时候，电脑更新了。"或者"是的，你不在的时候，我们这里发生了一些观念上的根本改变。"最后，这种不满演变成了大家的议论纷纷。凯瑟琳认为自己受到了排挤和攻击。

为了解决问题，她利用自己的专业技能，进入社会工作者的模式。她决定直接解决这个问题，并提出一些棘手的问题，哪怕答案会让人难以接受。她对那些最看不惯她的同事们说："可否告诉我，让你们沮丧的根本原因是什么？"

我这里罗列了一些他们的回答：

- 我们很累。
- 我们得帮你干活。
- 我们认为你是团队的一分子，大家要齐心协力工作。但是你可以兼职，工作时间不稳定，你一回家，我们找谁来帮忙呢？
- 帮你做工作让我们很累，你不在的时候，我们就得用自己的时间帮你完成工作任务。

一开始，凯瑟琳很受伤。后来她退一步，站在同事的角度思考了一下，如果她总要帮别人做事情，她会有何感想？毕竟，大家都很忙。其他女性员工也要回家照顾孩子，来回奔忙。凯瑟琳没有站在她们的角度思考问题。

接下来，凯瑟琳提出了一系列非常具体的问题，希望能减少这些同事的抱怨。

- 我能做些什么来支持你们？
- 我能做些什么来表明我非常看重彼此之间的合作关系？

凯瑟琳确实费了一番功夫，她开始留意到，在紧要关头，她不在场的时候，都是同事们帮她担当、解决问题。她本以为自己曾经说过，"只要有事情，只要团队需要她，可以随时用电话或者邮件联系她。"这样就够了。但是她现在说清楚了，除了紧急情况之外，其他的问题也可以随时联系自己处理。她意识到，在工作日里随时待命是她的职责，哪怕那一天她并没有去工作。

如果你在回归之前，通过谈判争取了其他员工并不具备的利益，那么你一定要留意其他人的看法，你要花额外的时间跟其他人沟通。要知道兼职跟你想象中的情况可能有所区别，这可能意味着你的工作会更加灵活，但是所花的时间未必就更少。一定要考虑一下当今的合作氛围，很少有人一周工作 40 个小时，所以如果你认为兼职工作就是一个星期工作 24 个小时，这种想法未免过于简单。

另一方面，如果你全职工作，而你的同事日程安排比你更灵活，不要心怀怨恨。如何才能在不直接让你的同事难堪的情况下更好、更公平地合作呢？如果你依然觉得很不公平，那么就得坐下来和老板好好聊聊，提出一个对你来说比较公平的工作机制。另外，老板可能不想坐下来听你诉苦。一定要提出可行的解决方案。越让他人的生活轻松越好，你可不想被贴上"牢骚大王"这样的标签，所以请小心描述你的难处。

## 融入团队，快乐工作

罗伯塔在快节奏的电视新闻行业里工作，她热爱这份工作。她每天工作的时间很长，有时候要工作 12 个小时。每当有新闻要跑的时候，她得放下手头一切事情，第一时间赶到办公室。她的丈夫也在同一行业里。可是有了孩子之后，他们意识到必须得有人退出这样高强度、随时待命的工作。但全职待在家里肯定不可能。所以罗伯塔退一步，希望能够找到一份适合自己家庭情况的工作。她决定取得教师资格，找一份老师的工作，然后尽可能攻读一个硕士学位，做图书管理员。其实她一直都想当图书管理员，她很幸运，毕业后，她如愿以偿成了一名图书管理员。当然，她所做的不仅是要当图书管理员，还要管理学校的电台。她的薪水不高，但是有寒暑假，而且下班早，她可以在下午 4 点前回家陪孩子。

罗伯塔不是学校最年长的员工，但她是唯一一个带孩子的员工。刚开始工作的时候，她感觉到压力大、工作忙。她的同事都很年轻，周五晚上大家都会一起外出玩一玩，而她得赶紧回家看孩子。她最关注的事情和其他人的不同。因为太忙，她无法和任何人建立友情。所以在工作场合中，她一直是一个局外人，大家都没有机会去了解她。

罗伯塔做了一个决定。每个月和同事外出一次，请她的父母过来帮忙照顾孩子。这样她就有机会认识其他老师。结果很有意思，“我发现在我开始这样做了以后，很多人会来图书馆看我，也更愿意和我一起合作共事。因为她们都已经或多或少对我有了一点了解。”这个方法很有用，而且省了她不少麻烦。“我热爱我的工作，而我的孩子都比较小，所以我回到家总是面带笑容。所以工作时开心点，你开心了，也会把这种开心带回家里。这样你的人生也能更加快乐！真的是这样的。”

## 放下成见，宽以待人

还记得第六章里提到的嘉琳吗？她在回归职场的时候，一开始先是从志愿者做起，然后过渡到全职工作。她所在的办公室里都是年轻人。主管们和她一样，不是80后，但赚的钱却比她多很多，所以他们请得起保姆。嘉琳经常得请母亲或者邻居帮忙照顾孩子。她也开始明白，自己不得不放弃很多社交活动，因为她是这里年龄最大的人。她知道社交是职场规则的一部分，需要花费很多业余时间，但是她几乎没有时间去参与。

另一方面，嘉琳发现自己的年龄给了她赛过那些年轻的毕业生的优势。她的主管们经常会请她参加会议，虽然她的职位比较基层，但大家还是希望她出席。因为她举止得体，更会被年纪大的客户认真对待，而这些客户大多是各大公司的主管。

此外，她的主管们还意识到她有其他员工不具备的独特的优势：她有军方的背景和人脉。虽然她认识的人和她的交情没有好到可以帮她找工作，但却对她当前的工作很有帮助。她可以给五角大楼打电话，可以帮助客户联系相关的组织，而这些她的同事都无法办到。

### 回归引言

美国的商业界已经发生了变化，我真的感觉自己已经老了。但是我现在有了阅历，我可以从不同的角度来看。从某种方式来看，我比我的同龄人更加自信。

——萝莉，电视制作人、两个孩子的母亲

嘉琳的年龄是一把双刃剑。她用阅历和沟通技巧给自己赢得了优势。也许因为她更成熟、睿智，所以她知道如何在逆境中寻找优势。可以了解一下她所用的策略：

- 不要羞于展现自己的价值。
- 找到你擅长的事情，找到你的优势。
- 工作要敬业。
- 让自己变成无价的、不可替代的人。
- 让公司或者客户无法忽略你。

通勤和照顾孩子的问题不可避免，但是嘉琳向公司证明了她不可替代，她的主管最终同意请她担任全职的分包商。她既可以在办公室又可以在家工作。她的薪水降低了，也没有医疗保险和养老保险，但是她可以自己接送孩子。虽然她有好几个月没有医疗保障（当时还没有通过《平民医保法案》），但是她充分利用了这次分包商的工作机会，而后在当地找到了一份全职工作。

萝莉也得克服自己的年龄障碍。在她工作的电视新闻行业里，她已经算是个异类了。在家她得照顾两个十几岁的女儿。她热爱自己的工作，尽管下班后还有很多社交应酬，但全职工作和养育子女的重任不允许她有多少社交活动。由于她无法在大家都出去开怀畅饮的日子一起参与集体活动，她找到了另外一种方式和大家互动，成功融入了集体。她是这样做的：

- 找到不同的聊天方式——和同事在休息或者午餐时间喝杯咖啡。
- 选择性参与——下班后的开怀畅饮并不是次次都很重要，不过有时候的确很重要。每当那个时候，萝莉就会想办法参加。或者她会想办法每个月参加一次同事的聚会。
- 一定要找时间拓展自己的圈子，否则在晋升提拔的时候，没有人会想到你。
- 如果单位有健身房，一定要想办法去，融入当中。
- 充分利用公司提供的任何联谊机会。萝莉的公司就有所谓的全方位项目，其中包括可以和来自不同层面的人交谈。她充分利用这种联谊活动，加入人们的谈话。日后，公司里的很多项目找到她，就是因为她在这些活动上认识的人推荐的。如果你的老板不愿意给你时间参加这样的活动，你一定要说服他，让他知道参加这类活动对你、部门乃至老板的好处。

无论你做什么工作，都不要带着防备去工作，也不要觉得大家会拿你当个古董看。即使你的老板比你年轻，他/她/也很有可能会崇拜你。不要认定年轻人就是自拍控、自恋狂或者除了字母表什么都写不出来。一定要排除你对年龄的成见，真正去了解他们，正如你也渴望被他们真正了解一样。要对人坦诚。你会发现你和年轻人之间非常互补，合作默契，彼此能学到很多，你会了解更多有关年轻人的想法和技术。这些都会在工作中帮到你。

同时，不要刻意学习年轻人的说话方式。成为资历最深的人最大的好处就是你不会像年轻人那样说话。这会让你更有说服力，也让你与众不同。不要为了追求潮流而盲目跟风，讲一些奇怪的流行语。人们会重视你的资历，忽略你的年龄。

最后，不要觉得自己在屈尊做一些小事。即使有些小事让你觉得大材小用，你也要用把事情做好的态度来表明你是用成熟的态度对待工作的。如果你能把小事都做好，主管会把更重要的任务托付给你。你一定要证明你比其他人更值得委以重任。一定要下定决心，事无巨细，把事情做好。你会给那些初出茅庐的大学生树立榜样，让他们知道，当今世界并不只是他们的天下。

我们所有人都要面临衰老的问题。这是不可避免的。我有时候也会觉得自己已经老去。我的建议是，尽量去适应。你需要正确应对，与行业里年轻的一代找到共同点，一起携手并进。要感激自己的经历，也要感激自己的年龄，正是每年增长的年岁让我们更加成熟、完美。

## 勇敢求助，深度学习

如今，每一纳秒里科技都在变化。现在，就在你读这句话的时候，科学技术又在发生变化。在你的手机从店里买回到家里前，技术已经发生了变化。当你回到工作岗位，尤其是在你请假或者离职了一段时间后，周围发生了巨变，这不足为奇。

我认识一些女性，她们离职前，黑莓手机才刚刚上市，甚至电子邮件沟通还没有流行起来。她们回归职场后，发现技术发生了巨变。她们有无数新的系统都不会使用，并且社交媒体已经成为了生活中不可或缺的一部分。对于那些离职的时候社交媒体还没有成为公司宣传和业务重要平台的人，肯定会觉得这样的变化让人难以承受，而今连最基层的助理都要定期维护、更新职业博客。适应技术变化的任务虽然艰巨，但并非不可能完成。我所认识的很多妈妈都曾觉得过渡很难，但是她们都挺过来了。

凯瑟琳是一个社会工作者，她习惯了走进办公室和人面对面地沟通，也习惯了打电话和人谈问题或者和大家坐在会议室里开例会。当她生完孩子回来工作后，一切都发生了变化。绝大多数业务都是通过电子邮件处理，大家开会越来越少了，面对面沟通几乎降到了最低的程度。许多问题摆在凯瑟琳面前。电子邮件的沟通方式让她无法了解人们的情绪，她得学着从邮件中的字里行间猜度人的心意，她得学习这种沟通方式。她习惯了在文件上手写评论，但是现在一切都变了，她发现这些应用程序很麻烦，一点儿都不好用。她觉得自己完全被边缘化了，她怀念过去的团队精神。

她是怎样挺过来的？她在工作中不断努力适应。按照凯瑟琳的说法，在这样一场如火如荼的技术变革中幸存的唯一办法是接受事实：你会犯错。但学会从错误中学习，最重要的是不要害怕寻求帮助。她的秘诀是：请教最年轻的员工。我可以为这种策略打包票，绝对可以。你知道我是怎样学会使用推特的吗？当我意识到我需要学会这一切时，我问了一个比我年轻得多、酷得多的员工如何更有效地使用它。凯瑟琳和我一样，找到了年轻的同事来帮忙，他们更容易接受，也能更清楚地解释技术的变化，因为他们本人就是第一批使用者。我想，最好的办法是找到公司里最年轻的职场妈妈，寻求她的帮助。

南希是一位医生，第三章里我介绍了她因为执照过期碰到了麻烦。她在继续深造的时候遭遇了歧视，一度很沮丧。与医务相关的事情她都能应对自如，但是医院的工作流程和系统却让她无所适从。很多在她那个职位的人都是直接从住院医师做起的。他们比南希年轻，而南希已经多年没有工作，她甚至不知道自己该从哪里问起。

她也希望自己能够勇敢讲出来，要求一些时间学习新的系统，赶上进度。如果她一开始就提议自己先从跟随其他医师学习新技术和新系统，她可能会学得更快，适应得更好，也不会让同事失望。

我们可以从南希的经历中学到以下经验：

- 勇敢讲出来，从一开始承认你需要帮助。
- 考虑到你可能根本不知道自己需要帮助，可以问问大家，自从你离开职场后，都发生了哪些变化？你也可以找到一个能够帮助、指导你的导师。

- 询问主管，你能否花费一周或者一个月的时间来跟随另一个员工学习如何使用新系统。
- 不要向任何人透露你是在离职了一段时间后回归职场的，但仔细看一看，是否有哪位主管愿意帮助你，千万别等到一切为时已晚。这也是最好的快速成长方式。

如果你回归后，要在房地产这样要求使用特定应用程序的领域里工作，你可以学习网络课程，尽快熟悉这些应用程序。这是最便宜、最便捷的方式。社区大学和各大高校都在开设网络课程。绝大多数公司都希望你能熟练应用Word、PowerPoint、Excel和其他基本的办公室管理软件。如果你不知道如何使用，就得通过网络在线课程或者其他平台学会。如果你需要参加学校里的课程来学会新技术，那么你就找一个刚毕业的大学生来教你使用这些应用程序[①]。再不然，你还可以请教你的孩子们来教你。对他们而言，使用科技就好比呼吸一样简单。

最重要的是，不要对变化的科技感到畏惧。就像你学习其他一切技能一样，你也可以学会使用这些技术。如果你的技术实力远远落后，你可以每天学习一点，慢慢学会。一开始的确会觉得很恐惧，但是你会逐渐得心应手，最终赶上其他人。

---

① 源自卡罗·费舍曼·科恩的采访视频。

## 鼓励自己，不再内疚

嘉琳因为上班，没办法像过去那样陪伴孩子，她感到非常内疚。但她下定决心要在公司立足，希望自己经常从上午 7 点到晚上 7 点 12 个小时工作，能够为老板所赏识。她得经常向孩子们解释，自己没有选择，她得赚钱。但是孩子们太小，无法理解她的用心，他们希望妈妈在家陪自己。

塔尼亚曾是一个才华横溢的星探，当初为了生养孩子离开行业。但她知道，等孩子大了以后，自己肯定会回去工作的。她知道娱乐和出版业之间的共同点，并在简历中列出了这一点，最后她成功转行到出版业。

回归职场后，塔尼亚发现自己是办公室里唯一一个有孩子的员工。但是和嘉琳不同，她并没有因为自己无法待在家里陪孩子而感到内疚。她很快发现，即使自己不在家，孩子们也能好好的。

接受这样的观念：抚养一个孩子需要一个村庄，要相信他人。“我以前认为，如果我无法在需要的时候火速赶回家，让孩子在我的视线范围内保护他们，按照我想要的方式抚养他们，我就很担心会有不好的事情发生。但是当我看见其他人对我的女儿们产生了积极的影响，教会她们我不擅长的事，或者仅仅是以一种会让她们开心的方式与她们互动。我觉得在她们的成长过程中有不同的人担任她们导师、模范，是一件很棒的事。所以，我不再为此为难自己。”

孩子们足够大后，你可以让他们知道一些你工作的内容。塔尼亚说，工作占去了她大部分的时间，当她在家工作的时候，她会让大女儿坐在自己身旁，然后告诉女儿自己在做什么。她的这个做法带来了一个很大的转变，她的女儿感激母亲的努力，并且经常这样跟她讲。

记住，你不是唯一一个要兼顾家庭和事业的女人，其他职场妈妈也面临着这样的情况。如果你是办公室里唯一的职场妈妈，那你得多花点儿时间和他们沟通。比如，你得确保每个人都知道你对工作是100%投入的，你在办公的时候，心无旁骛，一心工作。但是你要在下午5点准时下班，因为托儿所6点钟关门，这个情况你无法改变。所以你要让所有人知道，你对工作全身心投入。这样，当你在一个紧急项目中退出时，可能会少听到很多抱怨。并非所有人都能理解养育孩子的困难。所以，你要先行一步，这样人们才知道你在尽力而为。

**回归醒言**

“我所犯的一个错误是，我因为没有上班而向老板道歉，又因没能陪伴孩子们而向孩子们道歉”——这样的负罪感会生吞活剥了你。你得认可自己所做的决定。全职工作有其充分的理由。无论是为了医疗保险，还是为了实现自己的职业理想，或是为了赚钱养家，都足以让我们回归职场。这些都是让我们工作的合法、合理的理由，也是教育我们孩子上进的亲身实践。一旦下定决心，你要不断逼着自己前进。一天结束的时候，你要问自己：我今天尽全力工作了吗？我今天是一个好母亲吗？我有看着孩子们的眼睛，告诉他们我的感想了吗？但是，愧疚的情绪依然会让你发狂。你得在晚上睡觉前这样想：“今天我做了很多事情。”而不是说：

"我怎么有那么多的事情没有完成。"我觉得我们身处一个负面信息过多的社会之中，所以我们更应该花些时间来鼓励自己，"今天你无论是照顾孩子，还是工作，都做得很好。你能兼顾很多事情，这是一种天赋，明天你也能做到！"

——凯瑟琳，社会工作者、两个孩子的母亲

## 外包家务，专注前行

莫琳没时间搞办公室政治或者聊八卦。事实上，她从来对这类职场毒瘤都是唯恐避之不及的。该工作的时候她就工作。但一切比她想象的难很多，因为办公室就像一个小型的家族管理空间，只是环境更大、更复杂，允许更多的匿名性。但是她依然努力工作，避免事端，因为她有一个计划。她本来计划用 5 年时间，最终花了 6 年时间，但她在重返职场的时候实现了自己的目标：利用她在办公室工作积累的经验开创自己的业务。她亮出了招牌，开启了自己的事务所，也开始管理大楼。她认定自己之所以成功要归功于一点：她不断寻求他人的帮助，并在力所能及的范围内利用资源。她建议职场妈妈将所有能外包出去的业务都外包，这样她们就能集中精力赚钱或者养孩子、照顾家庭。可能会很昂贵，但是有些服务也不是付不起的。有时候，表面上看起来昂贵的服务其实并没有那么昂贵，当你把其他因素考虑进去时，你会发现成本并不高。并且，它能帮你实现计划甚至感到享受。

比如：

- 请专业人士来照顾孩子，无论是保姆、日托中心，还是放学后托管学校。
- 请家政服务人员打扫房间。
- 送洗衣物。
- 干洗衣物。
- 出钱请邻居的孩子割草或者扫雪。
- 使用一些手机APP来叫外卖、买菜或者日常用品，或者其他需要跑腿的工作。
- 网上采购，节约时间。很多当地和全国连锁的超市都会提供送货服务。
- 可以尝试一些时间管理App。这种方法确实能帮助你们自律，冷静自己，保持身心安定。
- 相信你的系统和支持网络正在发挥作用。只要你想要调整自己、积极改变，你就能很快了解如何适应。同时，一定要相信你已经尽了全力来确保家人的安全和幸福。如果你总在担心家里的情况如何，你就无法全心投入工作。

一旦你打开思想空间，保证你的工作日程不受任何外来因素的干扰，你就能在工作中取得成功。你要做好准备，集中精力将计划中的每一件事一一执行，你会再次在职业发展中一路前进。

**回归醒言**

有一天，我们在聊路况不好给人带来的巨大困扰。我们的副总裁说："你们都可以弹性工作。如果你们愿意，可以 10 点钟来，晚上 8 点钟回去。"当然会有人这样回应："这样的话就太好了。"我记得当时是这样说的："我不可能 10 点钟把孩子送到日托中心，也不能晚上 8 点钟才去接孩子回来。"我提到这一点的时候，副总裁的脸上露出了这样的表情："这样啊！我没考虑到你的日程表还和其他人的相关，你的日程表不仅仅是你的日程表。"

——塔尼亚，出版集团 CEO、两个孩子的母亲

## 兢兢业业，从 0 到 1

萝莉在 1993 年辞职生孩子前，是一位 20 岁出头的华尔街交易员。孩子慢慢长大后，她决定回归职场。虽说她丈夫有自己的企业，但萝莉重返职场，不仅能贴补家用，还能有医疗保险。当时《平民医疗法案》还没有出台。萝莉没有回到华尔街，也不想在新泽西和纽约两地之间奔波，她希望能在本地找一份工作。她在财经新闻中找到了工作信息。但是她要做出的让步不只是一点，而是三点。她最终接受了一份作为制作助理的初级岗位工作。她在 35 岁的时候，一切从头开始学起。

虽然萝莉的工作只是打印台本、给电视网络安排平面设计工作，

但她兢兢业业，并不觉得自己在为他人做事。电视台里的人都很年轻，她并没有因为自己年龄大而刻意迎合年轻人或者“装嫩”。她以自己专业的态度和素质，以深沉成熟的态度对待一切（我在KPIX工作时也是秉承这种态度。其他实习生在休息室喝茶、抽烟的时候，我在制作自己的求职样带）。萝莉最大限度地运用自己的技能和人生阅历来克服自身的缺点，她不断地学习运用新技术和新系统，试图弥补自己的不足。她很少在办公室里聊自己的家庭生活，因为她意识到这样会拉大自己和其他同事的距离。她很努力地工作，也很主动地跟其他同事相处，建立融洽的合作关系。她会在需要帮助的时候，寻求他人帮助，也能迅速学会。

萝莉一开始很生气，自己做了这么多让步（其实很少有男人能够做到这些），但她很快就意识到这给她带来的好处。她进入这个行业的时候，并没有很多竞争，她能够毫无风险地应对每个新的挑战，并从中获得满足感和一定程度的平衡。她意识到自己很幸运，因为她没有等多久就重新回归了职场。她有很多朋友是等到孩子们长大后才回归职场的。萝莉的经历告诉大家，如果她等了10年才回归，她绝对无法转行。她回归的时候，依然年轻、精力充沛，能够很好地和年轻一点的同事融洽相处。如果她等的时间过长，她可能连这样的基层工作都找不到。职场妈妈的潜能很大，国家需要你们！

显然，我们能在萝莉身上看到一些美国企业的影子。萝莉很快在新的领域里被提拔了。虽然薪水不如她在华尔街的高，但是这份工作却有很多优点，符合她对成功的定义：

- 有收入。
- 有挑战性。
- 可以为一家四口办理保险，福利好。
- 职业发展顺利，符合自己的 15 年发展规划。
- 上下班通勤比较方便，能积极参与孩子的活动。

你对成功的定义是怎样的？

## 获得支持，应对偏见

离开华尔街两年之后，爱琳决定重出江湖。她计划从一家美国大银行转到较小的外资银行。猎头告诉爱琳，她正在考虑的银行比之前她工作的银行氛围更好、压力更小，也更人性化，但是机遇和薪水都是一样的。爱琳希望她的老板能够包容她偶尔要承担母亲责任的状态。她还知道，欧洲银行的上班时间较早，她可以早点回家接孩子。当然，知道银行对她的简历和面试很满意后，爱琳谈成了很好的待遇。她可以在下午三四点钟下班，每周只工作四天。只要她能完成雄心勃勃的财务目标，她就可以保持自己自由的时间表。她的新办公室距离她孩子们的学校不远。她毫不犹豫地接受了这份工作。

虽然她早上没法送孩子上学，但爱琳越来越喜欢自己的工作和新角色。在她在家带孩子的两年时间里，有一点并没有发生变化，行业依然竞争激烈，依然还在一些老掉牙的思维模式下运营。因为这个行业的主导者是男人，他们家里都有贤妻帮忙照顾小孩，照顾他们生活的方方面面。一起工作的大部分人都很好，但是也有些人眼红她每周工作四天、平常还有弹性工作的特权。在爱琳几次因为突发状况早退之后，有个同事抱怨很多。爱琳的老板不得不找她谈话，说自己很理解她身为母亲的难处，但是这是一家银行，办公室不能整天充斥着其他同事对爱琳弹性工作制的抱怨和愤愤不平的情绪。主管告诉她说，她要留下来可以，但一定要和其他员工同时上下班。爱琳很生气，她的薪水是按照业绩来核定的，而且她都能按时完成工作任务，而她要改变自身的弹性工作制，唯一的理由居然是有人不想她有弹性工作制。爱琳很肯定，不管是谁反对，都不是因为她无法集中精力工作，而是那个人认为，一个家庭幸福、儿女双全的母亲就不应该出现在职场。

**回归醒言**

我生完第一个小孩后没多久就回去工作了。我的老板说："你回来上班，我太惊讶了。你丈夫那么有钱，我以为我不会再见到你了。"

——埃里森，分析师、两个孩子的母亲

爱琳虽然很不情愿，但依然留了下来，在公司里努力工作，享受有成就感、充满挑战的职场生活。

她学到了什么？职场妈妈得把工作做得无可挑剔，因为同事们总是以多重标准要求她们，而对那些享有弹性工作制的妈妈期望就更高了。尤其是在一个传统的由男性主导的行业里，一旦发现你是一个妈妈，大家都会带着成见来看待你。他们可能会认定你工作不认真或者态度不坚决。男人们可以因为去打高尔夫球早退，但职场妈妈若是早退去看孩子们的戏剧表演，很有可能节目没看完就被叫回去上班了。同一个女人，吃完午饭好好休息可能不会有什么，但是如果你借着中午吃饭的空当陪女儿去看牙科矫正医生了，那么你很有可能会遭白眼。这种成见很不公平啊！如果你有具体的能说明职场妈妈遭受歧视的例子，并且让你难以忍受，你可以直接向人力资源部投诉。但是请记住，不到万不得已不要这样做。以后你会听到这样的笑话："我要是有你这样灵活的日程安排就好了！有那样的自由一定很棒。"当然，你可以这样回敬他们："没错，下班后我就能去给四年级的小学生擦鼻涕和唱歌去了，简直太棒了。我下次能和你们一起去打高尔夫球、喝啤酒吗？"我的朋友对于这种沟通方式有个特定的说法："一定要损得文雅些！"你的确是在反唇相讥，但是你得笑着这样做。他们会听明白你的意思，但不至于造成大家日后关系紧张、相处尴尬。

虽然你没有义务一定要改变人们对于职场妈妈的偏见，但是你可以通过下列步骤让更多的人明白一些道理，那样你的生活也能容易很多：

- 确保有支持你的人。
- 选择好的配偶或者伴侣，因为你会需要他的帮助，和你一起分担照顾家人的责任，在你接手大型项目或者工期将近的时候无条件支持你。如果你知道丈夫会支持你，会为了你的成功而感到骄傲，你就会有更强大的力量来完成项目。
- 不要表现得像个妈妈，没有人在乎你有没有孩子。

- 不要在办公桌前摆满孩子的照片。
- 早点儿上班，并且更加努力。
- 在办公室里交个朋友，当你不在或者碰到交通堵塞的时候，能暂时帮你完成一些工作。当然你也要在需要的时候帮助对方。
- 一定要以高标准要求自己，以高过绝大多数人的标准。

我采访过的很多妈妈都有因为自己是母亲而在职场被歧视的经历。有时候，她们会不被邀请参加同事们的聚会，有时候会被需要出差的任务排除在外。很多妈妈认为，她们要不断为自己正名，证明自己不比男同事的表现差。就好像因为有孩子，她们就不懂业务上的轻重缓急，也不知道如何平衡自己的事业和家庭生活一样。听到这些人的经历，我觉得很多行业并没有改变太多，依然像帕特丽夏在1974年经历的一样。她对我说："都说世道变了，但真的变了吗？"

"好吧，你得证明你比男人更强。从来没有男人说过，'我理解你因为孩子生病或者你得带他们去看医生，工作的事情只能暂时放在一边'。因为他们总是有妻子帮助他们完成这些事情。所以你为了保住工作，就得格外小心。你得留意自己不在岗的时间。你会不想去学校接孩子，因为那会在考核的时候拖你的后腿。他们总是会对你的迟到早退格外关注并记录在案。"

歧视无处不在。你不一定非得是当了妈妈以后才体会得到。我曾因为对某个城市没有正确的观点而被一份航空工作拒之门外，我也曾因为某份工作的同行都很"年轻"而被告知不要去试镜。我当时30多岁。太老了，是不是？50年间，不管有多少法律条文规定，也不管社会发生了多大的变化，很多公司里，女性，尤其是当了妈妈的女性依然被男性区别对待。她们得格外努力，才能获得和男人相同的薪水和晋升机会。她们得格外用心去证明自己给公司带来的价值。职场妈妈们目前在职场里遭受的歧视和偏见更加隐晦，但是偏见和成见一直都存在。只要美国商界的结构和20世纪50年代的结构并无二致，这种因性别产生的偏见和成见就会继续存在，继续无视美国职工日新月异的需求。如今，对于职场妈妈来说，相比帕特丽夏那个时代，情况好了很多，并且每天都在进步，但是依然任重道远。

由于成见和歧视依然是一个大问题，在开始新工作之前，可以考虑采用下列步骤：

- 用书面形式列出双方协议内容。假如你发现自己的处境比较怪异，电子邮件会是一个很好的防御工具，你可以和你的老板、同事、客户以及其他人经常进行书面沟通。如果有一天，你发现因为自己是妈妈而被歧视，你会需要并且想要将它们记录在案。有些律师会让你做记录。我的建议是：在家里做，不要在工作场合。
- 不要让人们看到你的不良情绪。如果你开始觉得因为自己是妈妈而被排除在升职或者任务委派的人选之处，不要在工作的时候表现出情绪或者愤怒。等到你离开办公室，你可以和亲朋好友在合适的地点倾吐你的不快。如果被贴上“不专业”的标签，只会让你的形象大打折扣。
- 不要遗漏任何一个客户的电话、邮件，确保完成每一个项目。

当你想提出晋升或者加薪的时候，确保你已经记录了你的成功业绩和能力。

- 不要谈及诸如宗教、政治、性取向和健康问题等话题。请保持低调。
- 知晓你的权利。明白在工作场合中任何形式的歧视都是非法的。没有人能跟你讲："你有小孩，无法参加晚餐会议，所以我交代给莎莉了。"这是对你公然的歧视。这在工作中绝对不能容忍！

当然，有时候你会对某个任务、出差、销售宴会或者外埠出差的会议没有任何兴趣。但是，只要这些活动是大家都能参加的，你就应该和其他员工一样有参与或者拒绝的权利。

## 寻找机遇，自我突破

你的第一份工作可能不是你的最后一份工作，也不应该是。第一份工作可能是最艰难的，但是它会为你日后的发展奠定坚实的基础，会为你提高薪水、获得更好的工作时间制或者更便捷的通勤创造条件。这是让你重启或者开创事业的入口，也是让你重新获得收入和成就感的平台。千禧年的跳槽潮，无论你有没有参与，你都应该明白，只要你喜欢你的新工作，并且符合你对成功的定义，你就应该积极跳槽。回归后的第一份工作会增加你的工作经验。尤其是，如果这份工作薪水很低，或者只是个兼职工作，你就更应该果断离开。

如果你找到了另一份工作，不要因为现在的雇主提出加薪而决定留下来。他们会同意以更高的薪水留住你，但是他们知道你已经有离开的意向了，所以你最好还是离开吧！还会有其他提供更高薪水的公司让你从头开始。你和当前雇主的关系不可能回到从前了，而这样的记忆是持久的——因为你缺乏忠心，一年甚至更短的一段时间后，他们就会轻而易举地裁掉你！

大家都认为职场妈妈面临的挑战很严峻。不过这些障碍并非不可逾越。本章的很多故事都给了我很大启发，女性总能找到办法实现回归，在职场上绽放光彩。女士们，去寻找那些你意想不到的突破，并勇敢地打开它们吧！

# 第10章 拒绝拖延，专注且高效地工作

要说办事效率，一般人都比不上妈妈们。因为她们兼任两份工作：一份有薪水，另外一份是无偿劳动。职场妈妈没有功夫在饮水机旁边逗留，也没有时间等其他人一起。一旦重返职场，你要在规定的8~10个小时的工作时间里比常人做得更加出色。如果在会议里发言，请注意言简意赅、重点突出。早上8点01分，当你走到办公室就开始工作（已经喝过咖啡，准备开工）。不要在干活的时候闲适散漫。你一大早在家叫醒孩子，已经忙活了几个小时了，所以你可能已经很在状态了。注意工作方法，实现多任务运作，把事情做完。

投入工作、避免拖延的关键是热爱你的工作。吉尔是她家族企业的首席会计和运营官。她回归职场比较顺利。她的同事绝大多数都是妈妈，所以大家彼此都能互相理解。

吉尔设定了适合自己的工作模式，平衡家庭和事业。虽说如此，时间分配还是很难。她承认，在家族企业里工作，上班时间相对而言能少一些。但是她需要权衡多种因素，尤其是如何在拓展和推进家族

企业发展的同时照顾好家人。为了弥补工作时间的减少，她要确保工作更讲究效率和方法。她给妈妈们的建议是：一定要找到适合自己的工作模式，而这种模式绝非千篇一律。每个人要评估自己的情况和工作类型，从而找到最佳的平衡点。找到适合自身的工作模式也没有对错之分。孩子们会因为看到妈妈努力工作而理解奋斗的精神，在妈妈选择不工作陪伴自己而体会母爱。吉尔的建议是，根据个人的价值观选择你觉得合适的工作模式。

**回归醒言**

妈妈出来工作，会给孩子们的成长带来非常积极的影响。同时，工作能够体现我的个人价值。我觉得我作为一个人，不仅仅是妈妈，也是一个喜欢工作的商界女性，我喜欢我的工作，也愿意为社会的发展尽绵薄之力。

——吉尔，会计师、一个孩子的母亲

**职业专家醒言**

职场妈妈能以一种难以置信的方式融入工作环境中，并且总能很快抓住问题的本质。你得十分专注，才能同时处理许多事务。妈妈们更懂得权衡，也更有阅历。她们把一切都看在眼里。和她们聊一聊，你会发现，她们常常能够以一种难以置信的方式发现问题的根本。因为她们精力充沛、见多识广、阅历丰富。所以，这一点非常重要。我认为妈妈们还有出色的情绪管理能力和高情商，但许多人经常低估了她们。

——安·慕克吉，美国庄臣全球首席营销官

## 更高效，莫分心

平衡家庭和事业最有效的方法是学着以更有效的方法工作，不仅能最大程度、最高质量地利用在家的时间，也能保持你在晋升和职业发展中的地位。

每个人在职场上都得应对某种程度上令人分神的东西。每天早晨会有人到你的办公桌前问好，时不时会有客户打电话来问询项目进展如何，电脑屏幕上时不时会弹出新邮件提醒。当然还有家里的事，比如下个星期每天晚上吃什么，刚学会走路的二宝别跟大宝一样长蛔虫，你甚至还会因为自己没有在情人节派对上做糕点感到内疚。我会因为没能多花点儿时间陪家里的宠物猫而感到内疚。我无法想象有多少妈妈会因为对儿女们撒谎而内疚。

总而言之，绝大多数妈妈说，减少分心最好的办法是提前制订周全的计划。到时候就不会举棋不定，决定不了食物、照顾孩子、交通和课外活动，等等。不仅要制订执行计划，还得制订一个备用计划：

- 如果你要去接孩子，但自己去不了，你会打电话给谁？

- 你什么时候去杂货店采购？什么时候做午饭？
- 如果家里有急事，你会给哪个邻居或者亲戚拨打紧急电话？

以下是一些防止浪费时间的方法，供大家参考。大家可以依据自己的情况提升时间管理的能力和办事效率。

**不要时刻“互联”**。每收到一封邮件就会发来提醒，这很讨厌。首先，你可以关闭这个功能，然后每天定时查阅邮件。你可以每个小时查阅一次，或者每 4 个小时查阅一次。找到适合你工作的查阅邮件节奏。你的手机也是如此。请明确向你的保姆或者家里大一点的孩子说明平常能给你打电话的时间，当然紧急情况除外。此外，你在开会的时候要把电话收起来，集中精力开会。你不仅会更加有效率，同时也能给那些精于技术却缺乏生活技巧的同事们树立一个榜样。

**创建电子邮件文件夹**。为了更好地处理邮件，你需要创建邮件文件夹来对邮件进行分组，这样你就能根据项目、发件人、最后期限以及轻重缓急等标准对邮件进行分类。（我有个专门的文件夹叫作“回归”。）

**只在必要的时候回复邮件**。“我回头告诉你”或者“我看一下”，这样的回复只会浪费自己和同事的时间。我知道你想保持沟通，想要表现得礼貌。但是这些邮件只会给人带来困扰，分散注意力。你就看一下，然后有答案的时候再给予回复。一定要在标题或者主题中给出具体的提示，不要浪费时间将邮件抄送给很多其他与邮件内容无关的收件人。希望你的团队里也能倡导这样的沟通模式。没有什么比动不动就抄送邮件更糟糕的了。

**选好你的休息时间，避免闲聊的场合。**我在新闻演播室工作多年，大家坐在几张开放式的大桌子前。有好几次我就坐在一些人旁边，他们尽做一些让人无法集中注意力的事情。我最受不了的是，他们有些在嚼口香糖，有些在大声吃东西，有些大声打电话聊一些私事，有些来跟我聊一些和工作毫无关系的事情。我倒不是很不合群，但是要搭理那些时不时走到我桌子前或者办公室里的人的确很耗时间。妈妈们特有的耐心会在这时给你带来麻烦。不管你有多好奇，不要去听某人约会的细节还有八卦消息。如果你花时间听这些消息，你接下来就没有时间听女儿讲她在学校话剧社里的情况了。当然，你会想保持自己礼貌、乐于助人的形象，希望和大家沟通，但是要注意和大家闲聊的时间。你花在这方面的时间越多，你的工作效率越低，你需要加班的时间越长，最终你可能得把工作带回家去做。你可以对孩子耐心，但千万别在闲聊里保持耐心，这会让你分神。如果你是在一个隔间或者有很多人坐在一起的桌子上办公（这种办公设施非常流行），你可以用我在新闻演播室里经常使用的方法——戴耳机，它能帮助你从隔壁吵闹的人群中隔离出来。很多新闻制作人都使用耳机，这样即使外面尖叫连连，你也能丝毫不受影响。这真的有用！

**列一份待办事项清单，然后把它放到一边。**我喜欢清单。我购物、做家务以及做每周选题的时候，都会列一张清单。但有时候，这些清单会阻碍你做事情，到头来给你的帮助非常有限。核对清单当然是管理自己工作任务非常有效的方法。但是我发现，如果核对得过于频繁，过于执着，清单就会成为我的干扰。所以，一定要找到平衡点。有计划和任务清单是很不错的，但是如果你时刻去关注这些任务有没有完成，那就会大大降低你做事的效率。另外，你在办公室里办公的时候，总会有各种各样的突发事件出现，这样就会让你脱离原来计划的轨道。每天可以检查两次清单，但一定要抵制过分依赖清单的倾向。

**不要让自己分神。**我们最大的敌人就是自己。对于绝大多数公司里的绝大多数员工来说，的确如此。无论你是在空闲的时候刷朋友圈，还是在多任务处理中从一个任务跳到另一个任务，我们总有太多不同的事情要处理，这是不可避免的。别让想着孩子、丈夫、家里的杂事以及你要在周末做的事影响你的工作，拖你的后腿。每天留出特定的时间来打电话、安排会面。留出专门的时间来处理个人事务，这能帮助你更好地构建职业生涯，也能大大减轻你生活的负担。

你想要在职场和家里都能游刃有余，你要和家人一起享用晚餐，就得在饭点之前赶回家里。工作完成后，可以的话，尽快下班回家。平日里不要留下太多工作上的未尽事宜，否则到周五要做的事情就堆积如山了。尽快把工作做完，回家和家人团聚。

女性回归职场，一开始都会觉得手忙脚乱。但是随着时间的流逝，你会很快熟悉自己新的日常工作，你也会用各种时间和任务管理的技巧提升工作成效。处理工作上的事情比半夜里哄小孩睡觉更容易？比踩着点安排几个小孩的课内外活动更容易？不尽然。但是，至少当妈妈的经历会让你知道怎样能更好更快地把事情办好。这是你的人生新篇章！

# 第 11 章
# 找到人生导师，并且成为人生导师

美国的一些公司已经意识到为职场妈妈创造友好的职场环境将有利于自身的发展。乔蒂热爱自己在孩之宝公司的工作，她在这家公司工作了 14 年。等到她的双胞胎长到 6 岁时，她发现自己错过了太多，而且孩子们也对妈妈不在身旁有些不满。她在家的时候，总是在打工作电话，没有给孩子们充分的关注。乔蒂很沮丧，也很矛盾。但是她知道自己分身乏术，顾家还是顾工作的思想斗争太剧烈。此外，当她环顾四周，发现没几个高级别的女性能做到这一点。所以她觉得平衡家庭和事业是不可能的。经过了一番纠结和考虑，乔蒂直接走进了人力资源部，辞去了自己的工作。当年她本来是打算在这家公司一直干到退休的。

但是孩之宝公司太器重乔蒂，不肯放她走。首席执行官请她到办公室谈话，说："我们得想个办法，让你继续待在孩之宝，我们能做些什么？你能做些什么？"他非常看重乔蒂，希望能挽留她，破例也在所不惜。这下可让乔蒂为难了，"他们不让我辞职，还认定这是个机会说：‘我们能从中学到什么？’”

乔蒂在公司里步步高升，现在公司意识到了她的价值，并且雇了很多其他像乔蒂这样的妈妈，希望能给职场妈妈创造更好的环境。乔蒂突然接到一个任务——了解更多关于公司里的女性的情况，并且直接汇报给首席执行官和人力资源部主管。

经过一番调查研究和深入思考，乔蒂建议在孩之宝成立社区网络和互助团队。突然间，在这个全世界闻名的玩具公司里，一种对职场妈妈非常友好和理解的氛围形成了。

“职场妈妈们有一种高超的处理繁杂事务的能力，她们懂得如何给任务排序，尽个人所能把事情做好。她们专职工作的时候，还得兼顾家庭。孩之宝支持妈妈们，给了她们更多的自由，也允许她们在必要的时候在家里上班。我们的领导团队支持爸爸或者妈妈们为儿女申请弹性工作制。这是一种非常和谐互助的环境。”

这是一个双赢的局面。公司需要妈妈们，不仅因为她们有很高的职业技能，还因为她们是公司产品的顾客。

飞力公司（PowerToFly）的总裁凯瑟琳·扎勒斯基在《财富》（*Fortune*）杂志撰写了一篇文章。她承认自己在二十几岁的时候无法理解同事提早下班回去照顾小孩的做法。后来，当她生了孩子，她觉得回想起自己以前的想法和做法简直不可思议。如果她知道养育孩子是这样艰难的任务，当初不会那样计较的。她也知道，自己能为美国企业做很多事。所以她现在多了一项使命，就是给妈妈们提供更广阔的职业空间，让她们兼顾事业和家庭。

本书第五章提到了多莉安娜，她在公司创建了轮班工作的机制。

她说，作为一个女人和妈妈，她努力帮助职场妈妈兼顾事业和家庭。她帮助她们制定最合适的换班制，因为她深刻理解职场妈妈面临的困境。

这些公司和个人，以及其他更多的人，都在为妈妈们创造更加公平的职场环境做着重要的贡献。你也能出一份力。一旦你回归了职场，你也可以帮助下一个妈妈。在所有的公司都意识到职场妈妈对公司的价值前，你有责任帮助其他女性成功回归职场。这也是本书中和我交谈的数百位妈妈的心愿。她们告诉了我，她们的恐惧、她们所犯的错误以及她们取得的成功。她们这样做，是想让其他妈妈能在回归职场的道路上更加顺利。

**职业专家醒言**

现在劳动力市场有很多问题。不管现在书上写有多少保护职场妈妈的政策，我们给妈妈们创造公平友好的职场环境依然任重道远。在工作中仍然存在一种文化——一个好员工是什么样的。这种文化会影响职场妈妈，对她们不利。就像我们谈论的弹性工作制，其实很多公司和管理者都是按照非常传统的模式来评估员工表现的，而职场妈妈们不一定适合这样的评估模式。

——雷切尔·埃里森，组织发展顾问、高管培训师

## 你能做些什么？

- 如果你正在苦恼，正在职场妈妈的新角色中摸索。你可以和人力资源部门的职员、老板或者任何你信得过的人沟通。我之前跟大家提议，在大家离开职场去生养孩子之前，一定要在职场结交一个好同盟——这个人值得你信任，也能在你决定处理任何问题之前，帮你出主意或者给你建议。
- 如果你已经获得了比较有利的条件，可以鼓励其他妈妈也争取有利于自己的工作条件。这叫作姐妹们相互支持。这也是我作为一个女人一直坚信的。我相信女性之间友谊的力量。因为女性在很多层面都和男性有很大差别，我们需要有自己的闺蜜和好友，在工作场合里更需要有盟友。这是工作中“传递爱”的时刻。
- 帮助发起领导项目，找到留住职场妈妈的方式。回想一下孩之宝公司的乔蒂。她在向孩之宝公司递交辞呈后，被委任在公司里帮助女性，尤其是帮助职场妈妈发展个人潜能，实现职业化和个人化成长。一开始是孩之宝的CEO提议让乔蒂转变角色，但是乔蒂接受了这个任务，并领导实施了这个项目，使得孩之宝公司成了美国为职业父母尤其是职场妈妈提供良好工作环境的领先企业。
- 调查一下其他有为职工提供育儿服务的公司，看看有没有办法将妈妈育儿的服务外包。很多大型公司都发现了在公司内部创办育儿机构和日托中心的好处。有的公司也会给职场妈妈提供育儿费用报销。如果你的公司没有这一项福利，请制定经济可行的方案，并向人力资源部门相关负责人提出这项计划。

## 成为导师

当今的公司需要职场妈妈，她们有技能、智慧和洞见。但是许多女性不敢表达她们的需求，尤其是刚刚当上妈妈的女性，她们依然在想办法找到自己的立足点。现在是时候让资深的妈妈给她们指路了。一定要抓紧机会开导妈妈们，向她们说明大家每天都会经历相同的纠结和挑战，并给她们出谋划策，帮助她们平衡家庭和事业。要正视眼前的障碍，并将这些障碍分解成可以解决的难题，帮助她们创造友好的工作环境。

**回归醒言**

作为女人，作为妈妈，我们没有坦言自己的需要。如果有人鼓励你这样去做，或者用行动向你表明，表达并争取自己的需要会带来转机，那么你就要请她们帮忙。请她们喝咖啡、吃饭，了解她们是怎么做到的。要依靠周围年长的女性，请求她们的帮助，这样你才能更好地学会如何平衡事业和家庭，如何在推进个人职业发展的同时当好妈妈。其实妈妈和职业女性之间并不矛盾，你可以两者兼顾。

——乔蒂，健身教练、创业者、两个孩子的母亲我们都需要导师。我的导师是彼得·沙普兰。他曾经是我的老板，后来成了我的导师。我是在旧金山一家新成立的公司“ON24”担任财经记者时认识彼得的。我记得彼得告诉我说，他给我的薪水有限，但是他很愿意教我有关采访、写作、编辑和现场播报等技能。彼得、我们的团队和我都认定互联网视频将会成为未来互联媒体的发展潮流，电视终将被淘汰。我们的猜想是正确的，只是提前了15年。网飞公司（Netflix）已经不存在了。互联网经济泡沫最终破灭了，我们都转到了其他行业。但我从彼得那里得到的建议让我受益无穷。我直到今天还很看重他的建议，每当我为某个项目感到力不从心的时候，或者我某一天过得不好、压力颇大的时候，我都会打电话或者写封邮件给彼得。你在离开职场前、回归职场后，一定要找到一个亦师亦友型的同事。

不知道从什么时候开始，我自己也成了别人的导师。女人们得齐心协力。不管我在新行业里工作了多久，我都会很满足地回顾过去。在这个过程中，我帮助了其他年轻的记者（包括以前的实习生、制片助理、朋友以及朋友的朋友等），帮助他们走上新闻广播的道路。我从所有帮助过我的人身上学到了很多东西，包括彼得，还有福克斯新闻（Fox News）的主播耐尔·卡吾托。有一天早上，卡吾托听了一个实习生的观点，并将这个观点作为当天的独家报道故事。“我们无法预料何时会出现创作灵感，也不知道它们源于哪里。”他说。这是多么有智慧的话啊！慷慨付出自己的时间倾听别人的心声。让妈妈们无论在哪里都被重视——人多力量大，每个人都有获得成功的空间。

# 结语

## “全能女人”是个神话，请随遇而安

在我为撰写本书和诸位妈妈聊天的过程中，她们中的许多人告诉我，一开始决定回归职场的时候，她们觉得自己什么都不会，什么也做不了，公司不可能看重她们。可是后来，她们发现，很大程度上情况恰恰相反。多任务处理，平衡家庭和事业，照顾孩子，努力做好一切，妈妈们习惯这样的工作状态。因此她们在面对想法多变的老板、毫无感恩之心的客户或者不成熟的同事时都能游刃有余。

有个妈妈曾在我做调研时跟我讲过一个故事，我一直记在心里。是她给妈妈们的建议，结果对我也很有用。她说：“当我成为一名职业人士、一个母亲和一个妻子的时候，我发现自己就像是生活中变戏法的那个人。我得明白，在某些情况下，我手中的球可能会掉到地上，我也得明白，即使碰到这种情况也没有什么。球总是会掉下来。这是一个事实，也是大家必须面对的现实。”

我很喜欢这个故事。不管是你不知道自己到底想不想要孩子，还是不确定生养孩子后要不要回到职场，都一定要记住这一点。我每天都会想到她的话，每当遇到不顺，它都能帮助我原谅自己。你必须原谅自己无法做到所有的事情，你手中的球会掉，这很正常。你不是女超人，我也不是。如果我在纽约碰到一个白领，她看起来就像是个女超人，我会时刻提醒自己，她其实也只是个普通人。没有人是完美的。

还有一个我很喜欢的故事。一位妈妈曾经告诉我，她当时坐在客厅里，家里的三胞胎一直在旁边乱叫。因为是午餐时间，他们都饿了。这种事情经常发生，对不对？而她在努力赶着研究生毕业论文，出于某种原因，她觉得养小孩的同时拿到博士学位会是个好主意。（我想说，谁不认为这是导致灾难的原因呢？）于是，她把毯子铺在客厅的地板上，将三个孩子放在上面，接着打开了一盒燕麦，倒在了毯子上，然后对孩子们说："赶紧吃午饭吧！"她跟我讲这个故事的时候，我几乎笑翻了。她就这样熬过来了，而且如期毕业了。我想，无论多忙，你总能挺过来的。

# 致谢

本书的成稿，首先要感谢那几百位愿意从百忙之中抽空接受我采访的职场妈妈。我对你们的感激之情无法用言语表达。你们的见解非常有用，会让这个世界变得更加美好。能有这么多好心的女性朋友的帮助，我心里一直暖洋洋的。你们乐于帮助他人，乐于和我分享自己的人生经历。你们都愿做无名英雄，而我却很想在这里一一谢过。所以，在这里，我只有用一句话来表达我无尽的谢意：是你们成就了这本书。你们每天有很多事情要做，但都愿意抽出 10~20 分钟的时间接受我的采访。谢谢你们。我敢肯定那些已经回归职场或者正打算回归职场的妈妈也会感谢你们的。本书的项目得以推进，我也要特别感谢以下各个行业的专家和管理者。史黛丝·德罗、卡罗·费舍曼·科恩、凯蒂·福格蒂、蕾切尔·艾里森、乔蒂·奈维尔、莎朗·奥康纳和汤姆·吉姆贝尔。感谢你们抽空帮助我。

对于广大读者来说，我希望你已经从本书提及的女性朋友的经历中获得启发。她们对我的鼓舞和帮助无法用言语表达。

本书的合著者是斯蒂芬妮·克里柯瑞恩，她是犯罪小说家，也是我在我的记者职业生涯中所见过的最聪明、最酷的女人。斯蒂芬妮·克里柯瑞恩务实、坚强、勇敢。她和我一起合作完成这本书，其间经历了疯狂又漫长的旅程。她一直用她的真诚和智慧陪伴着我。我从未想过我想写一本书的梦想会成真，但她却坚信我可以成功。这种信念督促着我风雨兼程、笔耕不辍，直到本书顺利面世。

企鹅出版集团（Portfolio/Penguin）的编辑布里亚 · 桑福德和阿德里安 · 扎克赫姆花了很多的时间筛选议题，帮助理清了本书的相关理念，给本书界定了概念。我很感谢你们对我的信任。另外，企鹅出版集团的维维安 · 罗伯逊和斯蒂芬妮 · 兰德，我也要借此机会谢谢你们。

劳瑞 · 雅各比担任我的经纪人十年了，她一直孜孜不倦地帮助我打理事业。从旧金山到纽约，她总是鼓励我、支持我，不断告诉我，“是金子一定会发光，是奶油一定会升到最顶端”。

我要感谢福克斯新闻频道和福克斯商业新闻网的诸多同事：

罗杰 · 艾尔斯是福克斯新闻的总裁和CEO，他不仅在 2006 年 11 月雇用了我，还一直告诉我，“不要把手机放在床头，要好好生活”。我听从了他的建议。我们都需要好好生活，有可以爱的人，每天晚上好好睡一觉，能让我们精力充沛。

丹尼 · 布兰迪是福克斯新闻的执行副总裁、法务顾问。她可以说是我所见过的最酷、最有嬉皮风范的律师和执行官了。我在福克斯新闻就职期间，她对我的支持和指导，对我的成长有着无限的价值。

盖瑞 · 施赖埃尔是福克斯商业新闻的节目副总裁。在福克斯商业新闻网启动前，我们在他的办公室里开会，吃甜甜圈，喝咖啡，畅谈一切。要不是因为 2006 年秋季的一个下午我接到了盖瑞的电话，我不可能有机会参加罗杰 · 艾尔斯的面试。盖瑞对我有知遇之恩，是他改变了我的人生。

劳伦 · 彼得森和詹妮弗 · 劳切特是福克斯新闻集团的两个职场妈妈。

她们是出色的电视节目制作人，也是管理者中的顶级管理者。正是她们 7 年前提议让我开始为《福克斯和朋友们》栏目进行职业调查。而为这档节目所做的调查引导我开始了本书的撰写。我很荣幸有你们二位的友谊。

感谢现在和过去认识的所有主播，尤其是格雷琴·卡尔森、伊丽莎白·哈塞尔贝克、史蒂夫·杜西和布莱恩·吉米德。我每天早晨太阳还没升起就去上班，绝对就是奔着你们去的。我的生活因为有了你们这群朋友而快乐无比！

克林特·格林里夫，你是我的心灵导师，在本书写作和出版方面给了我很多帮助。你也是一位好父亲。我相信如果世界上有更多像你这样的父亲和丈夫，那么天下的女人会更幸福，她们也会更加义无反顾地重返职场。

我要感谢我的家人，是你们一直支持着我一步一个脚印前进。你们从来不评判我，也不批评我。每个人都需要家人的支持。我要感谢我的继父弗朗茨·佐恩兹、继母苏珊·卡索恩，感谢我的姐姐伊丽莎白·卡索恩·明、我的弟弟约翰·卡索恩以及他们的另一半沃伊·明和莫拉·卡索恩。

我要感谢我在曼哈顿结交的第一个也是现在最亲密的朋友麦丽莎·雷伯格，你是我的好姐妹，也是能为我挺身而出、两肋插刀的好朋友。

我要感谢我的爸爸——乔·卡索恩，他已经看不到本书的出版了。但是他曾经一直是我忠实的粉丝，经常看我的节目和采访。

我要特别感谢我的妈妈——玛莎·佐恩兹。她是本书撰写之初，我能想到的职场妈妈的原型。她对自己要求很高，也一直鼓励我：无论世事如何变化，都要去追寻自己热爱的事业，做自己喜爱的事情。她一直跟我说："我认为，你不能为生存而工作，而是要为了生活打拼事业！"

江蘇高校優勢學科建設工程（PAPD）資助項目

# 《春秋》三傳研究初集

蘇芃 著

鳳凰出版社

圖書在版編目（CIP）數據

《春秋》三傳研究初集 / 蘇芃著. -- 南京 : 鳳凰出版社, 2019.12（2024.10重印）
ISBN 978-7-5506-3088-8

Ⅰ. ①春… Ⅱ. ①蘇… Ⅲ. ①中國歷史－研究－春秋時代 Ⅳ. ①K225.04

中國版本圖書館CIP數據核字(2020)第007939號

| | |
|---|---|
| 書　　名 | 《春秋》三傳研究初集 |
| 著　　者 | 蘇　芃 |
| 責任編輯 | 郭馨馨 |
| 裝幀設計 | 徐　慧 |
| 責任監製 | 程明嬌 |
| 出版發行 | 鳳凰出版社(原江蘇古籍出版社)<br>發行部電話025-83223462 |
| 出版社地址 | 江蘇省南京市中央路165號,郵編:210009 |
| 照　　排 | 南京凱建文化發展有限公司 |
| 印　　刷 | 唐山楠萍印務有限公司<br>河北省唐山市蘆臺經濟開發區場部 |
| 開　　本 | 880毫米×1230毫米　1/32 |
| 印　　張 | 7.875 |
| 字　　數 | 176千字 |
| 版　　次 | 2019年12月第1版 |
| 印　　次 | 2024年10月第2次印刷 |
| 標準書號 | ISBN 978-7-5506-3088-8 |
| 定　　價 | 89.00圓<br>(本書凡印裝錯誤可向承印廠調換,電話:022-69381996) |

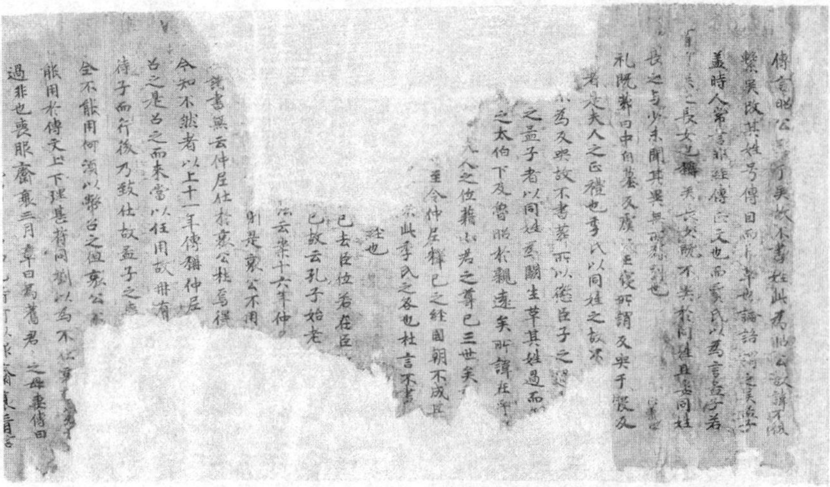

法藏敦煌文獻《春秋正義》P.3634V-1

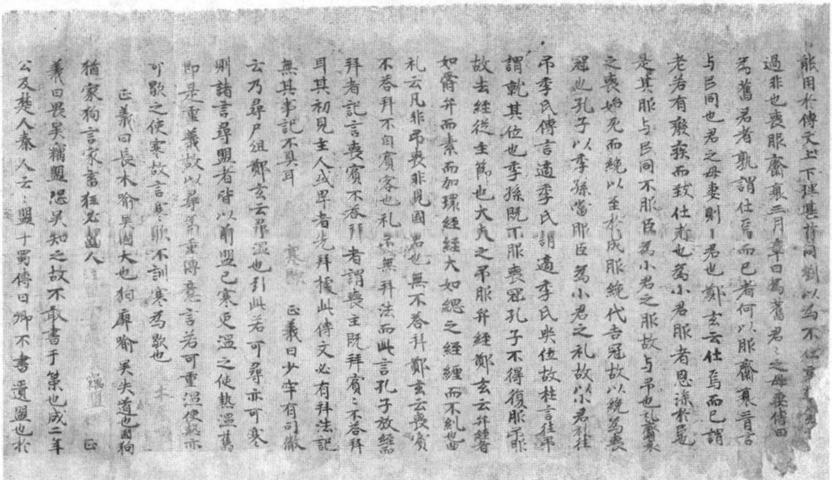

法藏敦煌文獻《春秋正義》P.3634V-2

義曰畏吳竊盟恐吳知之故不敢書于策也成二年
公及楚人秦人云云盟于蜀傳曰卿不書匱盟也於
是乎畏晉而竊与楚盟故曰匱盟彼以畏晉竊盟
故諸侯之卿皆貶而稱人此亦畏吳竊盟宜應貶此
三國經遂沒而不書者彼以晉是盟主諸侯不應背
晉故貶諸侯之卿以成晉爲霸主此吳夷禮自處不
合主諸侯之盟故与吳盟者悉皆不書是不与吳爲
盟主也既不与吳則三國私盟於義可許不合貶責
但魯自不書仲尼亦從而不書之耳釋例曰諸侯畏
晉而竊与楚盟而貶其卿所以成晉爲盟主也吳之
強大始於會繒終於黃池凡三會三伐三盟唯書會

又也今以長曆推春秋此十二月乃夏之九月實周之
十一月也此年當有閏而今不置閏此爲失一閏月耳
十二月不應螽故季孫怪之仲尼以斗建在戌火星
尚未盡沒據今猶見故言猶西流明夏之九月尚
可有螽也季孫雖聞仲尼此言猶不即改明年十二
月復螽於是始悟十四年春乃置閏欲以補正時曆
也傳於十五年書閏月蓋置閏之正欲明十四年當閏
於法當在十二年也　正義曰杜以
与經別故言丘明不爲義例故使文亦齊同劉炫以
爲傳說當時事耳更到本隨地之事載其月使
与明年相接今知不然者案宣二年壬申朝于武宮
是十月五日下乃云冬趙盾爲旄車之族彼注云壬申

法藏敦煌文獻《春秋正義》P.3634V-3

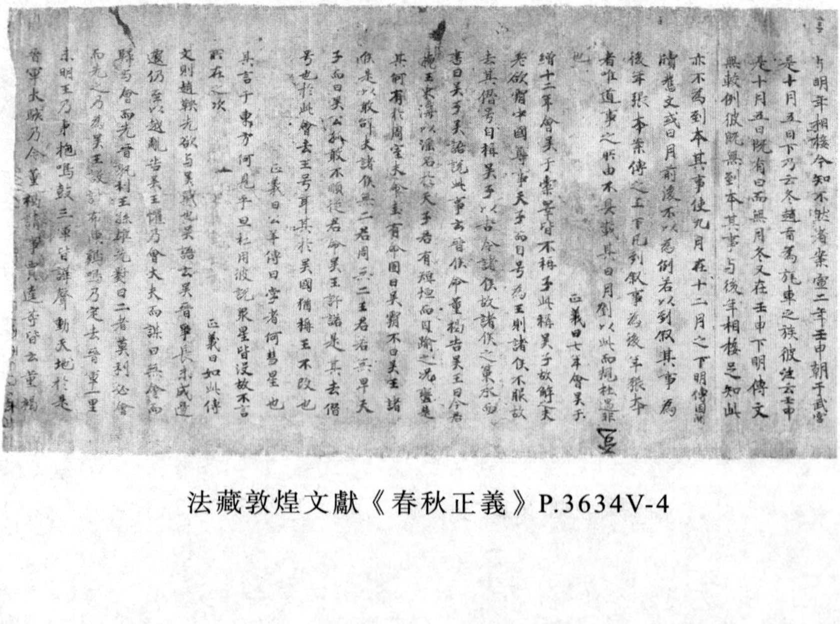
与明年相接今知不然者案宣二年壬申朝于武宮
是十月五日下乃云冬趙盾爲旄車之族彼注云壬申
是十月五日既有日而無月冬又在壬申下明傳文
無較例彼既無到本其事与後年相接是知此
亦不爲到本其事使九月在十二月之下明傳因
讀舊文或日月前後不以爲例若以到叙其事爲
後年張本案傳之上下凡到叙事爲後年張本
者唯道事之所由不虛載其日月劉以此而規杜過非
也　正義曰七年會吳于
繒十二年會吳于橐皋皆不稱子此稱吳子故解實
夫欲霸中國尊事天子而自号爲王則諸侯不服故
去其僭号自稱吳子以告令諸侯故諸侯之策承而
書曰吳子吳語說此事云晉使董褐告吳王曰今君
掩王東海以淫名於天子君有短垣而自踰之況蠻夷
其何有於周室夫命圭有命固曰吳伯不曰吳王諸
侯是以敢辭夫諸侯無二君周無二王君若無卑天
子而曰吳公孤敢不順從君命吳王許諾是其去僭
号也於此會去王号耳其於吳國猶稱王不改也
正義曰公羊傳曰孛者何彗星也
其言于東方何見乎旦杜用彼說衆星皆沒故不言
所在之次
正義曰如此傳
文則趙鞅先欲与吳戰也吳語云吳晉爭長未成邊
遽乃至以越亂告吳王懼乃會大夫而謀曰無會而
歸与會而先晉孰利王孫雒曰二者莫利必會
而先之乃爲吳王言[illegible]鳴乃定去晉軍一里
未明王乃秉枹鳴鼓三軍皆譁釦以振旅其聲動天地於是
晉軍大駭乃令董褐請事[illegible]

法藏敦煌文獻《春秋正義》P.3634V-4

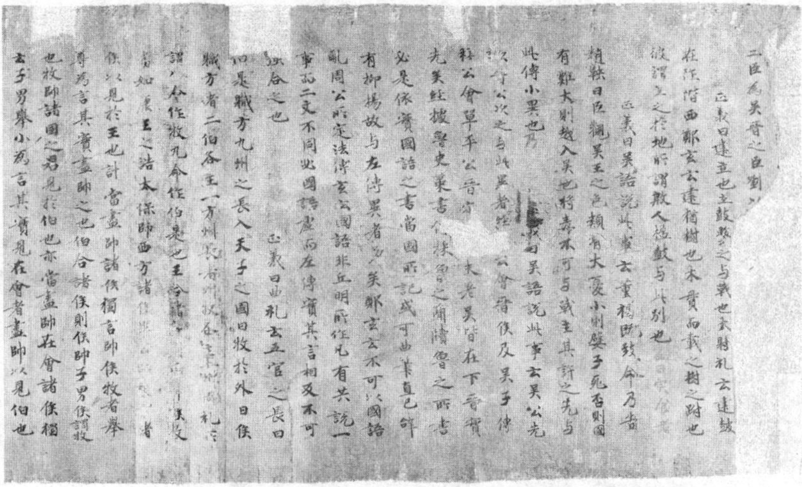
二臣為吳晉之臣劉以
正義曰建立也立鼓擊之与戰也者射礼云建鼓
在阼階西鄭玄云建猶樹也木貫而載之樹之跗也
彼謂立之於地所謂數人植鼓与此別也
正義曰吳語說此事云董褐既致命乃告
趙鞅曰臣觀吳王之色類有大憂小則嬖子死否則國
有難大則越入吳也將毒不可与戰主其許之先与
此傳小異也　正義曰吳語說此事云吳公先
歃晉公次之与此異者經　公會晉侯及吳子傳
稱公會單平公晉侯　夫差吳皆在下晉實
先吳經據魯史策書令依魯之所讀魯之所書
必是依實國語之書當國所記或可曲筆直已所
有抑揚故与左傳異者多矣鄭玄云不可以國語
亂周公所定法傳玄云國語非丘明所作凡有共說一
事而二文不同必國語虛而左傳實其言相反不可
強合之也　正義曰曲礼云五官之長曰
伯是職方九州之長入天子之國曰牧於外曰侯
職方者二伯各主一方州牧各主一州　礼云
謂之令作牧凡命作伯是也王命諸侯
若如康王之誥太保帥西方諸侯　者
侯以見於王也計當盡帥諸侯猶言帥侯牧者舉
尊為言其實盡帥之也伯合諸侯則侯帥子男侯謂牧
也牧帥諸國之君見於伯也亦當盡帥在會諸侯猶
云子男舉小為言其實見在會者盡帥以見伯也

法藏敦煌文獻《春秋正義》P.3635V-1

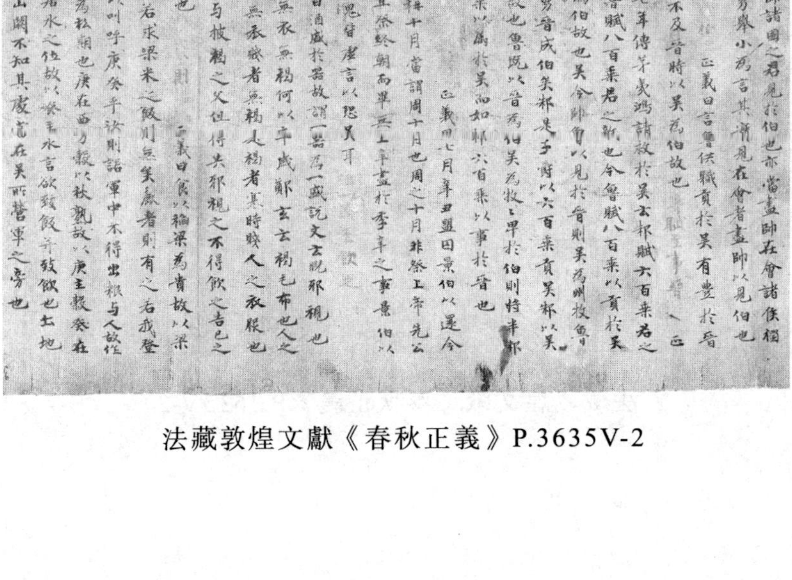
也牧帥諸國之君見於伯也亦當盡帥在會諸侯猶
云子男舉小為言其實見在會者盡帥以見伯也
正義曰言魯侯職貢於吳有豐於晉
無有不及晉時以吳為伯故也　正
義曰七年傳茅夷鴻請救於吳云邾賦六百乘君之
私也魯賦八百乘君之貳也今魯賦八百乘以貢於吳
以為伯故也吳今帥魯以見於晉則吳為州牧魯
男晉成伯矣邾是子爵以六百乘貢吳邾以吳
為伯故也魯既以晉為伯吳為牧之畢於伯則特半邾
三百乘以為於吳而如邾六百乘以事於晉也
正義曰七月辛丑盟因景伯以還令
景伯稱十月當謂周十月也周之十月非祭上帝先公
之時且祭終朝而畢無上辛盡於季辛之事景伯以
吳信鬼皆虛言以恐吳耳
正義曰酒盛於器故謂一器為一盛說文云睨邪視也
詩云無衣無褐何以卒歲鄭玄云褐毛布也人之
貴者無衣賤者無褐是褐者其時賤人之衣服也
言我与被褐之父但得共邪視之不得飲之旨已之
之食也　正義曰食以稻粱為貴故以粱
表精若求粱米之飯則無矣麤者則有之若我登
首山以叫呼庚癸乎汝則諾軍中不得出粮与人故作
隱語為私期也庚在西方穀以秋熟故以庚主穀癸在
北方居水之位故以癸主水言欲致飯并致飲也土地
名首山闕不知其處當在吳所營軍之旁也

法藏敦煌文獻《春秋正義》P.3635V-2

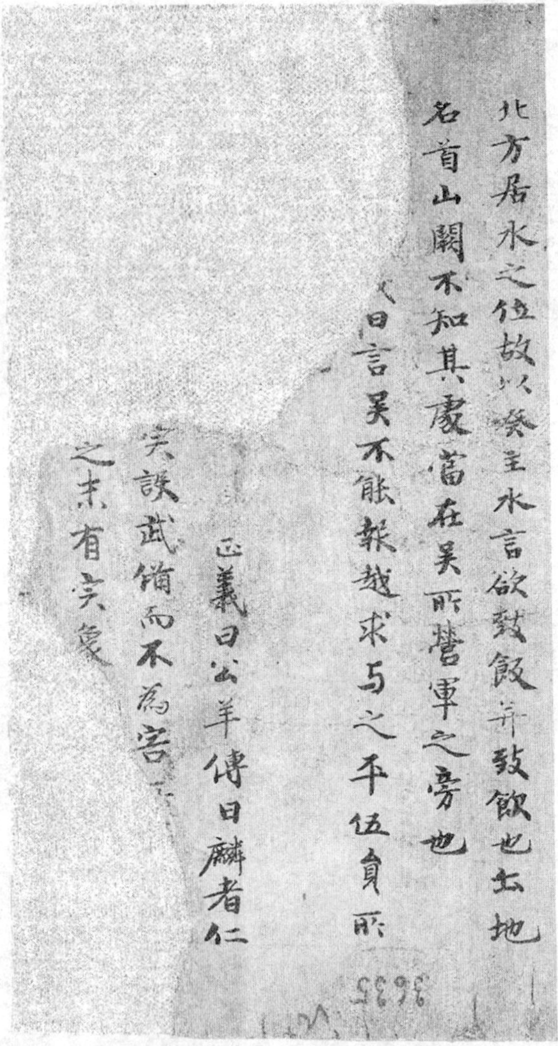

北方居水之位故以癸主水言欲致飲并致飲也圡地
名首山闕不知其處當在吴所營軍之旁也
[illegible]曰言吴不能報越求与之平伍貟所
正義曰公羊傳曰麟者仁
宍獸武備而不為害也
之末有宍象

法藏敦煌文獻《春秋正義》P.3635V-3

## 作者簡介

蘇芃,1981年12月生於江蘇省徐州市。2000—2010年就讀於南京師範大學文學院古典文獻學專業,獲文學學士、碩士、博士學位,2010年8月留聘文學院,2019年6月晋升教授。曾任臺灣"中研院"中國文哲研究所訪問學人、北京大學人文社會科學研究院第4期邀訪學者、浙江大學人文高等研究院2019年春夏學期駐訪學者。

主要從事中國古典文獻學與漢語史研究,尤其側重先秦兩漢經典的異文與流變研究。在《文史》、《中國語文》、《文學遺産》、《中國史研究》、《文史哲》、《文獻》、《中華文史論叢》、《國學研究》、《中國經學》、《光明日報》等刊物發表論文、札記五十餘篇。曾獲教育部全國高校古委會第十一届"中國古文獻學獎學金"博士生一等獎(2010年)、江蘇省優秀博士學位論文獎(2011年)等。曾參與中華書局點校本《史記》修訂工作,爲修訂組主要成員。

# 目　次

# 序一

趙生群

《春秋》爲孔子得意之作。筆削褒貶，皆出己意。子曰："知我者其惟《春秋》乎！罪我者其惟《春秋》乎！"《春秋》微言奥旨，先以口説流行，而七十子之徒言人人殊，以失其真，至於漢代，有《公羊》、《穀梁》及鄒、夾之傳，蓋其中翹楚也。而四家之中，鄒氏無師，夾氏未有書。左丘明懼弟子人人異端，各安其意，失其真，故因孔子史記具論其語，成《左氏春秋》。《左傳》、《公羊》、《穀梁》實爲治經之津梁，《春秋》之管鑰，而三傳皆專門之學，治之實難。

蘇芃君本科就讀於南京師範大學古典文獻學專業，復從余讀研，碩士論文以《春秋左傳》校讀爲題，此後對《春秋》三傳續有關注，積久而成此書。

《〈春秋〉三傳研究初集》（以下簡稱《初集》）收文一十有五，皆與《春秋》經傳有關。《初集》特點有二：一是關注文本校勘、訓詁；二是重視宋前古寫本、古注、類書以及各類出土文獻之利用。

蘇芃君治學興趣廣泛，根柢深厚，《初集》綜合運用文字、音韻、訓詁、語法、詞彙、歷史、地理、版本校勘等各種知識,多方網羅資料,參考各家之説及相關研究文獻,於文本校勘、句讀、注釋、輯佚、古書流變諸方面新見迭出,多所發明。

隱公元年《左傳》鄭莊公曰:“爾有母遺繄我獨無!”前人多以“繄我獨無”爲句。蘇君參考江藩、阮元、段玉裁各家之説,通過對《左傳》“繄”字的排比分析,認爲此處當屬上讀。進而列舉大量出土文獻,以爲“繄”之本字當爲“殹”,其語法作用類似於“也”,爲句末語氣詞。説甚允當。

僖公十九年《左傳》:“宋人圍曹,討不服也。子魚言於宋公曰:‘文王聞崇德亂而伐之,軍三旬而不降。退修教而復伐之,因壘而降……今君德無乃猶有所闕,而以伐人,若之何?盍姑内省德乎!無闕而後動。’”蘇君結合傳世文獻和銀雀山出土簡本《尉繚子》、馬王堆出土帛書《周易》、《老子》證成“内”爲“退”之借字。

文公十八年《左傳》:“少皞氏有不才子,毁信廢忠,崇飾惡言,靖譖庸回,服讒蒐慝,以誣盛德,天下之民謂之‘窮奇’。”其中“服讒蒐慝”一句,多有歧解。蘇君據原本《玉篇》殘卷“廋”字下引作“服讒廋匿”、《文選·廣絶交論》李善注引作“伏讒蒐慝”,謂“服”、“蒐”皆隱藏之義,“服讒蒐慝”意爲“隱藏奸邪之人”,與“掩義隱賊”同義。

成公十五年《公羊傳》:“自是走之齊。魯人徐傷歸父之無後也。”何休注:“徐者,皆之辭也。關東語也。”原本《玉篇》卷九食部“餘”字條引《公羊傳》“徐”作“餘”,又《廣雅·釋詁三》:“餘,皆也。”蘇君據《玉篇》引文,以爲今本《公羊傳》之“徐”字,原當作“餘”。其言有據。

定公四年《左傳》:“鄖公辛之弟懷將弒王,曰:‘平王殺吾父,我殺其子，不亦可乎？'辛曰：'君討臣，誰敢讎之？君命，天也。若死天命，將誰讎？'"蘇君據《集韻》、《類篇》，比照《國語・楚語下》互見段落，以爲此處"討"當爲誅殺之義。先秦經典訓釋，焦點往往在疑難字詞，實則常用字詞之詞義也亟需落實，此即一例。

《初集》此類考證尚多，不一一列舉。

《初集》文獻考證，追尋本源，窮其流變，立論確鑿，多所創獲，《竹添光鴻〈左氏會箋〉誤引〈説文〉"畝"字釋義考原》一篇，令人擊節。此外，《〈左傳〉"昌歜"補正》、《"叔誓"發疑》、《隱義：一種消失的古籍形制》諸文，深入縝密，多發前人之所未發。

儒家經典漢代已經立於學官，銘勒碑石，後世承紹，文本面貌變化不大，至於宋，刊槧雕版，經典文字益復穩定，故而研究儒家經典之文本，宋前文獻尤須重視。《初集》論及《春秋》經傳相關問題，舉凡古寫本（如原本《玉篇》殘卷、玄應《一切經音義》寫卷、敦煌殘卷、日本舊抄本等）、古注（如《文選》李善注、《史記》三家注等）、石刻資料，上溯簡帛文獻、甲金文獻，悉心參酌，視野開闊、精思纖密，有足稱者。

昭公四年《左傳》："初，穆子去叔孫氏，及庚宗，遇婦人，使私爲食而宿焉。問其行，告之故，哭而送之。適齊，娶於國氏，生孟丙、仲壬。夢天壓己，弗勝，顧而見人，黑而上僂，深目而豭喙，號之曰：'牛！助余！'乃勝之。旦而皆召其徒，無之。"文中"旦而皆召其徒"之"召"，現存《左傳》各本皆同，歷代學者多隨文釋義。原本《玉篇》古寫本"占"字條下云："《左氏傳》：'旦而皆占其徒，無之。'野王案：'《方言》：占，視也。凡相候謂之占，占猶瞻也。'"胡厚宣《〈玉篇〉引書考異》已注意及此而未作論證。日本宮内廳書陵部藏金澤文庫舊藏《春秋經傳集解》此處"召"字旁注異文"占"，正與《玉篇》同；

《文選·思玄賦》“穆届天以悦牛兮，豎亂叔而幽主”李善注引《左氏傳》作“旦而瞻其徒”，“占”與“瞻”音近義通，意爲“窺察”。蘇君據此斷“召”爲“占”形近之誤字，且又多方論證，以成其説，結論確然不可移易。成公十七年《左傳》：“郤至聘於周，欒書使孫周見之。公使覘之，信。”杜預注：“覘，伺也。”蘇君以爲“覘”、“占”二字可通，從而揭示“占”作“窺察”之義始於先秦，其説甚韙。

襄公九年《左傳》：“棄位而姣，不可謂貞。”杜預注：“姣，淫之别名。”原本《玉篇》殘卷“放”字條下云：“《左氏傳》：‘棄位而放，不可謂貞。’杜預曰：‘放，淫之别名也。’”正文、注文皆作“放”。劉向《列女傳》述穆姜事亦作“棄位而放”。“放”用作“淫”義，古書多見，而“姣”之“淫”義罕見。蘇君以爲“漢語史上‘姣’爲‘淫’這一義項，很可能並非始於先秦”。頗有見地。

此類研究，對文本訓詁注釋、辭書編纂、漢語史研究等都大有裨益。兹就書中已舉之異文，而未及詳辨者，補充一例。

成公二年《左傳》：“畏君之震，師徒橈敗。”杜預曰：“橈，曲也。”《文選》卷五十七顔延年《陽給事誄》：“投命徇節，在危無撓。”李善注：“《左氏傳》曰：‘師徒撓敗。’杜預曰：‘撓，敗也。’”①《文選》“橈”作“撓”，李善引杜注訓爲“敗”。“橈(撓)”之“敗”義，僅見於《文選》李善注引文，彌足珍貴。《説文·彡部》：“弱，橈也。”“橈”有“弱”義，引申之，則有“敗”義。襄公二十六年《左傳》：“頡遇王子，弱焉。”杜注：“弱，敗也。”《淮南子·兵略篇》“兵静則固，專一則威，分

① 中國國家圖書館藏北宋國子監本、南宋淳熙八年(1181)池陽郡齋尤袤刻本李善注《文選》，日本足利學校藏宋刊明州本、中國國家圖書館藏傅增湘舊藏南宋建州刻本初印本六臣注《文選》此處李善注引杜注皆作：“撓，敗也。”然而日藏古抄本《文選集注》李善注引杜注作：“撓，曲也。”據前賢時彦研究，現存的《文選集注》是經過日本古代學者轉抄謄録的本子，其間多有删節或改動，此處“撓，曲也”或是據傳世本《左傳》杜注而改，恐非李善注原貌。

決則勇,心疑則北”,又曰“心誠則支體親刃,心疑則支體撓北”,上言“北”,下言“撓北”,其義一也。《北史·韋孝寬傳論》:“雖弘農、沙苑,齊卒先奔;而河橋、北芒,周師撓敗。”“撓敗”與“先奔”相對,意即戰敗。《新唐書·陸贄傳》:“萬一橈敗,適所以啓戎心,挫國威也。”《舊唐書》“橈敗”作“撓敗”。《吕氏春秋·仲冬季·忠廉》:“有勢則必不自私矣,處官則必不爲汙矣,將衆則必不撓北矣。”“撓北”即敗北。《墨子·非攻下》:“死命爲上,多殺次之,身傷者爲下,又況失列北橈乎哉,罪死無赦!”孫詒讓《閒詁》:“畢本‘橈’作‘撓’。”“北橈”與“撓北”同義。“橈敗”二字同義,故“橈敗”、“敗撓”、“撓北”、“北撓”詞序可以顛倒。《北史·隋煬帝傳》:“(高熲)不遵成規,坐貽撓退。”“撓退”即敗退。“橈”“撓”之“敗”義,賴李善注文得以保存,可謂一字千金。而《漢語大字典》、《漢語大詞典》等大型辭書均未見收録。①

古文獻研究(特别是古代經典研究),需要力求窮盡所有材料,竭澤而漁。如今,新材料不斷涌現、古籍數字化迅猛發展,此一做法,尤其值得提倡。

蘇芃君學術視野開闊,根基扎實,富于春秋,又且好学深思,學問日益精進,假以時日,成功可期。跂予望之矣!

是爲序。

2019年12月於金陵

---

① 2005年,余方注《左傳》,查閱《文選》注,見“橈(撓)”有敗義,歎爲遺珠,因囑蘇君將李注徵引《春秋左傳》之文輯校一過,《初集》收録之文,有與此相關者。今聊贅數語,以紀其緣起。

# 序二

方向東

數日前,蘇芃冒雨前來,以論文集見示,望能爲之作序,竊以爲作序資格不够,好在師生之間不講客套,寫什麼可以不拘繩墨。與之交談,娓娓道來,機鋒四逸。十八年前他讀大學二年級,我爲他們班講授《莊子導讀》,也是從他們這一屆開始,我的講課方式開始轉變,在疏解文本之餘,也將人生體悟盡可能地融入其間。他曾經告訴我,我的《莊子》課激發了他研讀先秦經典的興趣,堅定了學習古文獻的志向。當年未脱稚氣的學生經過本碩博的專業磨煉,如今已是專業的教授,已成爲古文獻領域的中堅。在我退休之後,《莊子導讀》課程也由他接續講授,我爲他的成長感到欣慰!

觀其論集中所收論文,均與《春秋》三傳有關,自成體系,毫無雜合之感,瀏覽題目,有新證,有發覆,有發疑,有發微,有考原,有釋詞,有補正,有校議,有校札,有箋異,可謂品種豐富。論文可分兩大類,一類直接針對《左傳》疑難問題而發,一類是與《春秋》三傳相關的文獻校勘考證,可視爲《春秋》三傳研究專著,讀者得之,宛如完璧。想起當年徐復先生的告誡“由專入博”，研究有主攻方向，方能製作精品，尤爲學問之必須，今日學術界系列論文較爲少見，此其可贊者一。

細讀論集中所收論文，多發前人所未發，令人耳目一新。《春秋》三傳，歷時久遠，文本流傳，多有舛訛；又列入經典，成爲官學，歷代學者，探研不絶；以致存留問題，多爲難解。如《左傳》隱公元年“爾有母遺緊我獨無”的斷句問題，前人存有三種不同意見，即“緊”字屬下、屬上以及單獨一逗，究竟該如何斷句，“緊”字的本字爲何，作者搜集了前人的見解加以分析，在阮元的基礎上補充了大量秦漢出土文獻的用例，證明了“緊”字的用法同“也”，是句末語氣詞，其本字是“殹”，並由此推斷是秦文獻的孑遺。又如《左傳》昭公四年“旦而皆召其徒”，其義令人生疑。“召”字歷代傳本皆作“召”，唯日藏原本《玉篇》古寫卷“占”字條目下引《左傳》此文作“占”，日本宮内廳書陵部藏金澤文庫舊藏文永四至五年(1267—1268)抄寫的《春秋經傳集解》此處“召”字有旁注異文作“占”，二字因楷書、行書形體相近致訛。占訓瞻視，文獻中又記作“覘”，“占”是古字，“覘”是後起字，《左傳》中並存，此因文本流傳中抄寫所致。此字經作者考證，其義豁然明白。再如《左傳》僖公三十年“昌歜”一詞的音義，孔穎達、顧炎武、陳樹華、沈欽韓、丁晏、高郵王氏父子、段玉裁、朱駿聲、劉文淇、劉壽曾等都有討論，學者解釋各執一端，莫衷一是。作者通過對衆人觀點的分析，用《説文》、《大廣益會玉篇》、《篆隸萬象名義》釐清《玉篇》日藏古寫本引文材料的原貌，考證出“昌歜”中“歜”是“歜”的訛字，證明顧炎武之説可信，最終得出結論：“該字形在南朝梁代已作‘歜’，音‘徂感反’，至唐代又與‘歜’字混同，然其讀音仍有相傳，孔穎達審其音而不能明其字，後人爲區别‘歜’字,又造‘歜’以示差異。清儒多從‘歜’字構件‘蜀’出發探討其得聲之由,或失之毫釐,該字讀音疑與‘冘’有關,今所從‘欠’或是‘冘’之誤。”作者通過文字與文獻互證揭示其音義,所論令人信服。《〈左傳〉釋詞四則》、《〈左傳〉校議十六則》等篇,多見新義迭出,不必一一列舉。作者讀書多能得間,此其可贊之二。

通觀論集中所收論文,讀者沿著論文的脉絡,可以知其治學的方法。對《春秋》三傳諸多問題的揭示,並非隨意提出,而是建立在對文本的深入研讀與思考以及尋找新材料的功夫積累之上。從論文可以看出,作者積多年功力,通過原本《玉篇》殘卷、玄應《一切經音義》、《文選》李善注、《史記》三家注以及敦煌單疏寫本進行了詳盡的校勘,搜檢出所引《春秋》三傳的材料進行探討,又廣泛閲讀多種文獻論著,對問題加以考證,可謂功夫在文外。文獻中的疑難,主要涉及文字的形、音、義,文字的錯訛,有時還涉及文獻版本的流變。所以,對文本共時平面的校勘不與歷時縱向的流變綜合考察,是難以徹底解決問題的。版本異文的校勘,歷代學者都做了許多工作,但如果不與解决疑難相結合,也就缺少生命力和存在價值。《竹添光鴻〈左氏會箋〉誤引〈説文〉“猷”字釋義考原》和《隱義:一種消失的古書形制》兩篇,不僅關注到文字的形、音、義,還認識到古書文本的異變問題,“作爲流傳有序的古書,即使是内容完全一樣的同一部書,在物質形態翻刻複製的同時,也會融入知識階層的理解、認知與判斷”,這種認識,對研治古文獻富有啓示意義。依然記得徐復先生常常説的一句最簡單的話“多讀書”,只有多讀書才能發現問題,只有多讀書才能解决問題,所以北齊顔之推説“觀天下書未遍,不得妄下雌黄”。解决文獻疑難,是文獻學的重要任務,是訓詁學的終極目的,新觀點、新材料和新方法參互運用,論文集中隨處可見。此其可贊之三。

多年來,參加過不少會議,也看過不少論文,優秀論文固然不少,但未如人意的是,刻意創新者有之,老調重彈者有之,舊瓶新酒者有之,平庸無奇者有之,終覺少了趣味,所以怕寫論文,怕讀論文,而蘇芃的論文竟能讓我耳目一新,手不釋卷,並非因爲有師生之誼,而是文章有吸引力。覺得遺憾的是,《〈文選〉李善注引〈春秋左傳〉箋異》一文屬碩士期間習作,未能參用上海古籍出版社影印的《唐鈔文選集注彙存》一書加以校勘,此書存有唐代文本的痕跡,我當年曾與胡克家本《文選》比勘,認爲尚有一些校勘價值,李善注所涉《左傳》異文,也值得深入查覈。

讀書治學常説"板凳要坐十年冷,文章不説一句空",這是一種境界。黄侃先生曾説過"與其爲千萬無識者所譽,寧求無爲一有識者所譏",此即古人立言的境界。蘇芃正值盛年,一定能百尺竿頭更進一步,朝更高的境界攀升。

聊記數語,算是贊許與鼓勵。

2019 年 12 月 28 日於龍江白雲園

# 《左傳》"爾有母遺緊我獨無"斷句新證

《左傳·隱公元年》記載的鄭伯克段於鄢一事，大家耳熟能詳，《古文觀止》、王力版《古代漢語》等都作爲開篇選目，這段故事末尾，潁谷封人潁考叔勸諫鄭莊公，莊公感慨説："爾有母遺緊我獨無！"自古以來，多在"爾有母遺"後斷句，把"緊"看作是語首助詞，例如清代王引之《經傳釋詞》認爲"緊我獨無，言維我獨無也"[①]，後世如楊樹達《詞詮》等皆承襲此説[②]。

這句話也早已化作典故爲人使用，如《元史·孝友列傳》："劉琦，岳州臨湘人。生二歲而母劉氏遭亂陷於兵，琦獨事其父。稍長，思其母不置，常歎曰：'人皆有母，而我獨無！'"[③]這裏的"人皆有母，而我獨無"當是化用了鄭莊公的典故，"而我獨無"正是對"緊我獨無"的詮譯。

然而，這個問題也存有異議，早在南朝梁代顧野王編纂的《玉

① 王引之《經傳釋詞》，江蘇古籍出版社，2000年，第36頁。

② 楊樹達《詞詮》，中華書局，1978年，第344頁。

③ 宋濂等《元史》，中華書局，1976年，第4464頁。

篇》中就主張在“繄”後斷句,《玉篇》殘卷卷九言部“翳”字下書證引文:“《左氏傳》:……‘爾有母遺翳。’杜預曰:‘語助也。’今或爲‘繄’(筆者按:原卷作“翳”,當是“繄”之訛),在糸部。”[①]明末清初的金聖歎在《唱經堂左傳釋》中也曾指出:“‘繄’,古‘兮’字,秀才未識也”,並在“繄”後斷句。[②]

此外,還有一種觀點,認爲“繄”是歎詞,可以單獨點斷。如日本竹添光鴻《左氏會箋》:“繄,《類篇》:‘歎聲也。’繄通作翳,唐《幽求傳》:‘翳幽求是賴。’又作譩,《列子·黄帝篇》:‘仲尼曰:“譩。”’張湛注:‘譩音衣,與譩同,歎聲也。’又通作懿,《詩·大雅·瞻卬篇》:‘懿彼哲婦,爲梟爲鴟。’鄭箋:‘有所痛傷之聲。’杜解不是。”[③]楊伯峻《春秋左傳注》亦承此説:“疑繄與噫古僅平入對轉,即今歎詞咳,可單獨爲一逗。”[④]瑞典學者高本漢認爲杜預所説的“語助”就是感歎詞,這句話可以翻譯成:“哦! 惟獨我没有(母親)。”[⑤]但事實上,無論《左氏會箋》還是《春秋左傳注》在標點時依然都將“繄我獨無”連讀。

准此而論,關於“爾有母遺繄我獨無”的斷句問題,前人存有三種不同意見,即“繄”字屬下、屬上以及單獨一逗,其中以屬下的斷句方式最廣爲接受,目前各種《左傳》譯注、選注本大都采納了這種意見,屬上的意見幾乎被學界所忽略。其實,屬上的斷句更可彰顯“爾”與“我”的對比關係,與《左傳·昭公十二年》“四國皆有分,我獨無有”、《論語·顔淵》“人皆有兄弟,我獨亡”句式相類。

近來讀阮元《積古齋鐘鼎彝器款識》,發現他曾經利用出土文

---

① 顧野王《玉篇》,《續修四庫全書》第228册,上海古籍出版社,2002年,第285—286頁。

② 陸林輯校整理《金聖歎全集》,鳳凰出版社,2016年,第五册第21頁。

③ [日]竹添光鴻《左氏會箋》,巴蜀書社,2008年,第29頁。

④ 楊伯峻《春秋左傳注》,中華書局,2000年,第15頁。

⑤ 陳舜政譯《高本漢左傳注釋》,國立編譯館中華叢書編審委員會,1979年,第4頁。

獻資料對"爾有母遺繄我獨無"的斷句提出過新證。秦斤銘文所載的秦二世元年詔書有句話:"今襲號而刻辭,不稱始皇帝,其於久遠殹。"阮元首先援引江藩的觀點:"殹,繄之省。《左・隱元年傳》:'公曰:"爾有母遺繄我獨無。"'杜注:'繄,語助。'是'殹'字當屬上讀",然後肯定了江藩的判斷,又進一步申說:"繄猶已,已、也,皆助語之辭。若如俗讀屬下句,則注當云'繄,發聲也。'如《襄十四年傳》'王室之不壞,繄伯舅是賴'注則云:'繄,發聲。'而《隱元年傳》注則云'語助',杜意'繄'字屬上爲句也。得此斤銘可以證古義矣。"①(見圖 1)

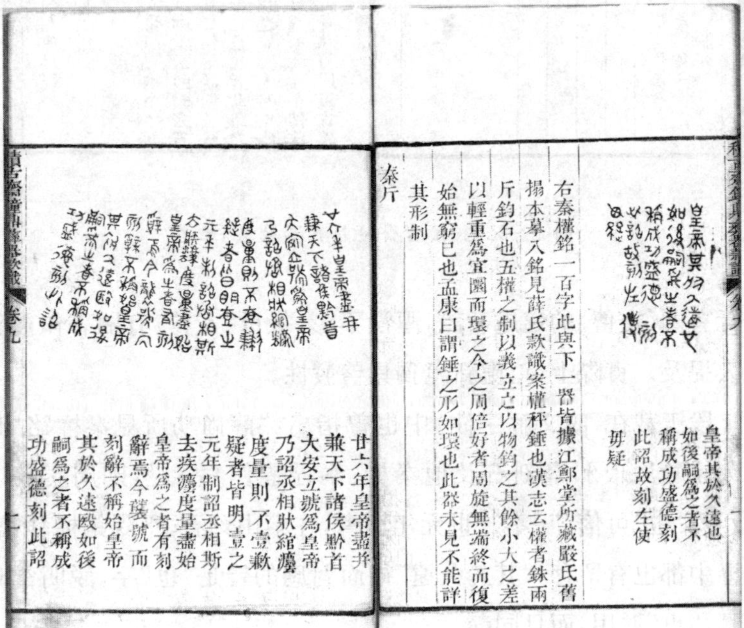

積古齋鐘鼎彝器款識 卷九

皇帝其於久遠也
如後嗣爲之者不
稱成功盛德刻
此詔故刻左使
毋疑

右秦權銘一百字此與下一器皆據江鄭堂所藏嚴氏舊
搨本摹入銘見薛氏款識秦權秤錘也漢志云權者銖兩
斤鈞石也五權之制以義立之以物鈞之其餘小大之差
以輕重爲宜圜而環之令之肉倍好者周旋無端終而復
始無窮已也孟康曰謂錘之形如環也此器未見不能詳
其形制

秦斤

積古齋鐘鼎彝器款識 卷九

廿六年皇帝盡并
兼天下諸侯黔首
大安立號爲皇帝
乃詔丞相狀綰灋
度量則不壹歉
疑者皆明壹之
元年制詔丞相斯
去疾灋度量盡始
皇帝爲之者有刻
辭焉今襲號而
刻辭不稱始皇帝
其於久遠殹如後
嗣爲之者不稱成
功盛德刻此詔

① 本文所用《積古齋鐘鼎彝器款識》引自日本國立公文書館藏清嘉慶九年刊本,圖版皆據日本國立公文書館デジタルアーカイブ網站:https://www.digital.archives.go.jp,原圖上方空白處有水漬,稍作處理。

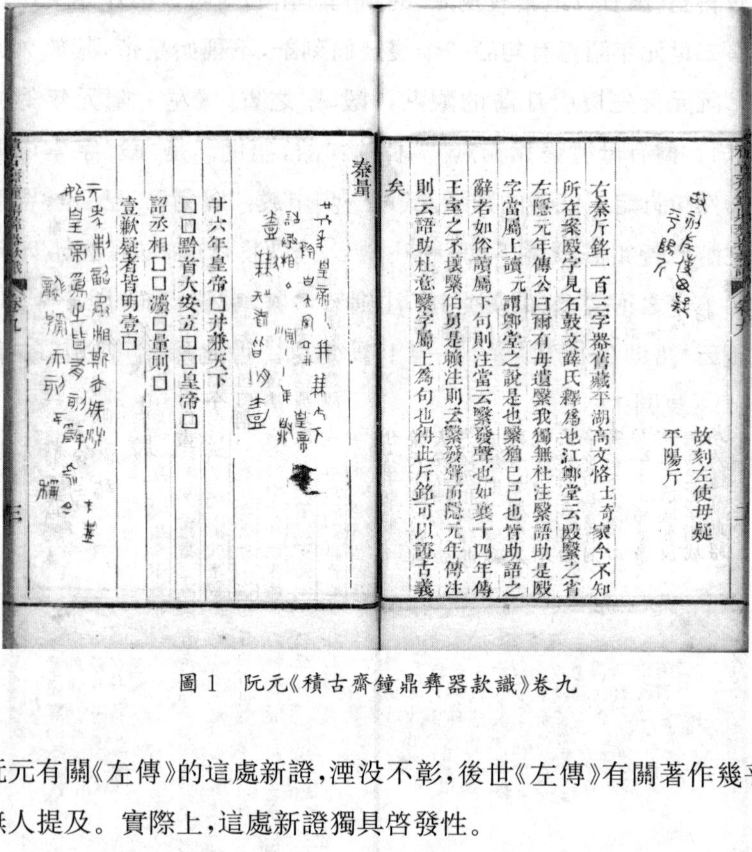
故刻左使毋疑
平陽斤

右秦斤銘一百三字器舊藏平湖高文格士奇家今不知所在案殹字見石鼓文薛氏釋爲也江鄭堂云殹繄之省左隱元年傳公曰爾有母遺繄我獨無杜注繄語助是殹字當屬上讀元謂鄭堂之說是也繄猶已已也皆助語之辭者如俗讀屬下句則注當云繄發聲也如襄十四年傳王室之不壞繄伯舅是賴注則云繄發聲而隱元年傳注則云語助杜意繄字屬上爲句也得此斤銘可以證古義矣

秦量

廿六年皇帝□并兼天下
□□黔首大安立□□皇帝□
詔丞相□□灋□量則□
壹歉疑者皆明壹□

圖 1　阮元《積古齋鐘鼎彝器款識》卷九

阮元有關《左傳》的這處新證，湮没不彰，後世《左傳》有關著作幾乎無人提及。實際上，這處新證獨具啓發性。

段玉裁在《説文解字注》中也曾指出："薛尚功所見秦權銘'其於久遠殹'，琅邪臺刻石及他秦權、秦斤皆作'乜'，然則周秦人以'殹'爲'也'可信。"[①]秦二世元年詔書，在泰山刻石、平陽銅權、兩詔銅權中都也有留存，"其於久遠"後面對應的皆是"也"字，説明當時"殹"、"也"並用，而且同義。

從杜預注解來看，《左傳》一書中"繄"字出現三次：

① 段玉裁《説文解字注》，上海古籍出版社，2000 年，第 120 頁。

一是隱公元年"爾有母遺繄我獨無"杜注:"繄,語助。"[①]

二是僖公五年"民不易物,惟德繄物"杜預未注。[②]

三是襄公十四年的"繄伯舅是賴"杜注:"繄,發聲。"[③]

阮元指出,杜預"爾有母遺繄我獨無"的"繄"並非發聲詞,否則不必與"繄伯舅是賴"區别注釋。結合前文揭櫫的顧野王《玉篇》引文看,魏晋南北朝時期學者尚且傾向於"繄"後斷句,把"繄"當作句末語氣詞,之所以有這種判斷,或許於古有徵。"爾有母遺繄"的"繄",《説文》"繄,戟衣也。一曰:赤黑色繒",與語氣詞無涉,顧野王所見《左傳》作"謦","謦"从"殹"从"言",該字不見於《説文》,疑《左傳》原即作"殹","謦"或是後人傳寫過程中加注意符的增旁繁化,"殹"也並非江藩認爲的"繄之省",而正是本字。作爲句末語氣詞,"殹"不僅見於阮元指出的秦斤銘文,更是屢見於詛楚文、睡虎地秦簡、龍崗秦簡、放馬灘秦簡、張家山漢簡、馬王堆帛書等戰國秦漢出土文獻,其中秦文獻使用最夥,有時"殹"、"也"並用,如:

> 禮使介老,將之以自救殹。(《詛楚文·巫咸》)[④]
>
> 雖毋會符,行殹。(新郪虎符、杜虎符)[⑤]
>
> 凡有入殹,必以歲後;有出殹,必以歲前。(《睡虎地秦

① 杜預《春秋經傳集解》,阮元校刻《十三經注疏》本,中華書局,1980年,第1716頁。

② 杜預《春秋經傳集解》,阮元校刻《十三經注疏》本,第1795頁。

③ 杜預《春秋經傳集解》,阮元校刻《十三經注疏》本,第1958頁。

④ 郭沫若《詛楚文考釋》,《郭沫若全集·考古編第九卷》,科學出版社,1982年,第331頁。

⑤ 中國社會科學院考古研究所編《殷周金文集成》(修訂增補本),2007年,第6599頁、第6600頁。

簡・日書乙種》)①

勿予其言殹……(《龍崗秦簡》)②

乙亡,盗青色,三人,其一人在室中,從東方入,行有遺殹,不得,女子殹。(《天水放馬灘秦簡・日書甲種・十干占盗》)③

其錢金、布帛、粟米、馬牛殹,與盗同法。(《張家山漢簡・二年律令》)④

簡,義之方也。匿,仁之方也。剛,義之方殹。柔,仁之方也。(《馬王堆漢墓帛書・五行》)⑤

道生法。法者,引得失以繩,而明曲直者殹。(《馬王堆漢墓帛書・經法》)⑥

近年北京大學收藏的秦簡《魯久次問數於陳起》亦有"殹"、"也"並用現象,如:"夫天所蓋之大殹,地所生之衆殹,歲四時之至殹,日月相代殹,星辰之生(往)與來殹,五音六律生殹,畢用數。""凡古爲數者,何其智(知)之發也?""凡夫數者,恒人之行也,而民弗智(知),甚可病也。"⑦

日本學者大西克也認爲:"相對於東方諸國的'也'來講,'殹'曾經是秦的方言形式。在秦統一各國的過程中,'殹'滲透到了舊

① 睡虎地秦墓竹簡整理小組編《睡虎地秦墓竹簡》,文物出版社,1990年,第123頁。

② 中國文物研究所、湖北省文物考古研究所編《龍崗秦簡》,中華書局,2001年,第53頁。

③ 甘肅省文物考古研究所編《天水放馬灘秦簡》,中華書局,2009年,第9頁。

④ 彭浩、陳偉、[日]工藤元男主編《二年律令與奏讞書:張家山二四七號漢墓出土法律文獻釋讀》,上海古籍出版社,2007年,第10頁。

⑤ 裘錫圭主編《長沙馬王堆漢墓簡帛集成》,中華書局,2014年,第1册第104頁。

⑥ 裘錫圭主編《長沙馬王堆漢墓簡帛集成》,第1册第120頁。

⑦ 韓巍《北大藏秦簡〈魯久次問數於陳起〉初讀》,《北京大學學報》2015年第2期。

六國的地域。秦當時在行政上使用隸書，並强制在公文類上使用'殹'字。此時，在書面語水平上，'殹'的方言性已大爲淡化。然而，在秦朝，至遲到了二世皇帝元年時期，將'殹'改定爲以'也'來表記。這樣，來自舊六國地域的'也'字取得了標準語的地位"[①]張玉金認爲："'殹'只見於出土秦文獻之中，是秦國方言詞；而'也'在戰國金文、楚簡、秦簡和戰國玉石文字中都可以見到，屬於通語。"[②]可見，"殹"作爲句末語氣詞使用是秦文獻的一個重要特徵，這已是學界的共識。

那麼回到《左傳》來看，把"繄"當作句末語氣詞"殹"來理解，不僅是一個斷句問題，可能還關涉這段話的文本來源。"爾有母遺繄(殹)，我獨無"極有可能經過了秦人轉抄，"鄭伯克段於鄢"一段文字"殹"、"也"並用情形與出土文獻類似，作爲句末語氣詞的"繄(殹)"，可能是秦文獻的孑遺。《左傳》是一部古文經，但在傳承流變過程中也有可能雜合其他内容，如果"爾有母遺殹"屬實，那麼潁考叔這段文字的來歷就值得深思熟味了。

先秦經典的詮釋，主流的學術意見往往具有排他性，在古籍整理中也容易形成同質化效應，出土文獻與各種資料日益豐富的今天，學術史上那些並非主流的意見值得重新檢視，就像江藩、阮元關於《左傳》斷句的見解，也許更加接近歷史真相，可以啓迪新的認識。

原載《中國社會科學報》2018 年 7 月 24 日 A6 版(争鳴版)，今略有增訂。

---

① [日]大西克也《"殹""也"之交替——六國統一前後書面語言的一個側面》(任鋒譯、宋起圖校)，《簡帛研究》2001 年上册，廣西師範大學出版社，2001 年，第 625 頁。

② 張玉金《出土戰國文獻中的語氣詞"殹"》，《殷都學刊》2011 年第 3 期。

# 《左傳·昭公四年》誤字辨正

## ——兼及“占”釋“窺察”義用例發覆

《左傳·昭公四年》有一段記載魯國貴族叔孫豹逃亡的故事：

> 初，穆子去叔孫氏，及庚宗，遇婦人，使私爲食而宿焉。問其行，告之故，哭而送之。適齊，娶于國氏，生孟丙、仲壬。夢天壓己，弗勝，顧而見人，黑而上僂，深目而豭喙，號之曰：“牛！助余！”乃勝之。旦而皆召其徒，無之。且曰：“志之。”及宣伯奔齊，饋之。宣伯曰：“魯以先子之故，將存吾宗，必召女。召女，何如？”對曰：“願之久矣。”魯人召之，不告而歸。既立，所宿庚宗之婦人獻以雉。問其姓，對曰：“余子長矣，能奉雉而從我矣。”召而見之，則所夢也。未問其名，號之曰：“牛！”曰：“唯。”皆召其徒，使視之，遂使爲豎。有寵，長，使爲政。[1]

這段故事爲豎牛之亂張本，歷來多被援引，其中“旦而皆召其

① 《左傳》，阮元校刻《十三經注疏》本，中華書局，1980年，第2036頁。

徒”的“召”，唐開成石經《左傳》①(見圖 1、圖 2)、上海圖書館藏海源閣舊藏宋刻本《春秋經傳集解》、《十三經注疏》等傳世本都作“召”，然而在日本保存至今的原本《玉篇》古寫卷“占”字條目下有引文作：“《左氏傳》：‘皆占其徒，無之。’野王案：‘《方言》：占，視也。凡相候謂之占，占猶瞻也。’”②(見圖 3)

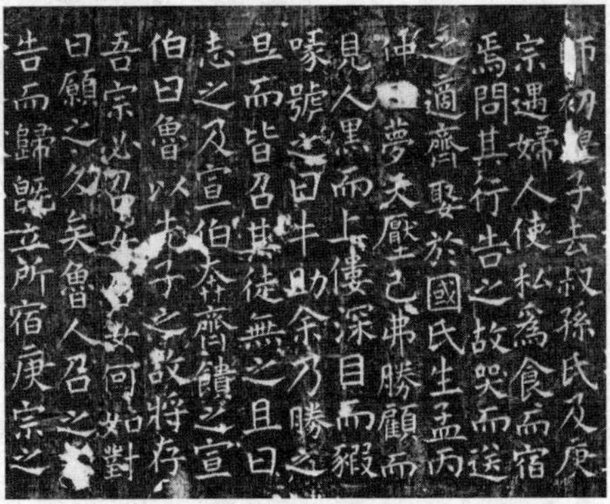

而初穆子去叔孫氏及庚
宗遇婦人使私爲食而宿
焉問其行告之故哭而送
之適齊娶於國氏生孟丙
仲壬夢天壓己弗勝顧而
見人黑而上僂深目而豭
喙號之曰牛助余乃勝之
旦而皆召其徒無之且曰
志之及宣伯奔齊饋之宣
伯曰魯以先子之故將存
吾宗必召女召女何如對
曰願之久矣魯人召之不
告而歸既立所宿庚宗之

圖 1　日本京都大學人文科學研究所藏唐開成石經拓片局部

圖 2　唐開成石經局部(作者 2014 年 4 月 10 日攝於西安碑林博物館)

① 《景刊唐開成石經》，中華書局，1997 年，第 1901 頁。

② 顧野王《玉篇》，《續修四庫全書》第 228 册，上海古籍出版社，2002 年，第 387 頁。

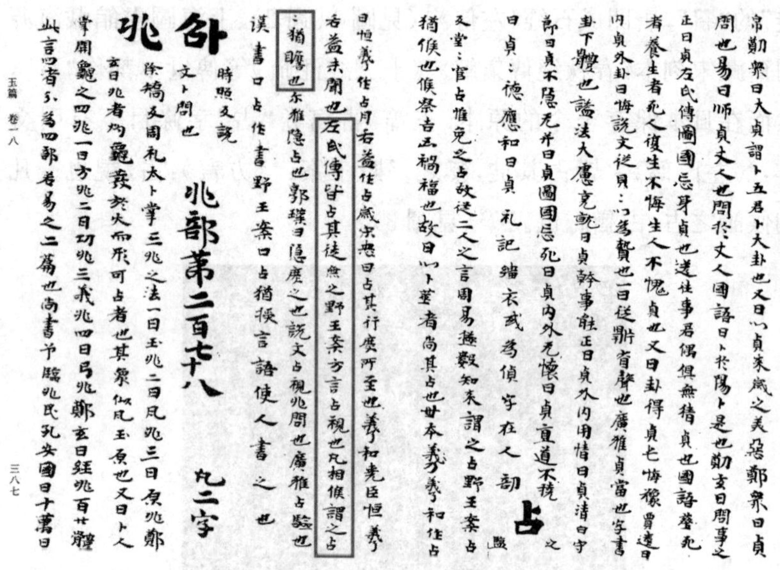


圖 3 《玉篇》殘卷“占”字釋義

胡吉宣先生在《〈玉篇〉引書考異》一文中對這處異文作了初步探討，認爲“占召形近，又涉下文‘皆召其徒’句而誤”[①]，所言極是，可惜未作詳考。

我們擬從以下五個角度來分析這個問題：

第一，從楷書、行書字形看，《干禄字書》“召”的俗字作“𠮦”[②]，唐寫本《漢書・揚雄傳》“召雄待詔承明之庭”的“召”字形作“𠮦”[③]，法藏敦煌文獻 P. 3634V 唐寫本《春秋正義》“召之而來”的“召”字形作“𠮦”[④]，這些“召”字都和“占”字形極其相似，可知此二字容易發生

---

① 胡吉宣《〈玉篇〉引書考異》，《語言文字研究專輯》（上），上海古籍出版社，1982 年，第 101 頁。

② 顔元孫《干禄字書》，《叢書集成初編》第 1064 册，中華書局，1985 年，第 25 頁。

③ 據中田勇次郎等編《唐鈔本》所收原卷圖版，臺灣明文書局，1981 年。

④ 引自法國國家圖書館網站：https://gallica.bnf.fr/ark:/12148/btv1b83025391/f9.image。

訛混。

第二，從異文來看，除了原本《玉篇》留存的一處異文外，《左傳》此文在《文選·思玄賦》“穆届天以悦牛兮，豎亂叔而幽主”李善注裏亦有徵引，作“旦而瞻其徒，無之”①。“瞻”、“占”上古音均屬章母談部，《方言》“占猶瞻也”②，《廣雅·釋言》“占，瞻也”③，故知“瞻”、“占”二字音近義通，皆可作窺視、察看義。又，日本宫内廳書陵部藏金澤文庫舊藏文永四至五年（1267—1268）抄寫的《春秋經傳集解》此處“召”字旁注異文“占”，且下有訓點，可見批注者也曾見過作“占”的《左傳》文本（見圖4）。

圖4　日本宫内廳書陵部藏金澤文庫舊藏《春秋經傳集解》抄本局部

第三，從《左傳》原文看，這段話講叔孫豹（穆子）離魯適齊途中，做一惡夢，夢裏被

① 蕭統編、李善注《文選》，中華書局，2005年，第217頁。又，胡克家《考異》：“注‘旦而瞻其徒’下至‘而從我矣’：袁本、茶陵本此三十八字作‘魯人召之所宿庚宗之婦人獻以雉曰余子長’十八字。”（《文選》，第886頁。）金少華先生曾在不同場合與我討論提示：“此節胡刻本李注所引《左傳》問題很多，胡克家所據袁、茶陵二本當可信從。袁、茶陵二本之李注係嚴格節引，胡刻本則多有臆改。”我對此持保留意見，《後漢書·張衡列傳》亦有徵引《思玄賦》，李賢注援引《左傳》作解，“旦而瞻其徒”一句雖有省略，然而這並不能否定《文選》李善注“旦而瞻其徒”的“瞻”作爲《左傳》異文的可靠性，《思玄賦》舊注這些别本引文互有參差，可能與文獻傳承中互相染雜有關。從《玉篇》、唐開成石經等材料看，“旦而皆占其徒”的“占”，唐開成石經、宋刻本《左傳》已誤，“旦而瞻其徒”應該是早於這個訛誤的《左傳》異文，而《文選》袁本、茶陵本分别是明袁褧覆刻北宋廣都裴氏本、元陳仁子刻本六臣注，較《左傳》訛誤發生的年代要晚。因此，即便“旦而瞻其徒”並非李善注的原貌，是胡克家增入的，也一定有更早的文獻來源，不會是向壁虛造的，否則要把傳世本《左傳》的“召”先改爲“占”，然後再替换成“瞻”，這種可能我認爲微乎其微。

② 周祖謨《方言校箋》，中華書局，1993年，第67頁。

③ 王念孫《廣雅疏證》，江蘇古籍出版社，2000年，第152頁。

一個長相奇怪的人所救,早上醒來在衆隨從裏尋找這位長相奇怪的人而不得。從前後文意看,上作“旦而皆占其徒”,即遍視衆隨從,下言“無之”,緊承其上。如果是作“召”字,那麽“旦而皆召其徒”和“無之”之間應該有省略成分,顯然不如作“占”動作上更加連貫。楊伯峻先生《春秋左傳注》曾對“召其徒”也有所不解,推測說:“蓋隨行之人頗多,且有平日所不識者,不然,何必召而認其貌?”[①] 只要明白這個“召”是“占”字之訛,“占”又是“窺察”之義,“占其徒”即暗中觀察身邊的衆侍從,這個疑問就涣然冰釋了。

第四,從《左傳》這段話的用字情况來看,僅僅 200 多字的内容,可“召”字的使用頻率卻非常高,除本文討論出現的一處異文以外,又出現 5 次,其中有一處即胡吉宣先生指出的“皆召其徒,使視之”,句型與“旦而皆占其徒,無之”近似,這恐怕也是“占”與“召”發生訛混的相關因素。

第五,古書中與《左傳》叔孫豹尋找夢中之人情節相類似的故事亦有記載:

> 《史記·殷本紀》:“武丁夜夢得聖人,名曰説。以夢所見視群臣百吏,皆非也。於是迺使百工營求之野,得説於傅險中。”[②]

以《殷本紀》武丁尋找夢中人傅説的過程對比叔孫豹,“以夢所見視群臣百吏,皆非也”和“皆占其徒,無之”幾乎是字字對應。通過考察這類故事結構,亦可證《左傳》此處應作“皆占其徒”,而且

① 楊伯峻《春秋左傳注》,中華書局,2000 年,第 1256 頁。
② 司馬遷《史記》,中華書局,2014 年,第 132 頁。

“占”和“視”義同。

由此，我們首先可以論定《左傳·昭公四年》原貌必是作“占”，梁代顧野王和初唐時期的李善所見的《左傳》仍不誤爲“召”，而到了始刻於唐文宗大和七年(833)、完成于開成二年(837)的《開成石經》時，《左傳》已誤作“召”。另從“占”、“召”篆隸字形分析，二字相去甚遠，而楷書、行書字形極其相似，可推知這一訛誤的發生當在初唐、中唐之際。

如前所述，揆諸文意，“占其徒”的“占”當是“窺察”之義。覆案《漢語大字典》“占”字條目 zhān 音下第二個義項“窺察”，例舉《方言》、《廣雅》、《後漢書》、魏源《默觚下》爲書證；《漢語大詞典》“占”字條目 zhān 音下第七個義項“窺察、察看”，例舉《周易》虞翻注、《論衡》、《後漢書》、宋濂《送方生還海寧並序》爲書證，似乎説明“占”作“窺察”義始於漢代。實際上，通過考察《左傳》誤字，可知“占”的這個義項，早在先秦就出現了，只不過這處用例在傳世本中出現了訛字，被遮蔽已久。[①]

那麽“占”釋“窺察”義在《左傳》中是不是孤例呢？《左傳·成公十七年》：“郤至聘于周，欒書使孫周見之。公使覘之，信。”杜預注：“覘，伺也。”[②]這裏的“覘”亦是“窺察”義。《説文·卜部》：“占，視兆問也。”《説文·見部》：“覘，窺也。……《春秋傳》：‘公使覘之，

---

① 本文原稿之一《〈左傳〉“占”釋“察看”義用例發覆》在《漢語史學報》刊出後，承蒙復旦大學出土文獻與古文字中心網站於 2010 年 11 月 27 日轉載，多位朋友留言討論，其中“秉太一者”補充：“上博二《從政乙》簡 2‘毋占民斂，則同’之‘占’諸家多訓爲‘占據’義，似不見異辭。然‘占’之‘占據’義乃後起義，按之《王力古漢語字典》，其用例最早見於《晋書》。頗疑簡文‘占’亦應解作窺視。”關於上博簡“毋占民斂”的“占”字作“窺視”義的解讀，後又見於袁金平《簡帛研究中詞語釋義的時代性問題舉例》(《簡帛》第九輯，上海古籍出版，2014 年，第 20 頁)，不知“秉太一者”是否即袁先生的網名。

② 杜預《春秋經傳集解》，阮元校刻《十三經注疏》本，第 1922 頁。

信。'"[①]《方言》:"占,伺,視也。凡相竊視南楚謂之窺……或謂之占……凡相候謂之占,占猶瞻也。"[②]可見,在"窺察"這個義項上,"占"、"覘"二字可通,是記録的同一個詞,"覘"可能是"占"字加注意符"見"的分化字。

本文原以校字短札發表於《中國史研究》2007 年第 4 期,後又見旁證資料,從"占"釋"窺察"義的角度再作考論,發表於《漢語史學報》第九輯(上海教育出版社,2010 年)。近年新見日本宫内廳書陵部藏金澤文庫舊藏《春秋經傳集解》抄本的旁注異文,結合其他資料重新加以研討,進行了全面改寫。

① 許慎《説文解字》,中華書局,2002 年,第 70 頁、178 頁。
② 周祖謨《方言校箋》,第 67 頁。

# 《左傳》釋詞四則

《左傳》作爲中國傳統儒家經典"十三經"中最爲厚重的一經，自西漢以來，歷代學者多有校釋，本文擬在前賢故訓的基礎上，針對其中一些疑難詞語進行考釋辨證，力求能有所發明，今公諸同好以請益。

## 盍姑内省德乎

《左傳·僖公十九年》："宋人圍曹，討不服也。子魚言於宋公曰：'文王聞崇德亂而伐之，軍三旬而不降。退修教而復伐之，因壘而降。'……今君德無乃猶有所闕，而以伐人，若之何？盍姑内省德乎！無闕而後動。"①

章太炎《春秋左傳讀》："'盍姑内省德乎？'《説苑》述之云：'胡不退修德。'按：《説文》：'復，卻也，從彳日夊，一曰行遲。衲，復②或

① 《左傳》，阮元校刻《十三經注疏》本，中華書局，1980年，第1810頁。

② 上海人民出版社1982年版《章太炎全集(二)》所收《春秋左傳讀》的標點在"或從内"前有一逗，按此處不當點斷，2014年新版亦未更正。

從内,退,古文從辵。’按:從内者,内聲也,此内字乃衲之古文省。大劉君識古文,故以‘退’釋‘内’也。《墨子・親士》曰:‘君子進不敗其志,内究其精[①]。’俞先生曰:‘内乃衲壞字,與進對文。’今觀此文,則内、衲固以聲通矣。《釋詁》:‘省,察也。’省德,謂自察其德何如也。作修德,則便文易之,非訓詁也。尋上文説文王云:‘退修教而復伐之。’則此當以退勸宋公,確然無疑義者。(原注:上作退,此作内者,古文不定一體,故彝器每有一字而前後異形者。)今人乃以内省德屬讀,而從内省疚之義,由不知古六書假借也。”[②]楊伯峻《春秋左傳注》節引了太炎先生之説。[③]

按:太炎先生之説當確之不疑。“内”、“退”異文同義的情況在出土文獻和傳世文獻的對應文字中較爲常見。如在《尉繚子・兵談》中,今本“則内可以固守”,銀雀山出土的簡本作“故迺可以固守”[④],《尉繚子・攻權》中,今本“夫力弱故進退不豪”,銀雀山出土的簡本作“……故進迺不藁(豪)”[⑤],這裏的“迺”即“衲”,也就是“退”字。又如,今本《周易・巽卦》:“初六,進退,利武人之貞”,帛書本作“初六,進内,利武人之貞”[⑥];今本《周易・繫辭》:“退藏於密”,帛書本作“内臧於閉”[⑦]。以“内”爲聲旁的字可用作“退”,又如《馬王堆漢墓帛書(壹)・德經》“吾不進寸而芮尺”[⑧],《馬王堆漢墓帛書(壹)・道經》“是以聲(聖)人芮其身而身先”、“功述(遂)身

---

① 精,《墨子閒詁》等皆作“情”,“精”疑爲誤字。
② 章太炎《春秋左傳讀》,《章太炎全集(二)》,上海人民出版社,1982 年,第 268 頁。
③ 楊伯峻《春秋左傳注》(修訂本),中華書局,1990 年,第 384 頁。
④ 《銀雀山漢墓竹簡(壹)》,文物出版社,1985 年,第 77 頁。
⑤ 《銀雀山漢墓竹簡(壹)》,第 81 頁。
⑥ 裘錫圭主編《長沙馬王堆漢墓簡帛集成》,中華書局,2014 年,第 3 册第 35 頁。
⑦ 裘錫圭主編《長沙馬王堆漢墓簡帛集成》,第 3 册第 70 頁。
⑧ 裘錫圭主編《長沙馬王堆漢墓簡帛集成》,第 4 册第 6 頁。

芮”，[①]這裏作“芮”字形的字，傳世本《老子》相對應的都是“退”字。

由此，我們可知“内”作爲“退”的借字，傳世文獻、出土文獻皆有大量實證用例，《漢語大詞典》和《漢語大字典》“内”釋“退”義項的書證材料都只舉《墨子・親士》“君子進不敗其志，内究其情”，可再作補充。《王力古漢語字典》以“擴大詞義概括性”和“僻義歸入備考欄”爲特點[②]，但於“内”字下失收此義項。

又，《論語・里仁》“見賢思齊焉，見不賢而内自省也”的“内”字，疑亦當讀爲“退”。

## 服讒蒐慝

《左傳・文公十八年》：“少皞氏有不才子，毀信廢忠，崇飾惡言，靖譖庸回，服讒蒐慝，以誣盛德，天下之民謂之‘窮奇’。”

杜預注曰：“服，行也。蒐，隱也。”[③]

楊伯峻先生采取了存疑的態度，對“蒐”的理解存兩説，《注》曰：“杜注：‘服，行也。’則服讒者，施行讒言之謂也。蒐有二義，服虔與杜預俱謂‘蒐，隱也’，蓋以蒐爲廋，《廣雅》及《方言》並云：‘廋，隱也。’則蒐慝者，與‘掩義藏賊’之意同，隱瞞爲惡之人之謂也。如讀蒐如字，則《爾雅・釋詁》云‘聚也’，聚積姦慝之人之謂也。”[④]

按：服，當通“伏”。朱駿聲《説文通訓定聲・頤部》：“服，假借爲伏。”[⑤]《爾雅・釋鳥》“蝙蝠，服翼”郝懿行《義疏》：“《本草》作‘伏

---

① 裘錫圭主編《長沙馬王堆漢墓簡帛集成》，第 4 册第 40 頁。

② 王力《王力古漢語字典》，中華書局，2000 年，《序》第 1 頁。

③ 杜預《春秋經傳集解》，阮元校刻《十三經注疏》本，第 1862 頁。

④ 楊伯峻《春秋左傳注》（修訂本），第 639 頁。

⑤ 朱駿聲《説文通訓定聲》，中華書局，1984 年，第 227 頁。

翼’,伏、服古字通也。”[①]《禮記·曲禮上》“孝子不服闇”俞樾《群經平議》:“……服,當讀爲‘伏’。《周易·繫辭傳》釋文曰:‘伏,服也。’‘服’與‘伏’聲近義通。《文選·陸士衡〈吴王郎中時從梁陳詩〉》‘誰謂伏事淺’注曰:‘服與伏同,古字通。’……又十二年《傳》:‘奉壺飲冰以蒲伏焉’,《史記·蘇秦傳》:‘嫂委蛇蒲服’,‘蒲服’即‘蒲伏’也,並‘服’‘伏’通用之證。‘不服闇’者,不伏闇也,謂不潛伏於闇冥之中也。”[②]《周易·同人》“伏戎于莽”之“伏”,馬王堆帛書本作“服”[③]。

又,《文選·廣絶交論》下李善注引《左氏傳》即作“伏讒蒐慝”[④]。

“伏”有隱藏之義,《廣雅·釋詁四》“伏,藏也”[⑤],如:《毛詩·小雅·正月》:“潛雖伏矣,亦孔之炤。”[⑥]《老子》第五十八章:“禍兮福之所倚,福兮禍之所伏。”故“服讒蒐慝”的“服”亦當訓作藏、隱匿之義。

再來看“蒐”字,今本《左傳》“蒐”當是“廋”的借字。

“服讒蒐慝”及其杜注在原本《玉篇》殘卷 “廋”字下引作:“《左氏傳》:‘服讒廋匿。’杜預曰:‘廋,隱也。’”[⑦]原本《玉篇》殘卷因爲嚴格避梁諱,所據底本可以上溯到南朝梁代,“蒐”作“廋”或存古貌,因此我們可作這樣的推斷:服虔、杜預所見《左傳》“服讒蒐慝”的“蒐”字本作“廋”,所以杜注釋之爲“隱也”,這正與《方言》、《廣雅》“廋,隱也”合,故楊注“蒐有二義”之説當取前者,爲“隱藏”之

① 郝懿行《爾雅義疏》,中華書局,2017 年,第 883 頁。
② 俞樾《群經平議》,《續修四庫全書》第 178 册,上海古籍出版社,2002 年,第 302 頁。
③ 裘錫圭主編《長沙馬王堆漢墓簡帛集成》,第 3 册第 15 頁。
④ 蕭統編,李善注《文選》,中華書局,2005 年,第 758 頁。
⑤ 王念孫《廣雅疏證》,江蘇古籍出版社,2000 年,第 113 頁。
⑥ 《毛詩》,阮元校刻《十三經注疏》本,第 443 頁。
⑦ 顧野王《玉篇》,《續修四庫全書》第 228 册,上海古籍出版社,2002 年,第 496 頁。

義無疑。

原本《玉篇》殘卷所徵引的"匿"字同"慝"。《讀書雜志·逸周書》:"匿,古慝字。慝,惡也。"[①]《左傳》中"讒"、"慝"多指奸邪之人,常對舉或連用。如桓公六年"所謂馨香,無讒慝也",僖公二十八年"願以間執讒慝之口",襄公三十一年"讒慝弘多"等等。

綜上來看,我們可知"服讒蒐慝"是一個並列結構的短語,"服讒"和"蒐慝"同義連文,都是隱藏奸邪之人的意思。

## 弃位而姣

《左傳·襄公九年》:"弃位而姣,不可謂貞。"杜預注:"姣,淫之別名。"[②]

"姣",《景刊唐開成石經》、《四部叢刊》、《十三經注疏》諸傳世本皆作"姣"。原本《玉篇》殘卷"放"字下書證引文作:"《左氏傳》'棄位而放,不可謂貞。'杜預曰:'放,淫之別名也。'"[③](見圖 1)

按:孔穎達《正義》:"服虔讀'姣'爲'放效'之'效',言效小人爲淫。"[④]

皮錫瑞《左傳淺説》引原本《玉篇》"放"字書證,認爲:"是《傳》與注皆本作'放'。"[⑤]胡吉宣先生在《〈玉篇〉引書考異》一文中指出:"顧所據本爲'放',放亦訓放蕩,與淫泆義自洽。服注蓋本云:讀爲

① 王念孫《讀書雜志》,江蘇古籍出版社,2000 年,第 16 頁。
② 杜預《春秋經傳集解》,阮元校刻《十三經注疏》本,第 1942 頁。
③ 顧野王《玉篇》,《續修四庫全書》第 228 册,第 377 頁,原書"淫之别名也"前有一"望"字,右有删除符號,疑涉下"淫"字形近而誤抄,抄寫者又删除。
④ 孔穎達《春秋左傳正義》,阮元校刻《十三經注疏》本,第 1942 頁。
⑤ 皮錫瑞《左傳淺説》,《四庫未收書輯刊》捌輯 2 册,北京出版社,2000 年,第 27 頁。

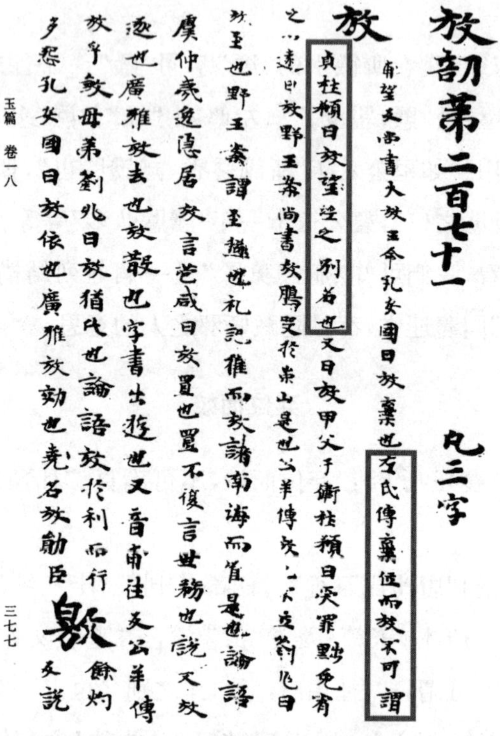

圖 1 《玉篇》殘卷“放”字釋義

‘放效’之‘放’，因《傳》文誤作‘姣’而改。”①

《左傳》此段文字是有關“魯穆姜”的記載，今考劉向《古列女傳》，亦有相關內容，文字上和《襄公九年》幾乎完全一樣，疑即本于《左傳》，然而，“弃位而姣”作“棄位而放”②，與《玉篇》殘卷引文相同。

① 胡吉宣《〈玉篇〉引書考異》，《語言文字研究專輯》(上)，上海古籍出版社，1982年，第100—101頁。

② 劉向《古列女傳》，《四部叢刊初編》，上海書店，1989年，卷七第14頁。

"放"有"淫"義,如《史記·樂書》"樂盈而不反,則放"裴駰《集解》引鄭玄曰:"放淫於聲樂,不能止也。"①又,《詩經·邶風·雄雉》序"淫亂不恤國事"鄭玄箋:"淫亂者,荒放於妻妾。"②亦是以"放"來訓釋"淫"。

"淫"亦可訓"放",《左傳》杜預注本身就有例證,昭公六年:"嚴斷刑罰,以威其淫。"杜預注:"淫,放也。"③這和《玉篇》殘卷所引杜預注"放,淫之别名也"恰好可以構成互訓的照應。由此,我們或許可作這樣的推斷:杜預所見《左傳》文本其實就是"弃位而放",所以他的注解裏才會一處作"淫,放也",一處作"放,淫之别名也"。

另,從"放"和"淫"的含義來看,都有恣縱過度這類意思,例如"放蕩"和"淫蕩"的詞義幾乎相同,因此"放"、"淫"互訓是完全成立的。

而"姣"字,《説文·女部》:"姣,好也。"④《方言》:"娥,嬴,好也。秦曰娥,宋魏之間謂之嬴。……自關而東河濟之間謂之媌,或謂之姣。"⑤考察先秦兩漢文獻及相關故訓材料,"姣"作"淫"義只有《左傳》襄公九年杜預注這一條孤證。

可見,《玉篇》殘卷所引"棄位而放"以及"放,淫之别名也",或存古貌。胡吉宣先生説"服注蓋本云:讀爲'放效'之'放',因《傳》文誤作'姣'而改",這種觀點雖然只是一種推斷,未必完全正確,但

① 司馬遷《史記》,中華書局,2014年,第1448頁。
② 鄭玄《毛詩箋》,阮元校刻《十三經注疏》本,第302頁。
③ 杜預《春秋經傳集解》,阮元校刻《十三經注疏》本,第2043頁。
④ 許慎《説文解字》,中華書局,2002年,第261頁。
⑤ 周祖謨《方言校箋》,中華書局,2004年,第2頁。

是今本作“姣”者，亦恐爲後世傳寫異變，並非《左傳》原貌。[①] 那麽，漢語史上“姣”爲“淫”這一義項，很可能並非始於先秦，這個問題還有待更加深入地探討。

## 君討臣

《左傳·定公四年》：“鄖公辛之弟懷將弑王，曰：‘平王殺吾父，我殺其子，不亦可乎？’辛曰：‘君討臣，誰敢讎之？君命，天也。若死天命，將誰讎？……’”[②]

“君討臣”，杜預《集解》、楊伯峻《注》等均未作解釋，沈玉成《左傳譯文》譯作“國君討伐臣下”，李宗侗譯本直接作“君討臣”，未譯。[③]

按：“討”，當作“誅殺”義。《集韻·晧韻》：“討，一曰殺也。”《類篇·言部》：“討，殺也。”[④]

回到《左傳》的上下文來看，上文講“平王殺吾父”，下文言“若死天命”，皆可以證明此處“討”字一定是包含有“殺”這一義素的，

---

① 郭鵬飛先生在《洪亮吉〈左傳詁〉斠正》“棄位而姣”條中首先引洪亮吉《左傳詁》“服虔讀姣爲放效之效，言效小人爲淫”，認爲“‘棄位而效’，語意不詳，服虔是以再引申解説爲‘效小人爲淫’。服氏先言假借，再就‘效’字加以聯想，這種解釋似乎過於迂迴”。又引安井衡《左傳輯釋》：“夫人君薨，自稱未亡人，不復修容，避嫌也。穆姜自言棄位而姣，是喜姣好其容飾，淫於他可知矣。不言淫而言姣者，羞不忍言也。”郭先生認爲“安氏釋‘姣’甚的，但‘淫於他可知矣’及以下之言，未免有臆測之嫌。俞樾《群經平議·春秋左傳》本已指出‘姣’有‘好’義，但别立新説，以‘姣’爲‘佼’之借字，可謂功虧一簣。總綰前言，‘棄位而姣’應如字解説，不必言假借，意謂背棄自己的本位（寡婦的本分），把自己打扮得花枝招展。”參見郭鵬飛《洪亮吉〈左傳詁〉斠正》，（香港）商務印書館，1996 年，第 143—144 頁。如果作“姣”並非《左傳》原貌，杜預所見本作“放”，那麽這一系列的疑問也就釋然了。

② 《左傳》，阮元校刻《十三經注疏》本，第 2136 頁。

③ 沈玉成《左傳譯文》，中華書局，1981 年，第 525 頁；李宗侗《春秋左傳今注今譯》，臺灣商務印書館，1982 年，第 1343 頁。

④ 丁度等《宋刻集韻》，中華書局，2005 年，第 116 頁。司馬光等《類篇》，中華書局，1984 年，第 87 頁。

其確切含義爲"誅殺",而非只是一般意義上的"討伐"。黄侃先生曾説"經學之訓詁貴專"[①],那麽把"討"字籠統地解作"討伐",是不確切的。

《國語·楚語下》有關此事的描述如下:"下虐上爲弑,上虐下爲討,而況君乎! 君而討臣,何讎之爲?"[②]這裏"弑"與"討"兩相對舉,清楚地表達了"討"的含義,所謂"上虐下",即"上殺下",可資佐證。

下面,讓我們來對作"誅殺"義的"討"字展開一些深入的認識。

《説文·言部》:"討,治也。"[③]"討"本从言,有治罪、公開譴責之義,因此可以用作"征伐有罪"的意思,而征伐有罪的目的和結果往往都是誅殺征討對象,即有罪者,或至少是要致其于死地。"討"和"殺"、"戮"一般是前後相承的連續舉措。這類例子在《左傳》時有出現,如:

(1) 宣公十一年:"寡人以諸侯討而戮之";

(2) 宣公十一年:"討而戮之,君之義也";

(3) 宣公十三年:"冬,晋人討邲之敗與清之師,歸罪於先縠而殺之,盡滅其族";

(4) 成公十年:"鄭伯討立君者,戊申,殺叔申、叔禽";

(5) 襄公五年:"楚人討陳叛故,曰:'由令尹子辛實侵欲焉。'乃殺之。"

然而,在省略交待"殺"、"戮"這個環節的情形下,單獨使用"討"字也就時常包含了"殺"的義素在内,"討"字由此産生了"誅殺"義。

---

① 黄侃《黄侃國學講義録》,中華書局,2006年,第242頁。

② 《國語》,上海古籍出版社,1998年,第577頁。

③ 許慎《説文解字》,第57頁。

“討”字直接用作“誅殺”義在先秦時代不僅限於《左傳》、《國語》，又如《管子・小匡》：“公乃使鮑叔行成，曰：‘公子糾，親也，請君討之。’魯人爲殺公子糾。”[①]“請君討之”即“請君殺之”，故下文言“魯人爲殺公子糾”。

檢《漢語大詞典》“討”字“誅殺”義下書證，首舉《東觀漢記・彭寵傳》，與《左傳》、《國語》、《管子》等先秦典籍相比，爲時甚晚，宜作訂補。

補記：楊寶忠先生《古代漢語詞語考證》一書中曾就《左傳・宣公二年》“反不討賊”之“討”當釋“誅殺”義展開討論，並舉證大量文獻。[②] 但是楊先生文中未及“君討臣”的問題，而且楊先生論述“討”由作“誅殺”常義繼而引申作“征伐”之義，與本文論述的觀點正相反。另，就《漢語大詞典》“討”字義項條目的順序來看，第一個義項是“懲治有罪；征討”，第二個義項是“誅殺”，這説明《漢語大詞典》編纂者對“討”字釋義引申方式的理解與本文論證是一致的。

原載《語言科學》2009 年第 1 期，今略有增訂。

① 黎翔鳳《管子校注》，中華書局，2004 年，第 390 頁。

② 楊寶忠《古代漢語詞語考證》，河北大學出版社，1997 年，第 34—36 頁。

# 《左傳》"昌歜"補正

《左傳·僖公三十年》:"冬,王使周公閱來聘,饗有昌歜、白黑、形鹽。"杜預注:"昌歜,昌蒲菹。"孔穎達疏:"昌歜,饗之所設必是籩豆之實。《周禮·醢人》'朝事之豆,其實有昌本、麋臡',鄭玄云'昌本,昌蒲根切之四寸爲菹'。彼昌本可以爲菹,知此'昌歜'即是昌蒲菹也。齊有邴歜,魯有公甫歜,其音爲觸。《説文》云'歜,盛氣怒也。從欠蜀聲'。此'昌歜'之音相傳爲在感反,不知其字與彼爲同爲異。偏檢書傳,昌蒲之草無此别名,未知其所由也。"①

孔穎達最早提出關於"昌歜"之"歜"音義的疑問,顧炎武《日知録》對此作出考證:"今考顧氏《玉篇》有歜字,'徂敢切,昌蒲俎也'。然則《傳》之'昌歜'正合此字,而唐人已誤作'歜'。是知南、北之學,陸、孔諸儒,猶有不能遍通。"②

---

① 杜預注、孔穎達疏《春秋左傳正義》,阮元校刻《十三經注疏》本,中華書局,1980年,第1831頁。

② 顧炎武著、黄汝成集釋《日知録集釋》,上海古籍出版社,2006年,第256頁。該説亦見於顧炎武《左傳杜解補正》:"歜字誤。《玉篇》作'歜',徂敢切,菖蒲菹也。"《清經解 清經解續編》第1册,鳳凰出版社,2005年,第5頁。

顧氏之後，關於“昌歜”的認識，觀點有二：

一類認同顧説，以“歜”爲“歜”之誤，清代學者陳樹華[①]、沈欽韓[②]、丁晏[③]等皆述顧説，高郵王氏父子亦持此説，並提出了自己的見解。

王念孫《廣雅疏證》卷第八上《釋器》：

> 鮗、鮆、鮨，鮝也。……《説文》：“魿，鮝也。一曰大魚爲鮝，小魚爲魿。”《玉篇》作“鮗”，音才沈、才感二切。僖三十年《左傳》注云：“昌歜，昌蒲菹也。”《釋文》“歜，在感反”。在感與才感同音。昌蒲菹謂之歜，猶魚鮓謂之鮗矣。[④]

王引之《經義述聞》卷十七“昌歜”：

> 《廣韻》入聲一屋，歜，《説文》本才六切，歇歜也，“才六”之音轉爲“在感”，乃幽、侵二部之通。歜從鼀聲，而音在感切，猶棪從坴聲，而音徐鹽切，鼀坴皆以尗爲聲也。若從蜀聲之字，偏考諸書無讀入侵部者，以是知其當從鼀，不當從蜀也。特以歜字或省作歜，黽字隸書作黽，與蜀相似，故傳寫者誤作歜。《史記・倉公傳》“肝氣濁而靜”、“心氣濁躁而經”、“腎氣有時閒濁”、“心脈濁”，徐廣並云“一作黽”。可知“黽”與“蜀”字常

---

① 陳樹華《春秋經傳集解考正》卷七：“《玉篇》‘歜’字諸家俱未之及，至亭林顧氏始舉出。”《續修四庫全書》第142册，上海古籍出版社，2002年，第334頁。

② 沈欽韓《春秋左氏傳補注》卷四“有昌歜”條用顧説，《續修四庫全書》第125册，上海古籍出版社，2002年，第44頁。

③ 丁晏《左傳杜解集正》卷三“又《傳》饗有昌歜”條用顧説，《續修四庫全書》第128册，上海古籍出版社，2002年，第226頁。

④ 王念孫《廣雅疏證》，江蘇古籍出版社，2000年，第245頁。

相亂也,"歜"爲"歂"之誤,"歂"爲"歜"之省,依字正當作"䅜"。爲《左傳》音者,有服虔、嵇康、高貴鄉公諸家,《玉篇》作"䅜",音徂感反,蓋師承有自矣。《廣韻》雖誤作"歜",而亦音徂感切。孔氏《正義》亦云此"昌歜"之音相傳爲在感反,段氏乃欲改爲尺玉切,而云香氣觸鼻,故名昌歜,我未之前聞也。[①]

日本學者安井衡《左傳輯釋》[②]和竹添光鴻《左氏會箋》[③]皆用王引之《經義述聞》之説。楊伯峻《春秋左傳注》亦用王説:

昌歜之歜,據《釋文》,不音觸,而音蠶上聲。王引之《述聞》謂當作䅜,傳寫致誤,或然。[④]

另一類觀點否認顧説,别立新解。以段玉裁、朱駿聲、劉文淇、劉壽曾等爲代表,具體意見如下。

段玉裁《説文解字注·欠部》:

歜之讀在敢反者,語之轉也。䅜與歜同在三部,音轉皆可入八部,是以《玉篇》云"䅜亦徂感切,昌蒲葅也"。蓋古本《左傳》有作"昌䅜"者,二字可相假借,皆可讀屋沃本韵之音,非必定當在敢反也。[⑤]

---

① 王引之《經義述聞》,江蘇古籍出版社,2000年,第414頁。
② [日]安井衡《左傳輯釋》,臺灣廣文書局,1987年,卷七第5頁。
③ [日]竹添光鴻《左氏會箋》,巴蜀書社,2008年,第634頁。
④ 楊伯峻《春秋左傳注》,中華書局,1990年,第482—483頁。
⑤ 段玉裁《説文解字注》,上海古籍出版社,2000年,第412頁。

朱駿聲《春秋左傳識小録》卷上"有昌歜"條：

按歜者，飲之誤字，借飲爲灩也。灩，葅也。故歜相承讀如詒音不誤，《玉篇》所引則又誤作歜，歜字必無徂敢切之理。①

劉文淇、劉毓崧、劉壽曾《春秋左氏傳舊注疏證》：

黄承吉云："段氏《説文注》云：'言昌陽氣辛香以爲菹，其氣觸鼻，故名曰昌歜。'其説至當；然又狃於《玉篇》歜字之音訓而云：'蓋古本《左傳》有昌歜者，二字可相假借'，則非也。蜀之制字，其義本同於觸，故觸之字起於蜀。《説文》解蜀字，謂'葵中蟲，上目象蜀頭形'者，正是上觸之象，故加蜀以角，則爲角之觸，加蜀以欠，則爲氣之觸。《説文》解歜爲盛氣怒者，是氣觸之本字也。後經籍中一切引伸，皆通用觸字，因於氣觸，亦書爲觸，而置歜字不用，其實與觸一字也。夫觸字之音義皆如觸發之觸，觸向升而上，故昌菹之氣出取之。若歜之音義，則皆如蹙縮之蹙，蹙反向内而向外，於昌菹何取焉?"文淇案："此《傳》昌歜字，自《正義》謂歜之音，相傳爲在感反，而人不知昌歜之歜當音觸，自《玉篇》以歜爲昌蒲葅，而人不知昌歜之字本當作歜，不當作歜。黄説是也。"壽曾曰："……朱氏(朱駿聲)駁《玉篇》是也。其謂作飲，又叚爲灩，義轉迂曲，《傳》文審是飲字，則服注不必言昌本之菹矣。杜注'昌歜，昌蒲葅'，用服説。《醢人》'朝事之豆，其實昌本'注：'昌蒲根也。'《公食大

① 朱駿聲《春秋左傳識小録》,《續修四庫全書》第125册,上海古籍出版社,2002年,第853頁。

夫禮》'醓醢昌本'注：'昌本，昌蒲本菹也。'服以昌本釋昌歜，用《周禮》文。鄭君義與服同。《説文》：'菹，酢菜也。'《韓非子・難四》：'文王嗜菖蒲菹。'"①

或因前人觀點的分歧，至今《左傳》校本幾乎全作"昌歜"，《漢語大詞典》也只有"昌歜"的詞條，而無"昌歜"。實際上，藉助日藏《玉篇》殘卷材料，可爲顧氏觀點提供新證。

《玉篇》殘卷卷九欠部：

> 歜：子合、子陸二反。《説文》："鳴歜也。"野王案：口相鳴之聲也，或爲啾字，在口部。又音徂感反，《左氏傳》："饗有昌歜、白黑、形塩。"杜預曰："蒲菹也。"鮓名𩵋，《説文》爲魚字，在魚部。②

此段文字是《玉篇》日藏古寫本，訛奪滿紙，當先加校理。

查覈《説文》和《大廣益會玉篇》（下文簡稱廣益本《玉篇》），"歜"即"歜"字，引《左氏傳》"昌歜"之"歜"當是"歜"字形訛，疑梁代《左傳》傳本"歜"已與"歜"訛混，亦或是後人抄撮之誤。③

《玉篇》殘卷"鮓名𩵋，《説文》爲魚字"，"魚"胡吉宣《玉篇校釋》

---

① 劉文淇、劉毓崧、劉壽曾《春秋左氏傳舊注疏證》，科學出版社，1959年，第443頁。

② 顧野王《玉篇》，《續修四庫全書》第228册，上海古籍出版社，2002年，第328—329頁。

③ 敦煌文獻P. 2509《春秋左氏經傳集解》作"歜"，後世《左傳》傳本皆作"歜"，結合孔穎達《春秋左傳正義》對"昌歜"之"歜"音義的疑問，可知早在孔穎達的時代，《左傳》傳本"昌歜"已皆誤作"昌歜"，《玉篇》殘卷的抄寫時代或晚於此，抄寫者所見《左傳》其時可能已皆誤爲"昌歜"。

校作“鮺”[1],恐誤,此處“魚”當是“魿”字的殘文。《篆隸萬象名義·欠部》:“歜,子合反,噈字。魿也。”[2]“歜”即“歜”字。《玉篇》殘卷“歁”音徂感反,《廣韻》“魿”音徂感切,“歜”與“魿”音同;《説文》大徐音與《集韻》“鮺(鯗)”注音皆作“側下切”,音義皆同“鮓”字[3],卻與“徂感反”有别,可知《玉篇》殘卷的“魚”字不當是“鮺”字之殘,而是“魿”字。又,《説文》“魿,鯗也。一曰:大魚爲鯗,小魚爲魿”,義與《玉篇》殘卷“鮓名歜,《説文》爲魿字”亦合。另,引《左氏傳》“響”當爲“饗”字之誤。

校正後這段《玉篇》作:

> 歜:子合、子陸二反。《説文》:“嗚歜也。”野王案:口相嗚之聲也,或爲噈字,在口部。又音徂感反,《左氏傳》:“饗有昌歜、白黑、形塩。”杜預曰:“蒲葅也。”鮓名歜,《説文》爲魿字,在魚部。

參考以上材料,回顧《左傳》“昌歜”之“歜”的音義問題,顧炎武等學者對“歜”是“歜”字之誤的判斷、王氏父子對“歜”字音義的認識都可得到證實。“歜”讀作“徂感反”或“在感反”[4],含義當與《説文》“嗚歜也”之義無關,而與“魿”字音同義通,當指“菖蒲根製作的醬料調味品”,誠如王念孫所言“昌蒲葅謂之歜,猶魚鮓謂之魿”。

---

① 胡吉宣《玉篇校釋》,上海古籍出版社,1989年,第1923頁。

② [日]空海《篆隸萬象名義》,中華書局,1995年,第89頁。

③ 敦煌文獻S.388《正名要録》:“鯗”與“鮓”“字形雖别,音義是同。古而典者居上,今而要者居下”。黄征《敦煌俗字典》附録,上海教育出版社,2005年,第590頁。

④ 陸德明《經典釋文》第十六:“昌歜,在感反,昌蒲葅。”參見黄焯《經典釋文彙校》,中華書局,2006年,第499頁。

而《玉篇》殘卷亦有"歜"字,作"充燭反,《說文》:'盛氣怒也。'《左氏傳》周大夫有甘歜"[①],并未及與"歜"字關聯,段玉裁"歜"、"歜"可相假借之說恐不可信。

另外,《玉篇》殘卷的"[illegible]"字亦可證王引之"'歜'爲'䣳'之誤,'䣳'爲'歜'之省"的推斷。

《漢語大字典》第二版"歜"字,音項(二)據《廣韻》"徂感切"作"zàn",釋義作"切斷的菖蒲根,可佐食,也可入藥",並引廣益本《玉篇》"歜"字材料判斷"疑'歜'釋菖蒲葅,誤"。[②]"歜"字,音項(三)據廣益本《玉篇》"殂感切"作"zàn",釋義作"切斷的菖蒲根"。[③] "蔪"字,據《集韻》"徂感切",注音作"chù",義"同'歜',切斷的菖蒲根,可佐食,也可入藥"。[④] 此三處釋義皆可商榷。"蔪",是"昌歜"之"歜"的後起字,當爲區別"盛氣怒"義的"歜"在原字形上加"艸",注音作"chù"誤,與"徂感切"不合。

然而,如若再進一步溯源,"歜"字从㞢、从黽、从欠,音"在感反"或"徂感反",查《廣韻》、《集韻》[⑤],"感"韻下除"歜"字外,另有"黕"、"眈"、"抌"、"[illegible]"、"衴"、"紞"、"鈂"、"[illegible]"、"[illegible]"、"[illegible]"、"[illegible]"、"馾"、"髧"、"頕"、"肬"、"监"、"[illegible]"、"醓"、"[illegible]"、"伔"、"[illegible]"諸字,皆从"冘"得聲,其中"黕"《說文》釋"滓垢也","肬"《說文》釋"肉汁滓也","监"《說文》釋"血醢也",似均與"昌歜"之"歜"義有關聯。疑"昌歜"之"歜"本或从"冘","欠"或是"冘"形訛。[⑥] 該字左半構件从

① 顧野王《玉篇》,《續修四庫全書》第228册,第333頁。

② 《漢語大字典》(第二版 九卷本),崇文書局、四川辭書出版社,2010年,第2307頁。

③ 《漢語大字典》(第二版 九卷本),第2309頁。

④ 《漢語大字典》(第二版 九卷本),第3352頁。

⑤ 此處承蒙姚永銘先生提示參檢韵書。

⑥ 隸楷字形"冘"、"欠"易淆,例如甘肅博物館藏《佛說觀佛三昧海經》卷第五"躭酒嗜色"的"躭"字形作"[illegible]",黄征《敦煌俗字典》,第74頁。

屶、从黽,亦或另有所原,至南朝梁代,字形已與“歜”完全混同,故顧野王將其附於欠部“歜”字下。

又,《周禮·天官·醢人》:“醢人掌四豆之實。朝事之豆,其實韭菹、醓醢,昌本、麋臡,菁菹、鹿臡,茆菹、麋臡。”[1]疑《左傳·僖公三十年》“饗有昌歜、白黑、形鹽”之“昌歜”或本是二物,“昌”爲昌本,“歜”爲醓醢之屬,後爲合稱,即菖蒲葅。

以上兩點推斷且留待日後新材料驗證。關於“昌歜”之“歜”的認識可歸納如下:

> 該字形在南朝梁代已作“歜”,音“徂感反”,至唐代又與“歜”字混同,然其讀音仍有相傳,孔穎達審其音而不能明其字,後人爲區別“歜”字,又造“蕺”以示差異。清儒多從“歜”字構件“蜀”出發探討其得聲之由,或失之毫釐,該字讀音疑與“冘”有關,今所从“欠”或是“冘”之誤。至于其義,杜預釋“昌歜”爲“昌蒲葅”,王念孫以“昌蒲菹謂之歜,猶魚鮓謂之魿”,均可取。

本文初稿寫成於2012年3月,爲徐復先生百年誕辰會議而作,後投寄《中華文史論叢》,應編輯部要求删節成三篇補白合刊於2013年第3期。今據原稿,略有增訂。

---

① 孫詒讓《周禮正義》,中華書局,1987年,第394頁。

# 《左傳》校議十六則

近以《四部叢刊初編・春秋經傳集解》[①]爲底本，阮元校刻《十三經注疏・春秋左傳正義》[②]爲對校本，《景刊唐開成石經・春秋左傳》[③]爲參校本，結合阮元《十三經注疏校勘記》，敦煌寫本《春秋經傳集解》、《春秋左氏傳集解》、《春秋左傳杜注》等殘卷，原本《玉篇》殘卷、《文選》李善注以及其它後世典籍徵引《左傳》的相關材料，對《左傳》白文進行了系統校勘，遇有疑義之處，當校者校之，當詁者詁之，別作札記，力求能有所發明，今擇取十六則，整理成文，以就正於方家。

**立而奉之**

《左傳・隱公》："宋武公生仲子。仲子生而有文在其手，曰爲

---

① 《春秋經傳集解》，張元濟編《四部叢刊初編》，南京師範大學圖書館古籍部藏六卷綫裝本，民國上海涵芬樓借玉田蔣氏藏宋刊巾箱本景印，文中《左傳》引文皆據此本。

② 杜預注、孔穎達疏《春秋左傳正義》，阮元校刻《十三經注疏》本，中華書局，1980年，文中杜注、孔疏皆據此本。

③ 《春秋左傳》，《景刊唐開成石經》，中華書局，1997年。

魯夫人,故仲子歸于我。生桓公而惠公薨,是以隱公立而奉之。"

杜預注曰:"隱公追成父志,爲桓尚少,是以立爲太子,帥國人奉之。爲經元年春不書即位傳。"于鬯《香草校書·春秋左傳一》:"立者即謂隱公攝立爲君也。經不書即位,故傳明隱之所以立奉之者。'之'字當指仲子,謂奉仲子爲母也。"[①]楊伯峻《春秋左傳注》:"據下文《傳》'公攝位而欲求好於邾','公立而求成焉'等句,是隱公行國君之政,而實奉桓公爲君,非立之爲太子。桓公之被立爲太子,惠公未死時已如此,不待隱公再立之。"[②]

按:以上諸説,主要的争議在於對"立而奉之"的理解。杜預認爲是隱公立桓公爲太子並奉之;于鬯認爲是隱公自立爲君,奉仲子爲母;楊伯峻認爲是隱公攝政以奉桓公。

關於"立"是立隱公還是立桓公爲太子的問題,楊説已論述地相當清楚,另需補充一點的是從《左傳》通篇來看,"某公立"的情況十分常見,均指某公立爲君,如隱公三年"(衛)桓公立",桓公二年"宋殤公立",不勝備舉。

而有關"奉之"是奉桓公還是奉仲子的問題,我們考察出土文獻材料,馬王堆漢墓帛書《春秋事語》亦有這件事的相關記載:"魯亘(桓)公少,隱公立以奉孤。"[③]顯然,"奉孤"就是奉桓公,可爲旁證。

## 納桓叔

《左傳·桓公二年》:"惠之三十年,晋潘父弑昭侯而納桓叔,不克。晋人立孝侯。"

---

① 于鬯《香草校書》,中華書局,1984年,第740頁。
② 楊伯峻《春秋左傳注》,中華書局,1990年,第4頁。
③ 裘錫圭主編《長沙馬王堆漢墓簡帛集成》,中華書局,2014年,第1册第77頁。

"納",《景刊唐開成石經》亦作"納",而《十三經注疏》作"立",阮元《十三經注疏校勘記》(下簡稱"阮校")未出校記。

按:"納"有"立"義,即國君即位之義,但是和"立"又有不同。《公羊傳·莊公六年》:"其言入何?簒辭也。"何休注曰:"國人立之曰立,他國立之曰納。"更爲重要的一點不同是:"納者,内弗受也",這句話在《穀梁傳》多次出現,分别見於《穀梁傳·僖公二十五年》、《穀梁傳·宣公十一年》等處,就是説被"納"的國君一般都是不受國内人歡迎的。

比較這些對"納"和"立"理解的區别,雖説桓叔是依靠晋大夫潘父的力量登上君位的,並非"他國立之",但更非"國人立之",且桓叔的即位是不受國人擁戴的,很快晋人就立了孝侯,殺了潘父。因而,此處用"立"不及用"納"確切。用"納",還能與下文"不克"以及"晋人立孝侯"形成照應,凸顯"納"和"立"的意義差别。

另,考之其它文獻關於這一事件的記載,亦有可資旁證者,如:《史記·十二諸侯年表》記載"潘父殺昭侯,納成師(筆者注:成師即桓叔),不克。"①《今本竹書紀年》平王三十二年亦載此事:"晋潘父弑其君昭侯,納成師,不克。"②

## 入於有

《左傳·莊公三年》:"秋,紀季以酅入於有,紀於是乎始判。"

"有",《景刊唐開成石經》、《十三經注疏》皆作"齊"。阮元未出校記。

按:"有",根據上下文判斷是誤字,此處當爲"齊"。"齊"之所

① 司馬遷《史記》,中華書局,2014年,第680頁。
② 方詩銘、王修齡《古本竹書紀年輯證》,上海古籍出版社,2005年,第265頁。

以會誤作"有",可能因爲這兩個字的俗字字形極爲相似,如在敦煌文獻裏:甘博 004—10《賢愚經》"齊腰以上,金色晃育(昱)"之"齊"寫作"㪟"[①];而敦研 007《大慈如來十月廿四日告疏》"若有問,知者□□,莫使斷絶"之"有"字寫作"㪟"[②],二者字形近似。

## 以爲己功

《左傳·僖公二十四年》:"天實置之,而二三子以爲己力,不亦誣乎?竊人之財,猶謂之盗。況貪天之功,以爲己功乎?"

後一個"功",《景刊唐開成石經》、《十三經注疏》皆作"力"。阮元未出校記。

按:"力"、"功"詞義相通,《説文·力部》:"力,筋也。象人筋之形。治功曰力,能圉大災。"[③]《周禮·夏官·司勳》亦曰:"事功曰勞,治功曰力。"[④]可見,"力"有"功勞"之義,《左傳》本身也不乏此類用例,如《左傳·昭公二十八年》"謂賈辛、司馬烏爲有力於王室"之"力"。因此,《僖公二十四年》"以爲己功"當作"以爲己力"爲勝,且與前文"而二三子以爲己力"相照應,互文而見義;若作"功",與"貪天之功"用詞重複。

另,《史記·晋世家》:"竊人之財,猶曰是盗,況貪天之功以爲己力乎?"[⑤]《文選·爲范尚書讓吏部封侯第一表》"締構草昧,敢叨天功"李善注引《左傳》:"介之推曰:'竊人之財,猶謂之盗,況貪天

① 黄征《敦煌俗字典》,上海教育出版社,2005 年,第 312 頁。
② 黄征《敦煌俗字典》,第 511 頁。
③ 許慎《説文解字》,中華書局,2002 年,第 291 頁。
④ 《周禮》,阮元校刻《十三經注疏》本,中華書局,1980 年,第 841 頁。
⑤ 司馬遷《史記》,第 2006 頁。

之功以爲己力?’”[①]皆作“以爲己力”。《國語·周語》“郤至佻天以爲己力,不亦難乎”[②],與此句近似,亦用“力”,可爲旁證。

## 啓南陽

《左傳·僖公二十五年》:“晋於是始啓南陽。”

“啓”,《景刊唐開成石經》亦作“啓”,而《十三經注疏》作“起”,阮校:“石經、宋本、淳熙本、岳本、足利本‘起’作‘啓’,不誤。”

按:“啓”,開拓、開辟之義。《玉篇》:“啓,開發也。”[③]“起”,亦有開辟、開墾之義。考之字形,甲骨文中就有“啓”字,从又从户,象以手啓户之形,即開啓之義,如(一期殷契粹編六三三),後繁化加“口”,如(一期殷墟文字乙編三五五)、(鐵雲藏龜二四五·一)。金文中又有改“又”爲“攴”者,如(周中召卣)。[④]而“起”是从“走”的字,《説文·走部》:“起,能立也。”段玉裁注:“‘起’本發步之偁,引伸之訓爲立,又引伸之爲凡始事、凡與作之偁。”[⑤]可見“起”作“開辟”義或是“啓”的假借字,回到《左傳》本身來看,“始啓南陽”,當是開始開辟南陽之義,所以這裏作“啓”於義爲勝。《文選·册魏公九錫文》李善注引《左傳》作“啓”[⑥],王叔岷《左傳考校》引舊鈔卷子本此處亦作“啓”[⑦],皆可證。

---

① 蕭統編、李善注《文選》,中華書局,2005年,第538頁。

② 《國語》,上海古籍出版社,1998年,第85頁。

③ 《大廣益會玉篇》,中華書局,2004年,第85頁。

④ 高明《古文字類編》,中華書局,1980年,第77頁。

⑤ 段玉裁《説文解字注》,上海古籍出版社,2000年,第65頁。

⑥ 蕭統編、李善注《文選》,第502頁。

⑦ 王叔岷《左傳考校》,中華書局,2007年,第61頁。

## 責禮也

《左傳·僖公二十七年》:"秋,入杞,責禮也。"

"責禮",《十三經注疏》作"責無禮"。陸德明《經典釋文》曰:"責禮也,本或作'責無禮'者非。"楊伯峻《春秋左傳注》等今人《左傳》整理本皆作"責無禮"。

按:《説文·貝部》"責,求也"①,"責禮",即用禮義來要求。這段話的上文中有"二十七年春,杞桓公來朝,用夷禮,故曰子。公卑杞,杞不共也","入杞,責禮"和"杞桓公來朝,用夷禮"恰好呼應。"無"字恐爲後人不明"責禮"之義而妄增,《經典釋文》所説爲是。

實際上,"責禮"一詞多見於先秦兩漢文獻,又如:

《史記·魯周公世家》:"七年,吴王夫差彊,伐齊,至繒,徵百牢於魯。季康子使子貢説吴王及太宰嚭,以禮詘之。吴王曰:'我文身,不足責禮。'乃止。"②

《列女傳·鄒孟軻母》:"今子不察於禮,而責禮於人,不亦遠乎!"③

類似結構的還有"責義"一詞,如《漢書·薛宣傳》:"譴呵及細微,責義不量力。"④

## 陪 鄰

《左傳·僖公三十年》:"焉用亡鄭以陪鄰,鄰之厚,君之薄也。"

---

① 許慎《説文解字》,第130頁。
② 司馬遷《史記》,第1866頁。
③ 劉向《古列女傳》,《四部叢刊初編》本,上海書店,1989年,卷一第16頁。
④ 班固《漢書》,中華書局,1962年第1版,2002年第11次印刷,第3386頁。

"陪",《十三經注疏》作"倍",阮校曰:"石經、宋本、淳熙本、岳本、足利本'倍'作'陪',宋本《釋文》亦作'陪'。案錢大昕云'从阜爲正'。"敦煌寫本伯 2509[①]、伯 3635[②] 均作"陪"。

按:《説文・阜部》:"陪,重土也。一曰滿也。"[③]《説文・人部》"倍,反也"段玉裁注曰:"此倍之本義……又引伸之爲加倍之倍。"[④]

"陪"由"重土"義可引申出增益、增加之義,如《左傳・昭公五年》"飱有陪鼎"杜預注:"陪,加也。"

此處"陪鄰"之"陪",亦當是增加、增益的意思,而非加倍之義,下文"鄰之厚,君之薄"正是對"陪鄰"的詮釋,故當作"陪鄰"爲是。原本《玉篇》殘卷"陪"字下引《左氏傳》亦作"亡鄭陪鄰"[⑤],可資旁證。

## 束 載

《左傳・僖公三十三年》:"鄭穆公使視客館,則束載、厲兵、秣馬矣。"

唐開成石經、《四部叢刊》、《十三經注疏》等各種傳世本《左傳》皆作"束載",敦煌寫本伯 2509《春秋經傳集解》卷第七作"束戟"[⑥]。劉文淇《春秋左氏傳舊注疏證》作"束載",曰:"束載,謂縛物於車也。"[⑦]楊伯峻《春秋左傳注》亦作"束載",且注曰:"載指可載于車之物,什物皆已捆束,兵器皆已磨礪,馬匹亦已喂飽,以待秦師之來,

① 黄永武《敦煌寶藏》,(臺灣)新文豐出版公司,1981—1986 年,第 121 册,第 324 頁。

② 黄永武《敦煌寶藏》,第 129 册,第 392 頁。

③ 許慎《説文解字》,第 306 頁。

④ 段玉裁《説文解字注》,第 378 頁。

⑤ 顧野王《玉篇》,《續修四庫全書》第 228 册,第 556 頁。

⑥ 黄永武《敦煌寶藏》,第 121 册,第 326 頁。

⑦ 劉文淇《春秋左氏傳舊注疏證》,科學出版社,1959 年,第 456 頁。

甚至可爲内應。”[1]

按:敦煌文獻中的“戟”字初讀起來,似乎和下文“兵”、“馬”形成照應,較“載”於義爲長。

然而,仔細考察各類相關文獻,歷來無“束戟”一説。戟作爲一種古代兵器,是合戈、矛爲一體的,略似戈,兼有戈之横擊、矛之直刺兩種作用。《説文·束部》:“束,縛也。”《説文·戈部》:“戟,有枝兵也。”[2]古籍中“束+兵器名稱”一類的結構,大都是收起兵器之義,如“束兵”,《吕氏春秋·悔過》:“過天子之城,宜橐甲束兵,左右皆下,以爲天子禮。”[3]《左傳·僖公三十三年》“秦師輕而無禮必敗”杜預注:“謂過天子門,不卷甲束兵,超乘示勇。”又如“束甲械”,《春秋繁露》:“隱武行文,束甲械。”[4]

回到《左傳》文中來看,戰鬥即將展開,爲何要“束戟”呢?“束戟”和“厲兵”是相矛盾的,作“束戟”顯然於義不通。

且各種傳世本《左傳》,《通志》、《册府元龜》、《繹史》諸書引《左傳》皆作“束載”;《史記》中《秦本紀》、《晋世家》、《鄭世家》關於這件事情記載都很簡略,亦找不出“束戟”的旁證。

孤證不立,所以可以斷定敦煌文獻中的“戟”是“載”的誤字,“戟”和“載”字形極近,很有可能是抄寫者涉下“兵”字,以爲都是兵器一類而致誤。

但是,劉文淇、楊伯峻對“束載”的理解均有失偏頗。

《左傳·成公十六年》:“苗賁皇徇曰:‘蒐乘、補卒、秣馬、利兵、修陳、固列、蓐食、申禱,明日復戰。’”這裏亦是在描述作戰前的準

① 《春秋左傳注》,第495頁。
② 許慎《説文解字》,第128頁、第266頁。
③ 許維遹《吕氏春秋集釋》,中華書局,2015年,第410頁。
④ 鍾肇鵬《春秋繁露校釋》,河北人民出版社,2005年,第880頁。

備事宜,與僖公三十三年的情況十分相近。“蒐乘”,《爾雅·釋詁》“蒐,聚也”①,“蒐乘”就是聚集兵車。

而“束”字也可由“縛”義而引申爲聚集的意思,《漢書·食貨志下》“束於帛”李奇注曰:“束,聚也。”② 又《説文·車部》:“載,乘也。”③

所以“束載”也是聚集兵車的意思,和“蒐乘”意義完全一樣,且僖公三十三年“束載”、“厲兵”、“秣馬”和成公十六年的“蒐乘”、“利兵”、“秣馬”同樣都是記載的戰前準備,文字上恰恰成一一對應的關係。

挖掘《左傳》内證,辨明“束載”一詞的含義,也爲我們判斷敦煌文獻中“戟”是“載”的誤字提供了有力的依據。

## 而使行

《左傳·文公十六年》:“盡以其寶賜左右而使行。”

“而”,敦煌寫本斯85《春秋左傳杜注》④、《景刊唐開成石經》亦作“而”,《十三經注疏》作“以”,阮校曰:“石經、宋本、淳熙本、岳本、足利本‘右以’作‘右而’。”

按:“以”有“而”義。王念孫《讀書雜志·荀子·禮論》:“至文以有别,至察以有説”念孫案:“以猶而也。”⑤王引之《經義述聞·周易下》:“殷薦之上帝以配祖考”引之謹案:“……下‘以’字,而也。”⑥又如,《孫子兵法》傳世本“而”字,銀雀山漢簡本多作“以”。《左傳》

① 《爾雅》,阮元校刻《十三經注疏》本,第2574頁。
② 班固《漢書》,第1149頁。
③ 許慎《説文解字》,第302頁。
④ 黄永武《敦煌寶藏》,第1册,第455頁。
⑤ 王念孫《讀書雜志》,江蘇古籍出版社,2000年,第712頁。
⑥ 王引之《經義述聞》,江蘇古籍出版社,2000年,第49頁。

此處《十三經注疏》作“以”,亦是“而”義。據敦煌文獻、《景刊唐開成石經》以及阮校所列異本,此處作“而”爲勝。

## 既合而來奔

《左傳·宣公二年》:“宋人以兵車百乘、文馬百駟,以贖華元于鄭。半入,華元逃歸。立於門外,告而入。見叔牂,曰:‘子之馬然也?’對曰:‘非馬也,其人也。’既合而來奔。”

賈逵注:“宋人贖我之事既和合,而我即來奔耳。”鄭衆注:“叔牂既與華元合語,而即來奔魯。”杜預注:“合,猶答也。”孔穎達疏:“合是聚合言語,故云‘合猶答也’。”

按:關於“合”字的理解,賈逵、鄭衆、杜預解説各有不同,孔疏調和衆説。後世學者亦持有不同意見。[①]

《説文·亼部》:“合,合口也。”[②]溯源來看,《説文》的解釋可能並非本義,“合”是“答”的初文。“合”字在甲骨文裏有寫作“合”的,也有寫作“”的,寫作“”是典型的會意字,像兩“口”相對,以表對答之意。“合”的上面寫作“亼”是“口”的變形,劉釗《古文字構形學》曾舉出一系列例證來討論甲骨文中从“口”的偏旁形變作“亼”的情況,如“會”、“俞”、“食”、“令”等字上面所从的“亼”,皆是“口”的變形。[③]

再來看《宣公二年》的“合”字,作“答”解當無疑義。“答”寫作“合”,秦漢時期出土文獻習見,如《睡虎地秦墓竹簡·封診式》“自

① 如竹添光鴻《左氏會箋》、楊伯峻《春秋左傳注》等皆取杜預之説,釋“合”爲“答”;高本漢《左傳注釋》存異。

② 許慎《説文解字》,第108頁。

③ 劉釗《古文字構形學》,福建人民出版社,2006年,第49頁、第60—61頁。

殺者必先有故,問其同居,以合其故"[①];《戰國縱横家書·蘇秦自趙獻書於齊王章(二)》"奉陽君合臣曰……"、《蘇秦謂陳軫章》"陳軫曰:'若何使毋東?'合曰:……"[②];《阜陽漢簡·春秋事語》"趙簡子問於叔鄦曰:'晋六將軍孰先亡?'叔鄦合曰:'其中行是虖?'"[③]皆以"合"作"答"。

## 結　之

《左傳·襄公十二年》:"齊侯許昏,王使陰里結之。"

"結",《景刊唐開成石經》亦作"結",而《十三經注疏》作"逆",阮校:"毛本'逆'作'結',是也。案《十行本》初刻是'結'字,後改誤'逆'。"

按:杜預注:"陰里,周大夫。結,成也。"《公羊傳·桓公三年》:"古者不盟,結言而退。"[④]《淮南子·泰族篇》:"待媒而結言,聘納而取婦。"[⑤]結言,即用言辭締結盟約,"王使陰里結之"的"結"當與"結言"的"結"義同,即締結、訂約之義。"逆",本義是"迎",進而引申有迎娶義。而《左傳·襄公十五年》始言"劉夏逆王后于齊",這裏只是齊侯許婚,如作王使陰里去迎娶理解,顯然於義不通,故作"結"爲是。原本《玉篇》殘卷"糸"部"結"字下引《左氏傳》作"結"[⑥],亦可證。

---

① 睡虎地秦墓竹簡整理小組編《睡虎地秦墓竹簡》,文物出版社,1978年,第268頁。

② 裘錫圭主編《長沙馬王堆漢墓簡帛集成》,第1册第84頁、第90頁。

③ 韓自强《阜陽漢簡〈周易〉研究》,上海古籍出版社,2004年,第199頁。

④ 《春秋公羊傳》,阮元校刻《十三經注疏》本,第2214頁。

⑤ 何寧《淮南子集釋》,中華書局,2006年,第1432頁。

⑥ 顧野王《玉篇》,《續修四庫全書》第228册,第596頁。

## 有 疾

《左傳·襄公二十七年》:“崔成有疾而廢之,而立明。”

“疾”,《十三經注疏》作“病”,阮元未出校記。整理本亦作“病”,出校引洪亮吉《左傳詁》作“疾”。《景刊唐開成石經》作“疾”。

按:杜預注、孔穎達疏皆釋“惡疾”。《説文·疒部》:“疾,病也”;“病,疾加也。”[1]“疾”、“病”二字可互通。考察《左傳》全篇,除此一處外,“有疾”另出現 21 次,“有疾疢”出現 1 次,“有疾病”出現 1 次,未出現“有病”的用例,以此判斷,此處當作“有疾”,作“病”或爲傳寫訛變。

## 任其大節

《左傳·昭公元年》:“榮其寵禄,任其大節。”

“大”,《景刊唐開成石經》亦作“大”,而《十三經注疏》作“寵”,阮校:“石經、宋本、淳熙本、纂圖本、明翻岳本、閩本、監本、毛本‘寵’作‘大’,不誤。”

按:“大節”,指基本的綱紀,引申爲關係存亡安危的大事。《論語·泰伯》:“臨大節而不可奪也。”何晏《集解》:“大節,安國家,定社稷。”[2]除此一處,《左傳》中“大節”一詞還出現了 5 次,而“寵節”一詞從未出現過,考察先秦兩漢的其它常見典籍,“寵節”一詞也未曾見到,據此推斷《昭公元年》亦當作“大”,“寵”字可能因涉上文“寵禄”之“寵”而致誤。又《襄公二十九年》:“吾子爲魯宗卿,而任

---

① 許慎《説文解字》,第 154 頁。

② 何晏《論語集解》,阮元校刻《十三經注疏》本,第 2487 頁。

其大政,不慎舉,何以堪之？禍必及子!"[1]"任其大政"和"任其大節"結構相似,可爲旁證。

## 將飲酒

《左傳·昭公十年》:"使視二子,則皆將飲酒。"

"將",《景刊唐開成石經》亦作"將",而《十三經注疏》作"從"。阮校:"石經、宋本、淳熙本、岳本、纂圖本、監本、毛本'從'作'將',是也。"

按:若作"將",即是副詞,作將欲、打算之義,如《左傳·隱公元年》:"國不堪貳,君將若之何?"若作"從",殊難理解,大致也應是副詞,作就、隨即的意思,和"將"義相近,表示時間間隔很短就發生了,如《左傳·隱公六年》:"長惡不悛,從自及也。"

但是通篇考察《左傳》,除這裏一處外,"將飲酒"另出現 6 次,分别是:《襄公二十二年》的"御叔在其邑,將飲酒"和"我將飲酒,而已雨行,何以聖爲"、《昭公七年》的"王將飲酒"、《昭公二十二年》的"齊侯將飲酒"、《昭公二十八年》的"叔向將飲酒"、《哀公十五年》的"欒寧將飲酒,炙未熟",而没有"從飲酒"這樣的搭配。所以,此處作"將"爲是。

## 以啓寡人

《左傳·昭公十八年》:"又懼讒慝之間謀之,以啓寡人。"

"寡",《景刊唐開成石經》、《十三經注疏》皆作"貪",阮元未出校記。

[1] 《左傳》,阮元校刻《十三經注疏》本,第 2006 頁。

按:此處是鄭國子産的話,和"寡人"一詞不相干涉。根據上下文判斷,作"貪"是。"貪"之所以會誤爲"寡",據筆者推斷是因爲"寡"字異體字字形省"分"和省"刀"構件的很多,如《金石文字辨異》引《唐雲麾將軍碑》作"宜"①,《隸辨》引《北海相景君銘》作"寘"、引《唐扶頌》作"寘"②,《干禄字書》所收"寡"的俗字作"寘"③,而省"刀"後的"寡"與"貪"字極爲相似,容易致誤,如敦煌文獻中敦博072《妙法蓮花經》卷第四"寡女處女,及諸不男,皆勿親近"之"寡"字即寫作"貣"④。此處誤字"寡"可能産生於北宋以前的寫本時代。

## 不廢舊績

《左傳·昭公三十二年》:"至於文子、武子,世增其業,不廢舊績。"

"廢",《景刊唐開成石經》亦作"廢",而《十三經注疏》作"費"。阮校:"[補]案'費'當作'廢'。"

按:《説文·广部》:"廢,屋頓也"⑤,即房屋倒塌,進而有廢棄之義。而"費",《説文·貝部》:"費,散財用也"⑥,側重指稱錢財的耗費。再來考察"不廢"和"不費",《左傳》除此一處外,"不廢"還出現了12次,皆表達"不廢棄"之義,且其中《左傳·哀公二十年》的"不廢舊業"和這裏的"不廢舊績"意思十分接近;而"不費"除此一處外,只出現了1次,表達"不浪費"之義。先秦其它文獻中表示不廢

① 邢澍《金石文字辨異》,《叢書集成續編》第75册,上海書店,1994年,第127頁。
② 顧藹吉《隸辨》,中華書局,1986年,第108頁。
③ 顔元孫《干禄字書》,《叢書集成初編》第1064册,中華書局,1985年,第20頁。
④ 黄征《敦煌俗字典》,第136頁。
⑤ 許慎《説文解字》,第193頁。
⑥ 許慎《説文解字》,第130頁。

棄、不衰敗的“不廢”一詞也很常見，如《周易・繫辭下》有“其道甚大，百物不廢”[1]，《國語・晋語》有“而其世不廢，祀至於今”[2]。要之，此處當作“廢”，作“費”疑爲後人傳寫改易。

原載《圖書館雜誌》2008 年第 12 期，悉自筆者碩士論文《讀〈左〉胜録》中摘出，今置换兩則，並略加修訂。

① 《周易》，阮元校刻《十三經注疏》本，第 90 頁。
② 《國語》，第 275 頁。

# “叔譽”發疑

春秋時期晉國貴族羊舌肸字叔向,《左傳》等古書多見,其他古文獻中“叔向”作“叔譽”者亦夥,例如:

《禮記·檀弓下》:“趙文子與叔譽觀乎九原。文子曰:‘死者如可作也,吾誰與歸?’叔譽曰:‘其陽處父乎?’……”鄭玄注:“叔譽,叔向也,晋羊舌大夫之孫,名肸。”陸德明《釋文》:“譽音預。”孔穎達《正義》:“知叔譽是叔向者,案《韓詩外傳》云:‘趙文子與叔向觀於九原。’故知叔譽是叔向也。”[①]“叔譽”又見於《逸周書·太子晋解》、《潛夫論·志氏姓》等。

惠棟認爲之所以作“叔譽”是“春秋時大夫有兩字者”。[②] 錢大昕認爲“譽”是“嚮”字之訛,“轉寫易淆,非有兩字”。[③] 王引之亦以羊舌肸有兩字,認爲錢氏之説失之。[④]

---

① 鄭玄注、孔穎達疏《禮記正義》,阮元校刻《十三經注疏》本,中華書局,1980年,第1316頁。

② 惠棟《九經古義》,《清經解》,鳳凰出版社,2005年,第2852頁。

③ 錢大昕《潛研堂文集》,《錢大昕全集》第九卷,江蘇古籍出版社,1997年,第101頁。

④ 王引之《經義述聞》,江蘇古籍出版社,2000年,第541頁。

錢先生之説或不誤。"譽"與"響"字形近似,古文字字形以小篆爲例,"譽"作"譽"、"響"作"響",二字隸楷字形、草書字形亦相近,疑"叔譽"即"叔響"形訛,而且這一訛誤可能早在鄭玄的時代就發生了,後世不斷承襲,到《新唐書・宰相世系表》已定型爲"肸字叔向,亦曰叔譽",以致後世如惠棟、王引之等認爲羊舌肸有兩個字。

"叔向"在文獻材料裏共有 5 種類型的異文,除叔譽外,銀雀山漢墓出土的《晏子》作"叔鄉"①;阜陽漢簡《春秋事語》作"叔⿰鼎阝"②;《史記》、《漢書》等文獻中,"叔向"常作"叔嚮";原本《玉篇》卷九"肸"字顧野王案語:"肸亦聲響也,春秋羊肸字叔響。"③"鄉"、"嚮"皆與"響"通,《漢書・天文志》"鄉之應聲"顏師古注:"鄉讀曰響。"④《周易・繫辭》"其受命也如嚮"陸德明《釋文》:"嚮,許兩反,又作響。"⑤《漢書》中"嚮"、"響"通用的例子尤其習見,兹不備舉。

"叔向"在《漢書》中共出現 4 處,每處顏師古都爲"向"字注音,作"向讀曰嚮"或"許兩反"或"字亦作嚮,其音同"。⑥《廣韻》"響"的讀音是"許兩切"。可見,叔向之"向"與"響"讀音完全相同。(按:叔向之"向"如今多讀如方向之"向",實誤。)古人名與字往往會有語義關聯,《説文・十部》:"肸,響布也。"段玉裁認爲此處當是:"肸,肸蠁,布也。"並指出:"春秋晋羊舌肸,字叔向。向即'蠁'

---

① 原簡圖版漫漶不清,考察摹本該"鄉"字有殘泐,僅存右半"郎",但該字從"鄉"無疑,見銀雀山漢墓竹簡整理小組《銀雀山漢墓竹簡[壹]》,文物出版社,1985 年,第 86 頁。

② 韓自强《阜陽漢簡〈周易〉研究》,上海古籍出版社,2004 年,第 199 頁。

③ 顧野王《玉篇》,《續修四庫全書》第 228 册,上海古籍出版社,2002 年,第 304 頁。

④ 班固《漢書》,中華書局,1962 年第 1 版,2002 年第 11 次印刷,第 1274 頁。

⑤ 陸德明撰,黄焯彙校《經典釋文彙校》,中華書局,2006 年,第 61 頁。

⑥ 班固《漢書》,第 923 頁、第 1094 頁、第 1341 頁、第 1361 頁。

字。"①"蠻"與"響"音同可通,"肸蠻"亦多作"肸響"、"翕響"。

綜上所述,疑"叔向"在早期文獻中可能常被寫作"叔響",由"叔響"訛作"叔譽"。

原載《中國史研究》2011 年第 3 期,今略有增訂。

① 段玉裁《說文解字注》,上海古籍出版社,2000 年,第 89 頁。

# 試論《原本玉篇殘卷》引書材料的文獻學價值
## ——以引《左氏傳》爲例

南朝顧野王編撰的《玉篇》是我國歷史上第一部以楷書爲主體的字典，流傳過程中，幾經删改增益，而完整保存至今的宋人重修《大廣益會玉篇》(簡稱“廣益本《玉篇》”)，離《玉篇》原貌已相去甚遠。清末民初，國人黎庶昌、羅振玉在日本先後發現並輯印了一系列《玉篇》寫本殘卷，這些殘卷與廣益本《玉篇》的編撰體例大相徑庭，尤其是其中保留的大量書證，廣益本已删除殆盡。這些《玉篇》殘卷的抄寫年代現在學界還很難作出統一論斷，但是它們所據底本的年代可以確定是早於唐代的。① 因而，對於傳世典籍的校理工作，《玉篇》殘卷中的書證引文顯得彌足珍貴。

1985 年，中華書局把黎庶昌、羅振玉分别發現並各自集佚成書的《玉篇》殘卷彙集影印，定名爲《原本玉篇殘卷》，其中雖有重複的

---

① 根據筆者後續研究，存世的《玉篇》殘卷嚴格避梁諱，因此推測其底本可上溯至南朝梁代，詳參拙文《原本〈玉篇〉避諱字“統”、“綱”發微》，《辭書研究》2011 年第 1 期。

部分,但它囊括了目前可見的所有寫本《玉篇》殘卷内容。[①] 殘卷引書達 40 餘種,多爲前代經史典籍和字書,如《尚書》、《毛詩》、《左氏傳》、《國語》、《山海經》、《説文》、《方言》、《廣雅》等書頻繁出現。

近來,筆者系統研讀《原本玉篇殘卷》,並輯録出書證中引用《左傳》的文句,其中羅本《玉篇》部分引《左氏傳》136 處,引《説文》轉引《春秋傳》4 處;黎本《玉篇》部分引《左氏傳》207 處,引《説文》轉引《春秋傳》3 處,引《爾雅》郭璞注轉引《左傳》1 處,引《禮記》鄭玄注轉引《春秋傳》1 處。這些引文因爲是寫本的形態出現的,轉抄過程中難免發生訛誤,而且有的是節引,有的是意引,甚至有的是誤引,所以良莠不齊,經過去粗取精,去僞存真的工作之後,我們發現,對於古籍的整理與研究,《原本玉篇殘卷》的書證引文具有不容忽視的學術參考價值。

輯録徵引《左傳》書證的同時,筆者也關注到《原本玉篇殘卷》對其他很多文獻的徵引的情況,於是不揣淺陋,試從引《左氏傳》的情況着手,對其書證引文的文獻學價值作初步探討。

## 一、 校勘學價值

### (一) 可借以糾正傳世經典中的錯誤

《原本玉篇殘卷》中保留的書證引文很多和傳世本存有差異,

① 本文發表以後,筆者對《玉篇》殘卷又有深入研究,發現中華書局 1985 年的影印本存在許多不足,主要因爲黎庶昌、楊守敬《古逸叢書》本《玉篇》是覆刻本,多有改動失真之處,目前國内最保真最全面的《玉篇》殘卷影印本是《續修四庫全書》第 228 册所收的版本,詳參拙文《原本〈玉篇〉殘卷國内影印本述評》,《中國典籍與文化》2008 年第 4 期。本文寫作原據中華書局《原本玉篇殘卷》,今不再更换底本,遇到涉及黎本《玉篇》(即《古逸叢書》本)的條目時,另再覆覈《續修四庫全書》本。

有的差異極其顯著,我們借助其它的一些相關材料,可以據此糾正傳世文獻中的訛誤。如:

《原本玉篇殘卷》"占"字下引文作:"《左氏傳》:'皆占其徒,無之。'野王案:《方言》:'占,視也。凡相候謂之占,占猶瞻也。'"①

傳世本《左傳·昭公四年》此處引文作:"旦而皆召其徒,無之。"②此條胡吉宣先生《〈玉篇〉引書考異》一文作了初步探討,認爲"占召形近,又涉下文'皆召其徒'句而誤"③,所言極是,但未作詳考。

《干祿字書》"召"的俗字作"[illegible]"④,和"占"字形極其相似,故知此二字容易發生訛誤。

《左傳》此文在《文選·思玄賦》李善注裏亦有徵引,作"旦而瞻其徒,無之。"⑤"瞻"和"占"均爲"章"母平聲字,顧野王案語"占猶瞻也",又《廣雅·釋言》"占,瞻也"⑥,故知此二字音近義通,皆可作窺視、察看之義。

由此,可以斷定,《昭公四年》此處必是作"占",傳世本作"召"爲誤字。⑦

**(二)可爲前人的校勘成果提供旁證**

有清以來,校勘十三經,多借助宋元古本。然而,《原本玉篇殘

---

① 顧野王《原本玉篇殘卷》,中華書局,1985年,第319頁。

② 杜預注、孔穎達疏《春秋左傳正義》,阮元校刻《十三經注疏》本,中華書局,1980年,第2036頁。

③ 胡吉宣《〈玉篇〉引書考異》,《語言文字研究專輯》(上),上海古籍出版社,1982年,第101頁。

④ 顏元孫《干祿字書》,《叢書集成初編》第1064册,中華書局,1985年,第25頁。

⑤ 蕭統編、李善注《文選》,中華書局,2005年,第217頁。

⑥ 王念孫《廣雅疏證》,江蘇古籍出版社,2000年,第152頁。

⑦ 此處異文的詳細考證,亦可參看本書所收《〈左傳·昭公四年〉誤字辨正——兼及"占"釋"窺察"義用例發覆》一文。

卷》中所保留的書證引文材料的底本是遠遠早於宋元古本的,因而可爲清人的校勘成果提供新證。

如:《左傳・僖公三十年》:"焉用亡鄭以陪鄰,鄰之厚,君之薄也。"其中"陪"字,《十三經注疏》作"倍",阮元《十三經注疏校勘記》:"石經、宋本、淳熙本、岳本、足利本'倍'作'陪',宋本《釋文》亦作'陪'。案錢大昕云'从阜爲正'。"①

《原本玉篇殘卷》"陪"字下引《左氏傳》即作"亡鄭陪鄰"②,可資旁證。

又如:《左傳・襄公十二年》:"齊侯許昏,王使陰里結之。"其中"結"字,《十三經注疏》作"逆"。阮元《十三經注疏校勘記》:"毛本'逆'作'結',是也。案《十行本》初刻是'結'字,後改誤'逆'。"③

《原本玉篇殘卷》"糸"部"結"字下引《左氏傳》"王使陰里結之"④,即作"結"。

**(三)可提供有價值的異文**

《原本玉篇殘卷》的書證引文中保留了許多傳世文獻的異文材料,這些材料對於我們研讀傳世文獻,考察經典的通假字、異體字等現象都彌足珍貴。這類異文在《原本玉篇殘卷》中相當豐富,我們就其中出現的較有價值的《左傳》異文逐一探討:

1.《原本玉篇殘卷》"緁"字下引文作"《蒼頡篇》:'蠻夷貨名也。'《春秋傳》:'齊侯獻戎緁'是也。"⑤

傳世本《左傳・莊公三十一年》經傳皆有:"齊侯來獻戎捷。"⑥

---

① 杜預注、孔穎達疏《春秋左傳正義》,第1835頁。
② 顧野王《原本玉篇殘卷》,第504頁。
③ 杜預注、孔穎達疏《春秋左傳正義》,第1953頁。
④ 顧野王《原本玉篇殘卷》,第137頁。
⑤ 顧野王《原本玉篇殘卷》,第140頁。
⑥ 杜預注、孔穎達疏《春秋左傳正義》,第1783頁。

《説文》:"捷,軍獲得也。从手疌聲。《春秋傳》曰:'齊人來獻戎捷。'"《説文》:"絏,合也。从糸从集,讀若捷。"[①]《文選·吴都賦》"絏賄紛紜,器用萬端"下李善注引劉逵曰:"絏,蠻夷貨名也。"[②]

錢大昕《潛研堂文集》卷三《古同音假借説》:"漢人言'讀若'者,皆文字假借之例,不特寓其言,並可通其字。"[③]《説文》云"絏讀若捷",故知作"蠻夷貨名"之義的"絏"字和"捷"音近義通。或因後世多用"捷"字,"絏"字作"蠻夷貨名"這一義項的用法逐漸被摒棄了。

2.《原本玉篇殘卷》"麇"字下:"《左氏傳》:'羅无勇,麇之。'杜預曰:'麇,束縛也。'又曰:'求諸侯而麇至。'杜預曰:'麇,群也。'"[④]

傳世本《左傳·哀公二年》:"羅無勇,麇之。"杜預曰:"麇,束縛也。"《左傳·昭公五年》:"求諸侯而麇至。"杜預曰:"麇,群也。"[⑤]

麇,同"稛",《集韻·準韻》:"稛,《博雅》:'束也。'或作圞、麇。"[⑥]

麇,通"稛",《説文通訓定聲·屯部》:"麇,假借爲稛",並舉哀公二年"羅無勇,麇之"爲例。[⑦]

《廣韻·吻韻》:"麇,《左傳》云'無勇,麇之',束縛也。"[⑧]可見,直到北宋人編撰《廣韻》的時候,《哀公二年》"羅無勇,麇之"之

---

① 許慎《説文解字》,中華書局,2002年,第257頁、第273頁。

② 蕭統編、李善注《文選》,第89頁。

③ 錢大昕《潛研堂文集》,《嘉定錢大昕全集》(玖),江蘇古籍出版社,1997年,第43頁。

④ 顧野王《原本玉篇殘卷》,第184頁、第393頁。

⑤ 杜預注、孔穎達疏《春秋左傳正義》,第2157頁、第2042頁。

⑥ 丁度等編《宋刻集韻》,中華書局,2005年,第103頁。

⑦ 朱駿聲《説文通訓定聲》,中華書局,1984年,第796頁。

⑧ 《宋本廣韻》,江蘇教育出版社,2002年,第80頁。

“麇”,依然有《左傳》傳本寫作“麇”。

3.《原本玉篇殘卷》“放”字下引文作:“《左氏傳》:‘弃位而放,不可謂貞。’杜預曰:‘放,淫之別名也。’”①傳世本《左傳·襄公九年》此處文字作:“弃位而姣,不可謂貞。”杜預注:“姣,淫之別名。”孔穎達《正義》:“服虔讀‘姣’爲‘放效’之‘效’,言效小人爲淫。”②

今考劉向《古列女傳》,亦有關於“魯穆姜”的記載,文字上和《襄公九年》的記載幾乎完全一致,疑本於《左傳》,此處亦作“棄位而放,不可謂貞”③,與《玉篇》殘卷引文相同。

“放”有“淫”義,又如《史記·樂書》“樂盈而不反,則放”裴駰《集解》引鄭玄曰:“放,放淫於聲樂,不能止也。”④

“淫”亦可訓“放”,《左傳》杜注本身就有例證。《昭公六年》:“嚴斷刑罰,以威其淫。”杜預注:“淫,放也。”⑤這和《玉篇》殘卷所引杜注“放,淫之別名也”恰好形成照應。

可見,殘卷所引“棄位而放”以及“放,淫之別名也”,或許存古貌,這當是一條具有重要價值的《左傳》異文材料。⑥

4.《原本玉篇殘卷》“左”字下:“《左氏傳》:‘左顧而唾’、‘右顧而笑’是也。”⑦

傳世本《左傳·昭公二十四年》:“余左顧而欬,乃殺之;右顧而

---

① 顧野王《原本玉篇殘卷》,第310頁。
② 杜預注、孔穎達疏《春秋左傳正義》,第1942頁。
③ 劉向《古列女傳》,《四部叢刊初編》,上海書店,1989年,卷七第14頁。
④ 司馬遷《史記》,中華書局,2014年,第1448頁。
⑤ 杜預注、孔穎達疏《春秋左傳正義》,第2043頁。
⑥ 此處異文的詳細考證,亦可參看本書所收《〈左傳〉釋詞四則》一文。
⑦ 顧野王《原本玉篇殘卷》,第315頁。

笑,乃止。”[1]《原本玉篇殘卷》引《左氏傳》作“唾”字,疑爲“咳”字傳抄之訛。《正字通》:“咳……與欬同,嗽也。”[2]但此處作“唾”字,文意上亦通順,所以也應作爲一條異文。

5.《原本玉篇殘卷》“軨”字下:“《左氏傳》:‘載以窓軨。’杜預曰:‘窓軨,輜車也。’”[3]

傳世本《左傳・定公九年》:“載葱靈,寢於其中而逃。”杜預注:“葱靈,輜車名。”孔穎達《正義》:“《説文》云:‘輜軿,衣車也,前後有蔽。’賈逵云:‘葱靈,衣車也,有葱有靈。’然則此車前後有蔽,兩旁開葱,可以觀望,葱中豎木謂之靈,今人猶名葱木爲靈子,其内容人卧,故得寢於其中而逃。”[4]

《説文》:“軨,車轖間横木。”[5]朱駿聲《説文通訓定聲》:“靈,假借爲轜,即軨”,並舉定公九年“載葱靈”爲例。[6]《原本玉篇殘卷》的引文即爲朱説提供了一條可資佐證的異文材料。

6.《原本玉篇殘卷》“仄”字下:“《左氏傳》:‘崔氏仄莊公于北郭。’杜預曰:‘仄,瘞埋之也。’”[7]

傳世本《左傳・襄公二十五年》:“崔氏側莊公于北郭。”杜預曰:“側,瘞埋之。不殯於廟。”[8]

---

① 杜預注、孔穎達疏《春秋左傳正義》,第 2105 頁。
② 張自烈、廖文英《正字通》,中國工人出版社,1996 年,第 147 頁。
③ 顧野王《原本玉篇殘卷》,第 329 頁。
④ 杜預注、孔穎達疏《春秋左傳正義》,第 2144 頁。
⑤ 許慎《説文解字》,第 301 頁。
⑥ 朱駿聲《説文通訓定聲》,第 875 頁。
⑦ 顧野王《原本玉篇殘卷》,第 465 頁。
⑧ 杜預注、孔穎達疏《春秋左傳正義》,第 1984 頁。

查考《漢語大字典》、《漢語大詞典》等辭書對“仄”字的釋義,多有釋之爲“側”或言“仄”通“側”之説,但無一條目釋“仄”爲“瘞埋”之義。根據《原本玉篇殘卷》此處異文的記載,我們對現代辭書“仄”字條目可作補充。

## 二、訓詁學價值

### (一) 可借以解決訓詁疑難問題

前人訓釋古書古語,因材料不足多有闕疑之處。《原本玉篇殘卷》爲我們提供了很多前人未曾得見的新材料,一些聚訟難決的問題便可涣然冰釋。如:

傳世本《左傳・文公十八年》“服讒蒐慝”杜預注曰:“蒐,隱也。”[①]楊伯峻注曰:“蒐有二義,服虔與杜預俱謂‘蒐,隱也’,蓋以蒐爲廋,《廣雅》及《方言》並云:‘廋,隱也。’則蒐慝者,與‘掩義藏賊’之意同,隱瞞爲惡之人之謂也。如讀蒐如字,則《爾雅・釋詁》云‘聚也’,聚積姦慝之人之謂也。”[②]

楊説顯然是采取存疑的態度,對“蒐”的理解存兩説。一是按杜預舊注,釋作“隱藏”之義,但是這樣從用字的角度看,必須要破假借才講得通。所以楊先生又提出第二種解釋,“蒐”讀如本字,作“聚”之義。

恰巧,“服讒蒐慝”及相應的杜注在《原本玉篇殘卷》裏都有徵引,“廋”字下引此作:“《左氏傳》:‘服讒廋匿。’杜預曰:‘廋,

---

① 杜預注、孔穎達疏《春秋左傳正義》,第 1862 頁。
② 楊伯峻《春秋左傳注》,中華書局,1990 年,第 639 頁。

隱也。’”[①]

顯然,《原本玉篇殘卷》所據的底本《文公十八年》此處文字即是作“廋”的,由此我們可以推斷,服虔、杜預之所以釋“蒐”爲“隱”,其實是不需要破假借的,他們所見的《左傳》“服讒蒐慝”本就是作“廋”。作“蒐”應是後世用字習慣變化所改,所以楊伯峻注“蒐有二義”之説當取前者。[②]

## (二) 爲前人的訓詁成果提供新證

《原本玉篇殘卷》爲我們提供的新材料,對於前人的訓詁成果可提供許多新證。如:

1.《左傳·隱公元年》:“公曰:‘爾有母遺,緊我獨無!’”杜預注:“緊,語助。”[③]前人對“緊”字一般理解爲發語詞,所以大都在“緊”前斷句。楊伯峻先生在他的注文中提出“疑緊與噫古僅平入對轉,即今歎詞咳,可單獨爲一逗。”

《原本玉篇殘卷》“譥”字下引《左氏傳》曰:“‘爾有母遺譥。’杜預曰:‘語助也。’……今或爲‘緊’,在糸部。”[④]《方言》:“欸、譥,然也。”[⑤]據此,可知隱公元年的“緊”字和“譥”相通,恐不當是發語詞,楊伯峻先生主張“緊”後逗開,這是正確的。但是,“緊”也不當是歎詞,而應該是句末語氣詞。這樣一來,原文的斷句當是:“爾有母遺緊,我獨無!”讀起來,恰恰可以凸顯“爾”和“我”的對比關係,文從

---

① 顧野王《原本玉篇殘卷》,第457頁。

② 此處異文的詳細考證,亦可參看本書所收《〈左傳〉釋詞四則》一文。

③ 杜預注、孔穎達疏《春秋左傳正義》,第1716頁。

④ 顧野王《原本玉篇殘卷》,第36頁、第236頁。“今或爲‘緊’”的“緊”,原書誤作“譥”,據上下文義改。

⑤ 周祖謨《方言校箋》,中華書局,2004年,第67頁。

字順,於義爲長。①

2.《説文》:“底,山尻也。一曰下也。”段玉裁注曰:“山當作止,字之誤也。”②段説甚是,“止”小篆字形楷化後很容易和“山”字相誤,而《玉篇》恰恰是一部大量保留了楷化小篆字形的字書,段玉裁論斷的“止”、“山” 訛誤情況,早在原本《玉篇》的年代就已經發生了。

《原本玉篇殘卷》“底”字下:“《左氏傳》:‘物乃底伏。’杜預曰:‘底,山也。’”③

傳世本《左傳・昭公二十九年》:“物乃坻伏。”杜預注曰:“坻,止也。”又《左傳・昭公元年》:“勿使有所壅閉湫底。”杜預注:“底,滯也。”孔穎達《正義》:“服虔云:‘湫,著也;底,止也。’”④

由此可知,《原本玉篇殘卷》的時代“底”訓“止”即已誤爲“山”,這和《説文》“底”訓“山居”的訛誤是一致的,進而也證明了段玉裁“山當作止,字之誤也”論斷可信。

## 三、 輯佚學價值

《原本玉篇殘卷》的書證引文裏保留了多種已佚的古籍,如《蒼頡篇》、《埤蒼》、《字書》、《淮南子間詁》等等,這些典籍在《漢書・藝

① 此處異文的詳細考證,亦可參看本書所收《〈左傳〉“爾有母遺緊我獨無”斷句新證》一文。

② 段玉裁《説文解字注》,上海古籍出版社,2000 年,第 445 頁。

③ 顧野王《原本玉篇殘卷》,第 452 頁。

④ 杜預注、孔穎達疏《春秋左傳正義》,第 2123 頁、第 2024 頁。

文志》、《隋書・經籍志》、《舊唐書・經籍志》、《新唐書・藝文志》等史志目録中皆有相關記載，但是現在都已亡佚了。因而，《原本玉篇殘卷》的書證引文具有很高的輯佚學價值。

這一點，一個世紀以前就曾有學者關注並身體力行。清代學者孫星衍曾從各類傳世文獻和佛典的引文裏輯録出《倉頡篇》一書，之後任大椿又作了《續輯》，光緒年間的陶方琦又作了《補輯》，陶氏的補輯的一個主要材料來源就是當時在日本發現的“日本傳刻唐本《玉篇》零部”[①]，這就是我們今天所謂的《原本玉篇殘卷》，而且他所依據的“日本傳刻唐本《玉篇》零部”既包含《原本玉篇殘卷》中的黎庶昌發現的部分，也包含羅振玉發現的部分。但是，陶氏的《補輯》早於黎、羅印行《玉篇》殘卷的時間，《補輯》撰成於光緒十年(1885)前後，刊刻問世於光緒十六年(1891)，而黎庶昌的《古逸叢書》刊於光緒十年(1885)，羅振玉所發現的《玉篇》殘卷刊行於丁巳年(1917)之後。可見，在黎庶昌、羅振玉引進原本《玉篇》殘卷之前，國内就有學者關注並全面利用原本《玉篇》的材料了。讓人感歎的是，一百年前學人對原本《玉篇》殘卷重視如是，一百年後原本《玉篇》殘卷被合刊影印，公行於世，反倒幾乎無人問津了。

## 四、餘　論

### (一)《原本玉篇殘卷》裏也存在大量錯字、誤字情況

《原本玉篇殘卷》畢竟是一部寫本文獻，在傳抄過程中，不可避免的産生了大量訛誤。因此在利用時候，一定要秉承去粗取精、去僞存真的態度。不過這些抄寫的訛誤，有的在某種程度上也反映

① 參見孫星衍等輯《倉頡篇》，《續修四庫全書》第243册，上海古籍出版社，2002年。

了寫本文獻傳抄訛誤的一些普遍情況，對我們今天研究寫本流變還是有啓發意義的。《原本玉篇殘卷》引《左氏傳》出現的訛誤之處很多，兹舉兩例示之，以助研討。

《原本玉篇殘卷》"歒"字下："《左氏傳》有歒孫爲公右。"①

傳世本"歒孫"作"歒孫"，《左傳・莊公十一年》有"公右歒孫"。"孫"，查考各種字書皆無，疑因"孫"字草書右旁之"系"與"鳥"相類而訛混，故"孫"爲錯字。

又如，《原本玉篇殘卷》"阻"字下："《左氏傳》……又曰：'是伇也，狂夫猶阻之。'"②

傳世本《左傳・閔公二年》："是服也，狂夫阻之。"原本"伇"應是"服"字傳寫之訛，寫本文獻中"艮"和"殳"字形相近易混，而草書中"舟"、"月"旁（"服"字小篆从"舟"，楷書从"月"）皆可寫作"𠃌"③，又易與"彳"或"亻"混同，故原本作"伇"當是"服"的誤字無疑。另《國語・晋語》中亦有關於此事的記載，作"且是衣也，狂夫阻之衣也"④，可資旁證。

**（二）關於胡吉宣先生《〈玉篇〉引書考異》一文**

早在二十世紀八十年代初，上海的胡吉宣先生在編撰《玉篇校釋》之餘，就作過《〈玉篇〉引書考異》一文，發表於《中華文史論叢》增刊《語言文字研究專輯》（上），其中對原本《玉篇》殘卷和廣益本《玉篇》徵引的近40部古籍的引文作了細緻的研究，將異文逐一列

① 顧野王《原本玉篇殘卷》，第114頁、第422頁。

② 顧野王《原本玉篇殘卷》，第491頁。此處後經覆覈《續修四庫全書》本《玉篇》，原卷"服"字作"伇"，與《古逸叢書》覆刻的字形略有不同，考慮差異不大，不再改動原文表述。

③ 裘錫圭《文字學概要》，商務印書館，1988年，第89頁。

④《國語》，上海古籍出版，1998年，第278頁。

出,略作考辨,該文對於這近 40 部典籍的校理和研究工作有着重要的參考價值。然而,二十多年過去,國内的古籍整理事業如火如荼,胡先生文章卻被塵封在了歷史裹,似乎不曾見有人系統參考采納,這是十分令人遺憾的事情。《〈玉篇〉引書考異》一文是胡吉宣先生一生研究《玉篇》的成果結晶,這裹借本文的機會,提醒大家不應該忘記胡先生曾爲我們做出的努力。

總而言之,《原本玉篇殘卷》引書材料的文獻學價值是顯而易見的,囿於篇幅和精力,本文只是以徵引《左傳》爲例對其引書價值作初步探研,《原本玉篇殘卷》豐富的引書材料還有待於今後更進一步全面系統地發掘與研究。

原載《圖書館雜誌》2006 年第 12 期,今略有修訂。

# 被遺忘的穀梁學家劉兆

## ——《玉篇》殘卷引《穀梁傳》古注發微

南朝顧野王所撰《玉篇》是我國繼《説文解字》、《字林》後又一部重要的字書，也是我國語言文字學史上第一部以楷書爲主體的字典。到了唐代高宗上元之末，孫强對《玉篇》進行了增字减注，至北宋真宗大中祥符年間，陳彭年、吴鋭、丘雍等又奉詔重修，再作增補，名爲《大廣益會玉篇》，流傳至今。19 世紀末 20 世紀初，黎庶昌、楊守敬、羅振玉先後在日本發現了一系列《玉篇》寫本殘卷，釋義完備，引證豐富，且保留了大量顧野王的案語，應當是孫强增字删注前的《玉篇》原本，因而現在通常把這部分日藏《玉篇》寫本殘卷稱之爲原本《玉篇》。

這些《玉篇》殘卷的抄寫年代現在學界還很難作出統一論斷，但是它們所據底本的年代可以確定是南朝梁代的。① 因而，對於傳

① 根據筆者研究，《玉篇》殘卷現存 7 卷，其中書證材料涉及"順"改"從"、"綱"改"維"、"剛"改"堅"的嚴格改字現象，而且"卷第廿七"之下的糸部完整無缺，收字頭 392 個，其間"統"、"綱"二字未收，而北宋《大廣益會玉篇》糸部卷末分别補進了這(轉下頁)

世典籍的校理與研究,《玉篇》殘卷中的書證引文顯得彌足珍貴。[①]

《玉篇》殘卷中大量徵引經典舊注,如《尚書》用孔安國注,《周易》用王弼注、韓康伯注,《毛詩》、三禮皆用鄭玄注,《左傳》用杜預注等等,然而值得引起注意的是《穀梁傳》共被徵引 27 處,見於 26 個字頭之下,其中有 15 處都用了西晉劉兆的舊注,而通常認爲魏晉南北朝時期影響巨大的《穀梁傳》范甯注卻隻字未引。

## 一、《玉篇》殘卷徵引《穀梁傳》及劉兆注輯正

《穀梁傳》劉兆注清人有過輯佚,"王謨、馬國翰皆據《釋文》、《文選》李善注等採摭,皆訓解二傳之義者。馬輯得十節,王輯得六節未出馬外。王仁俊補馬氏之缺,析爲《公羊》、《穀梁》二輯,從《原本玉篇》採得《公羊》注三節、《穀梁》注十四節"[②]。經查覈,王仁俊劉兆注輯本是用《古逸叢書》覆刻《玉篇》殘卷爲底本[③],《古逸叢書》的《玉篇》殘卷由於是覆刻本,所以多有失真之處[④],而且王氏未對這些劉兆注材料作考辨,因此有所遺漏。

我們重新將《玉篇》殘卷引《穀梁傳》及劉兆舊注的材料輯録如

---

(接上頁)兩個字頭,我們據此推斷産生這一系列現象的根源是因爲避梁諱("順"字避蕭衍之父蕭順之,"統"避蕭統,"綱"、"剛"避蕭綱)而致,由此判斷日藏《玉篇》殘卷的底本時代可以上溯到南朝梁代。參見拙文《原本〈玉篇〉避諱字"統"、"綱"發微》,《辭書研究》2011 年第 1 期。

① 參見拙文《試論〈原本玉篇殘卷〉引書材料的文獻學價值——以引〈左氏傳〉爲例》,《圖書館雜誌》2006 年第 12 期,亦收入於本書。

② 孫啓治、陳建華《古佚書輯本目録》,中華書局,1997 年,第 65 頁。

③ 王仁俊《玉函山房續編自叙》,《玉函山房輯佚書續編三種》,上海古籍出版社,1989 年,第 1 頁。

④ 詳參拙文《原本〈玉篇〉殘卷國内影印本述評》,《中國典籍與文化》2008 年第 4 期。

下，並以今本《穀梁傳》及注疏材料校覈，以《玉篇》字頭爲排列順序：

1. 平：《穀梁傳》："平者，成也。"(《續修四庫全書》第 228 册，上海古籍出版社，2002 年，第 306 頁，下同)

按：《穀梁傳》宣公四年、十五年、昭公七年："平者，成也。"(阮元校刻《十三經注疏》，中華書局，1980 年，第 2412 頁、第 2414 頁、第 2434 頁，下引《十三經注疏》皆同此)

2. 告：《穀梁傳》："告，請也。"(第 313 頁)

按：《穀梁傳》莊公二十八年："告，請也。"(第 2388 頁)

3. 歉：《穀梁傳》："一聲不升謂之歉。"劉兆曰："歉，不足也。"(第 335 頁)

按：《穀梁傳》襄公二十四年："一穀不升謂之嗛。"范甯注："嗛，不足貌。"(第 2430 頁)"聲"是"穀"字之訛，"穀"俗寫作"[illegible]"，从殸从禾，與"聲"形近。"嗛"，通"歉"，《廣雅·釋天》引《穀梁傳》亦作"歉"。

4. 次：《穀梁傳》："次者，止也。"(第 338 頁)

按：《穀梁傳》莊公三年、莊公八年、莊公十年、僖公四年、僖公十五年、昭公二十五年："次，止也。"(第 2381 頁、第 2382 頁、第 2383 頁、第 2392 頁、第 2397 頁、第 2440 頁)

5. 歑：《穀梁傳》："四穀不升謂之歑。"劉兆曰："歑，虚也。"(第 339 頁)

按:《穀梁傳》襄公二十四年:"四穀不升謂之康。"范甯注:"康,虚。"(第 2430 頁)"四穀不升謂之歉",《廣雅》亦有此語作"歉"。《説文》:"歉,飢虚也。"

6. 饑:《穀梁傳》:"二穀不升謂之饑","五穀不升爲大饑"也。(第 358 頁)

按:《穀梁傳》襄公二十四年:"大饑。五穀不升爲大饑。一穀不升謂之嗛,二穀不升謂之饑,三穀不升謂之饉,四穀不升謂之康,五穀不升謂之大侵。"(第 2430 頁)

7. 饉:《穀梁傳》:"三穀不升謂之饉。"(第 358 頁)

按:《穀梁傳》襄公二十四年:"大饑。五穀不升爲大饑。一穀不升謂之嗛,二穀不升謂之饑,三穀不升謂之饉,四穀不升謂之康,五穀不升謂之大侵。"(第 2430 頁)

8. 飦:《穀梁傳》:"惟哭飦粥。"(第 363 頁)

按:《穀梁傳》昭公十九年:"止曰:'我與夫弑者,不立乎其位。'以與其弟虺。哭泣,歠飦粥,嗌不容粒。"(第 2439 頁)

《玉篇》引文當有脱訛,又,疑"惟"通"虺","惟"上古音屬餘母微部,"虺"上古音屬曉母微部,二字讀音接近。从"隹"聲的"蜼"字即可通"虺",《周禮·春官·司尊彝》"裸用虎彝蜼彝"鄭玄注:"鄭司農云:'蜼讀爲蛇虺之虺。'"(第 773 頁)

9. 盗:《穀梁傳》:"《春秋》有三盗:微殺大夫謂之盗。……取謂之盗。非所取謂之盗。辟中國之正道……盗也。"(第 371 頁)

按:《玉篇》寫卷此處引文之中有殘泐,省略號之處皆爲殘缺,且語句與今本《穀梁傳》稍有差異。

《穀梁傳》哀公四年:"《春秋》有三盜:微殺大夫,謂之盜;非所取而取之,謂之盜;辟中國之正道以襲利,謂之盜。"(第 2449 頁)

10. 用:《穀梁傳》:"邾人執鄫子,用之","用之何? 叩其鼻以衈社也。"(第 389 頁)

按:《穀梁傳》僖公十九年:"己酉,邾人執繒子,用之。""用之者,叩其鼻以衈社也。"(第 2399 頁)"用之何",今本作"用之者"。

11. 甫:《穀梁傳》:"甫者,傅也。男子之美稱也。"(第 389 頁)

按:《穀梁傳》隱公元年:"父猶傅也,男子之美稱也。"(第 2365 頁)《説文》:"甫,男子美稱也。"父、甫,並通。

12. 輸:《穀梁傳》:"輸者,墮也。"(第 403 頁)

按:《穀梁傳》隱公六年:"輸者,墮也。"(第 2370 頁)

13. 軋:《穀梁傳》:"取邾田,自漷水。軋辭也。"劉兆曰:"軋,委曲隨漷水,爲侵邾田多也。"(第 404 頁)

按:《穀梁傳》襄公十九年:"取邾田,自漷水。軋辭也。"范甯注:"軋,委曲隨漷水,言取邾田之多。"(第 2429 頁)

14. 轚:《穀梁傳》:"流旁容握,轚者不得入。"劉兆曰:"流旁容握,謂車兩轊頭,各去門㚖容握。握,四寸也。轚,絓也。絓中門棖則不得入也。"(第 407 頁)

按:《穀梁傳》昭公八年:"流旁握,御轚者,不得入。"范甯注:"流旁握,謂車兩轊頭,各去門邊空握。握,四寸也。轚挂則不得入門。"(第 2435 頁)

"空握"之"空"當是"容"訛。阮元校勘記:"各去門邊空握。閩、監本、毛本同,余本'空'作'容'。"(第 2437 頁)繁體字整理本《十三經注疏・春秋穀梁傳注疏》校勘記:"按,依文意,作'容'字爲宜,據改。"[1]據《玉篇》殘卷引劉兆注,"空"當爲"容"。

又,阮元校勘記:"轚挂則不得入門。閩、監本、毛本同。案:《釋文》出'挂也',云'户卦反,又音卦,礙也',與今本不同。疑陸氏所據本'轚挂'下有'也挂'二字。"(第 2437 頁)繁體字整理本《十三經注疏・春秋穀梁傳注疏》:按:《穀梁經傳補注》"轚"下有"挂也"二字。[2] 據《玉篇》殘卷引劉兆注,疑陸氏所據文本"轚"有"也"字存古。

15. 崩:《穀梁傳》:"高曰崩。"(第 474 頁)

按:《穀梁傳》隱公三年:"高曰崩。"(第 2367 頁)

16. 庈:《左氏傳》:"傳庈山澤之險。"杜預曰:"庈,候也。"又曰:"冠盗充而庈煞。"劉兆曰:"庈,指也。"(第 493 頁)

按:《穀梁傳》僖公五年:"目晋侯,斥殺,惡晋侯也。"范甯注:"斥,指斥。"(第 2393 頁)

"庈",今本皆作"斥"。依照《玉篇》殘卷體例,"又曰"當指前

① 《春秋穀梁傳注疏》,李學勤主編《十三經注疏》繁體字整理本,北京大學出版社,2000 年,第 325 頁。

② 《春秋穀梁傳注疏》,第 325 頁。

《左氏傳》,《左傳》襄公三十一年傳:"寇盜充斥。""冠"字當是"寇"字形訛,然此處文字疑有脱誤,"又曰"後原或作:"寇盜充庌。《穀梁傳》:'目晋侯,庌煞。'劉兆曰:'庌,指也。'""煞"通"殺"。

清人王仁俊《穀梁傳》劉兆注輯本遺漏此條。[①]

17. 庀:《穀梁傳》:"上始庀牲。"劉兆曰:"庀,蔄核也。"(第497頁)

按:《穀梁傳》哀公元年:"六月上甲,始庀牲,然後左右之。"范甯注:"庀,具也。"孔穎達疏:"庀,具,猶簡擇。"(第2448頁)

18. 厲:《穀梁傳》:"始厲樂矣。"劉兆曰:"厲,咸略。"……《尔雅》:"厲,作也。"郭璞曰:"《穀梁傳》'始厲樂矣'是也。"(第504頁)

按:《穀梁傳》隱公五年:"始厲樂矣。"范甯注:"言時諸侯僭侈,皆用八佾,魯於是能自減厲,而始用六。"(第2369頁)

19. 陽:《穀梁傳》:"山南曰陽,水北曰陽。"劉兆曰:"以見日爲陽也。"(第534頁)

按:《穀梁傳》僖公二十八年:"水北爲陽,山南爲陽。"范甯注:"日之所昭曰陽。"(第2402頁)

20. 隓:《穀梁傳》:"墮猶損取也。"(第562頁)

按:《穀梁傳》定公十二年:"叔孫州仇帥師墮郈,墮猶取也。"范甯注:"墮猶取也。墮非訓取,言今但毁其城,則郈永屬己,若更取邑於他然。"(第373頁)《左傳》昭公二十八年"毋墮乃力"杜預注:"墮,損也。"(第2119頁)

① 王仁俊《玉函山房輯佚書續編三種》,上海古籍出版社,1989年,第54—55頁。

21. 緬:《穀梁傳》:“改葬之礼,緦,舉下,緬也。”劉兆曰:“緬謂輕而薄也。”(第578頁)

按:《穀梁傳》莊公三年:“五月……改葬之禮,緦,舉下,緬也。”陸德明《音義》:“緬,遠也。”(第2380頁)

22. 紿:《穀梁》:“惡公子之紿。”劉兆曰:“紿,相負欺也。”(第586頁)

按:《穀梁傳・僖公元年》:“惡公子之紿。”范甯注:“紿,欺紿也。”(第2391頁)《慧琳音義》卷九十九“欺紿”注引劉兆注《穀梁傳》云“紿謂相欺負也”。[①] 日藏《玉篇》引文“負欺”或是“欺負”之倒。

23. 綦:《穀梁傳》:“兩足不能相過,齊謂之踂,衛謂之縶。”劉兆曰:“天性然者也。綦,連絣也。踂,聚合不解放也。縶,如見絆也。”(第606頁)

按:《穀梁傳》昭公二十年:“兩足不能相過,齊謂之綦,楚謂之踂,衛謂之輒。”(第2439頁)《玉篇》引《穀梁傳》脱四字“綦楚謂之”。陸德明《音義》:“劉兆云:‘綦,連併也。’踂,女輒反,劉兆云:‘聚合不解也。’輒本亦作縶,劉兆云:‘如見絆縶也。’”疑陸德明引文“如見絆縶也”標點當作“如見絆,縶也”。

24. 纍:《穀梁傳》:“及慶=寅=累也。”(筆者按:=是原卷的重文符號)劉兆曰:“累黨属也。”又曰:“箕鄭累也。”劉兆曰:“累,連及也。”(第623頁)

按:《穀梁傳》襄公二十三年:“及慶寅,慶寅累也。”(第2430

---

① 徐時儀《一切經音義三種校本合刊》,上海古籍出版社,2008年,第2184頁。

頁）

文公九年："晋人殺其大夫士縠，及箕鄭父。稱人以殺，誅有罪也。鄭父，累也。"（第 2408 頁）《玉篇》引文有簡省。

25. 績：《穀梁傳》："績，功也。功，事也。"（第 637 頁）

按：《穀梁傳》宣公十二年："績，功也。功，事也。"（第 2414 頁）

26. 縶：《穀梁傳》："兩足不相過，衛謂之縶。"劉兆曰："天性然者也。縶，如見絆也。"（第 651 頁）

按：參第 23 條。

27. 緜：《穀梁傳》："綿地千里。"劉兆曰："綿猶經歷也。"（第 662 頁）

按：《穀梁傳》文公十四年："長轂五百乘，緜地千里。"范甯注："緜猶彌漫。"（第 2409 頁）《玉篇》字頭作"緜"，書證作"綿"，二字爲古今字。左思《蜀都賦》"於東則左緜巴中"吕向注："緜，歷也。"顏延之《陶徵士誄》"而緜世浸遠"劉良注："緜，歷也。"①

## 二、《玉篇》殘卷引劉兆注《穀梁傳》的研究價值

如前文所述，日藏《玉篇》殘卷的底本時代可以斷定是南朝梁的，因此無論對於校勘古書，還是經學史研究而言，以上 27 處《穀梁傳》及 15 處劉兆注都具有潛在的學術價值。我們擬從以下三個

① 蕭統編，李善、吕延濟、劉良、張銑、吕向、李周翰注《六臣注文選》，中華書局，1987 年，第 93 頁、第 1060 頁。

方面試作探討。

**第一,校勘古書的價值。**

從上文可以看出,《玉篇》殘卷引《穀梁傳》及劉兆注雖然僅二十餘條,但對於傳世本《穀梁傳》及其舊注的校勘具有一定的參考價值,實際上這些材料的校勘價值不限於此,又如:

1. 陸德明《經典釋文》卷六《毛詩音義》:"轚音計。劉兆注《穀梁》云'繼也',本又作'擊',音同,或古歷反。"

陳奂《詩毛氏傳疏》:"《釋文》本作:轚音計。劉兆注《穀梁》云絓也。"[①]黄焯《經典釋文彙校》引陳奂説,但未作判斷。[②]

《説文》:"轚,車轄相擊也。""轚"字有掛礙、撞擊之義,與"繼"義毫無關涉,"繼"當是"絓"字形訛,陳奂不誤。

"繼"字在中古時期俗寫作"继"[③],與"絓"形近。敦煌 S. 388《正名要録》"繼"字寫作"[illegible]",與"絓"字近似。

《玉篇》殘卷"轚"字書證引《穀梁傳》劉兆曰:"轚,絓也。絓中門根則不得入也。"(參見上文第 14 條材料)

陸德明《經典釋文》卷二十二《春秋穀梁音義 · 昭公八年》:"轚,古帝反,挂也,劉兆云'絓也'。"[④]此處所釋《穀梁傳》正文"流旁握,御轚者不得入",與《玉篇》殘卷書證出自一處。

《玉篇》殘卷和陸德明《經典釋文 · 春秋穀梁音義》所引劉兆舊注正是《毛詩音義》引文的來源,可見《毛詩音義》作"繼"必是"絓"字形訛,而且是傳抄之誤,非陸德明之誤。

---

① 陳奂《詩毛氏傳疏》,《續修四庫全書》第 70 册,上海古籍出版社,2002 年,第 221 頁。

② 陸德明撰、黄焯彙校《經典釋文彙校》,中華書局,2006 年,第 177 頁。

③ "继,今俗繼字也",參見顧野王原本《玉篇》殘卷糸部,《續修四庫全書》第 228 册,第 647 頁。

④ 陸德明撰、黄焯彙校《經典釋文彙校》,第 675 頁。

2.《慧琳音義》卷八十八“緬至”注:劉兆注《公羊》“緬,輕而薄也”。[①]

日藏《玉篇》“緬”字書證引《穀梁傳》劉兆曰:“緬謂輕而薄也。”(參前第21條)

又,考《公羊傳》全書無“緬”字,可知《慧琳音義》“公羊”當爲“穀梁”之誤。之所以會産生這處訛誤,可能是因爲劉兆爲《公羊傳》作過注,並且慧琳作《音義》時也有徵引,這裏出現了訛混。

**第二,可資補充、考辨前人輯佚成果。**

上文通過對劉兆注的輯正,我們利用《玉篇》殘卷引劉兆注的材料,對前人的輯佚成果作了補充。(參見第16條)此外,利用這些《穀梁傳》劉兆注的材料還也可考辨其它文獻的輯佚工作。

**第三,重新認識《穀梁傳》劉兆注在經學史上的影響。**

我們先來蒐集一下史籍對劉兆的記載。

《晉書·儒林列傳》:

> 劉兆字延世,濟南東平人,漢廣川惠王之後也。兆博學洽聞,温篤善誘,從受業者數千人。武帝時五辟公府,三徵博士,皆不就。安貧樂道,潛心著述,不出門庭數十年。以《春秋》一經而三家殊塗,諸儒是非之議紛然,互爲讎敵,乃思三家之異,合而通之。《周禮》有調人之官,作《春秋調人》七萬餘言,皆論其首尾,使大義無乖,時有不合者,舉其長短以通之。又爲《春秋左氏》解,名曰《全綜》,《公羊》、《穀梁》解詁皆納經傳中,朱書以别之。又撰《周易訓注》,以正動二體互通其文。凡所讚

① 徐時儀《一切經音義三種校本合刊》,第2039頁。

述百餘萬言。

嘗有人著韡騎驢至兆門外,曰:"吾欲見劉延世。"兆儒德道素,青州無稱其字者,門人大怒。兆曰:"聽前。"既進,踞牀問兆曰:"聞君大學,比何所作?"兆答如上事,末云:"多有所疑。"客問之。兆説疑畢,客曰:"此易解耳。"因爲辯釋疑者是非耳。兆別更立意,客一難,兆不能對。客去,已出門,兆欲留之,使人重呼還。客曰:"親親在此營葬,宜赴之,後當更來也。"既去,兆令人視葬家,不見此客,竟不知姓名。兆年六十六卒。有五子:卓、炤、燿、育、臍。[1]

《隋書·經籍志》:"《春秋公羊、穀梁傳》十二卷晋博士劉兆撰。"[2]

《舊唐書·經籍志》:"《春秋公羊穀梁左氏集解》十一卷劉兆撰。"[3]

《新唐書·藝文志》:"劉兆《三家集解》十一卷。"[4]

另外,劉兆注《公羊傳》、《穀梁傳》零星散見於陸德明《毛詩音義》、《春秋公羊傳音義》、《春秋穀梁傳音義》,《文選》李善注以及玄應、慧琳《一切經音義》和希麟《續一切經音義》等。

從以上這些文獻記載看,西晋時期的劉兆確實注過《穀梁傳》,到了唐代還爲學者所關注,但後世影響甚微,以致于《舊唐書·經籍志》列其于楊士勛《春秋穀梁傳疏》之後,唐五代以降的典籍中對它的徵引微乎其微。

---

① 房玄齡等《晋書》,中華書局,1974 年,第 2349—2350 頁。
② 魏徵、令狐德棻《隋書》,中華書局,1982 年,第 931 頁。
③ 劉昫等《舊唐書》,中華書局,1975 年,第 1979 頁。
④ 歐陽修、宋祁《新唐書》,中華書局,1975 年,第 1440 頁。

過去的經學史敘述，尤其是《春秋》學史研究中，《穀梁傳》劉兆注的影響幾乎不被提及。

《隋書・經籍志》："晋時，杜預又爲《經傳集解》。《穀梁》范甯注、《公羊》何休注、《左氏》服虔、杜預注，俱立國學。然《公羊》、《穀梁》，但試讀文，而不能通其義。後學三傳通講，而《左氏》唯傳服義。至隋，杜氏盛行，服義及《公羊》、《穀梁》浸微，今殆無師説。"①

《南齊書・陸澄傳》記載了陸澄與王儉關於宋、齊時期經學家法的討論，其中關於《穀梁傳》，晋太元時舊有麋信注，宋元嘉時顔延年增以范甯注，至齊永明時又去范存麋②。

可見自魏晋至南朝，《穀梁傳》麋信注和范甯注尤爲顯崇。但是在日藏《玉篇》殘卷的引書裏，徵引《穀梁傳》唯獨采用劉兆注，而不用别家注，這反映出顧野王對《穀梁傳》劉兆注的認同。就前文對《玉篇》引劉兆注與相關范甯注的比較看，這些劉兆注和范甯注的内容大同小異，似乎並無特别優長。

通過觀察《玉篇》殘卷其他引書，我們發現《尚書》主要用孔安國注③，《周易》用王弼、韓康伯注，《毛詩》、三禮皆用鄭玄注，《左傳》用杜預注，《公羊傳》主要用何休注④，《史記》用裴駰《集解》⑤等等，

---

① 魏徵、令狐德棻《隋書》，第 933 頁。

② 蕭子顯《南齊書》，中華書局，1974 年，第 684 頁。

③ 日藏《玉篇》殘卷引《尚書》古注除了孔安國注，還有 3 處范甯注，分别在"飫"、"工"、"岱"3 字之下，《隋書・經籍志》有"《古文尚書舜典》一卷，晋豫章太守范甯注"，而《玉篇》所引 3 處范甯注對應的《尚書》正文皆出自《舜典》，這 3 處材料可能即是《古文尚書舜典》范甯注。《玉篇》殘卷裏引范注《尚書》，説明顧野王在編輯《玉篇》時對范甯的著作是有所關注的。

④ 日藏《玉篇》殘卷引《公羊傳》46 處，其中有 14 處用了何休注，5 處用了劉兆注。詳參《南朝蕭梁時期〈春秋公羊傳〉經注文本探微——以原本〈玉篇〉引書爲例》，《歷史文獻研究》第 41 輯，廣陵書社，2018 年 8 月，第 29—40 頁。亦收入本書。

⑤ 另見拙文《原本〈玉篇〉引〈史記〉及相關古注材料考論》，《文史哲》2011 年第 6 期。

這些都是公認的南朝時期影響顯著的經典舊注，説明顧野王編纂《玉篇》時對於經典舊注取捨的標準，應是參照了當時舊注的影響大小。

因此，從《玉篇》殘卷的引書現象，可以窺測《穀梁傳》劉兆注在南朝梁代的影響力有可能勝過范甯等舊注，而且《公羊傳》的劉兆注本在當時也具有一定的影響。《玉篇》編纂時所使用的極有可能就是《隋書·經籍志》記載的十二卷本劉兆撰《春秋公羊穀梁傳》。對於《春秋》學史的追溯，尤其是南朝經學史，劉兆所注《穀梁傳》以及《公羊傳》不應被遺忘和忽略。

## 三、幾點疑問

**第一，劉兆和劉瑶的問題。**

范甯《春秋穀梁傳注疏序》："升平之末，歲次大梁，先君北蕃迴軫頓駕于吴，乃帥門生故吏、我兄弟子姪，研講六籍，次及三傳。《左氏》則有服、杜之注，《公羊》則有何、嚴之訓。釋《穀梁傳》者雖近十家，皆膚淺末學，不經師匠。"楊士勛疏："'近十家'者，魏晋已來注《穀梁》者，有尹更始、唐固、麋信、孔演、江熙、程闡、徐仙民、徐乾、劉瑶、胡訥之等，故曰'近十家'也。"（第2361頁）阮元校勘記："劉瑶，隋、唐《志》並作劉珧。"（第2364頁）

柳興恩《穀梁大義述》卷十六："述曰：《穀梁傳疏》云：魏晋以來注者有劉瑶，疑即劉兆。"①

阮元校勘記稱"'劉瑶'隋、唐《志》並作'劉珧'"，查《隋書·經籍志》、《舊唐書·經籍志》、《新唐書·藝文志》，有"劉兆"而無"劉

① 柳興恩《穀梁大義述》，《清經解、清經解續編》第拾貳册，鳳凰出版社，2005年，第4931頁。

珧”，疑阮元所見隋、唐《志》“劉兆”作“劉珧”，遂以“劉瑶”或爲“劉兆”。柳興恩亦懷疑劉瑶即劉兆。

然而，尹更始是西漢時人，唐固是三國吴人，麋信是三國魏人，孔演（即孔衍）行年在兩晋之際，《晋書·儒林列傳》孔衍在劉兆之後，江熙、徐乾據史書記載都是東晋時人，可見楊士勛這一系列《穀梁》注家是按時間排序，而劉瑶列於孔衍、江熙、徐乾之後，劉瑶和西晋時的劉兆恐非一人。

但是，還存在一種可能性，假如在孔衍、江熙、徐乾之後，東晋還有一位穀梁學家名叫劉兆，那阮元和柳興恩的懷疑就可以成立了，這於是又引出了下一個問題。

**第二，劉兆的身份问题。**

現存史料中對劉兆身份的記載有所矛盾。《晋書·儒林列傳》記載劉兆（延世）“武帝時五辟公府，三徵博士，皆不就”，而《隋書·經籍志》記載“《春秋公羊穀梁傳》十二卷晋博士劉兆撰”。隋《志》的記載“晋博士劉兆”究竟是對劉兆身份的追認，還是因爲“晋博士劉兆”並非西晋劉延世，這點值得存疑。但就現存的文獻記載看，西晋劉延世之外，另有一個穀梁學家劉兆的可能性不大，“晋博士”極有可能是一種追認。

**第三，劉兆在南朝梁代備受重視的原因。**

劉兆注《穀梁傳》在蕭梁時期爲何備受重視，而後世爲何又被冷落，這其間一定存有歷史淵源，在1400多年後的今天文獻無徵，我們已經不得而知，祇能將問題付諸闕疑了。

## 四、 餘論：古寫本文獻對經學史研究的價值

以往對經學史的建構往往都以常見的傳世文獻爲根基，經學

史的敘述幾乎都局限于傳世文獻的歸納與梳理。近百餘年來，大量中古時期寫本（域外古寫本文獻、敦煌文獻等）的發現，尤其是其中可以斷代紀年的材料，並没有引起經學史家的極大關注。① 然而，古寫本文獻是經學史研究的第一手資料，具有原始性和共時性，而對這部分材料的新輯與研究至今仍顯得很不充分，這一點值得引起重視。

補記：新近讀到馬楠《隋書經籍志雜考三則》（《南京師範大學文學院學報》2019 年第 4 期），文中指出："東漢以後，處士被辟、不應徵命，卻仍可書之于官簿，弟子亦得稱以官銜。……《隋志》書撰人銜名，不論是否應命就職，體例一貫。"於是豁然開朗，《晋書・儒林列傳》載劉兆"武帝時三徵博士，皆不就"，與《隋書・經籍志》載"晋博士劉兆"，其實並不存在矛盾，是因《隋志》體例所致。那麽，《隋志》"晋博士劉兆"與西晋劉延世當爲一人無疑。

2019 年 12 月 14 日

原載《古文獻研究集刊》第 6 輯（鳳凰出版社，2012 年），今據原稿，略有删訂。

① 李學勤先生説："不管是關於古代，還是關於近現代的學術史，現在都有了好多新的材料，新的論點，新的角度和方法，過去流行的若干'定論'，正在被動摇，被突破，於是重寫學術史就提上了日程。"（《重寫學術史》，河北教育出版社，2002 年，第 200 頁。）在當代經學史的研究中引起學者較多關注的似乎只是出土簡帛文獻，對於近百餘年來新發現的域外古寫本文獻、敦煌文獻卻鮮有問津，近年許建平先生出版了《敦煌經籍敘録》，又與張涌泉等先生合作整理出版《敦煌經部文獻合集》，向大家具體呈現了敦煌經籍的基本面貌。但是，僅就經學史研究而言，這些古寫本文獻中還有大量的材料可以輯考、挖掘與利用。

# 南朝蕭梁時期《春秋公羊傳》經注文本探微

## ——以原本《玉篇》引書爲例

《春秋公羊傳》是我國古代重要的經學著作，雖然早在西漢時期已立於學官，但是傳世的《公羊傳》以南宋以後的刻本爲主，刻本以前的文本最早可以上溯東漢熹平石經，該石經於熹平四年(175)至光和六年(183)由蔡邕等正定文字奏請刊刻，其時將《春秋經》與《公羊傳》分别勒石，遺憾的是後世屢遭破壞，至唐代損毁殆盡，北宋以來時有殘石發現，至今存千字左右。東漢之後的六百多年，一直没有《公羊傳》文本傳世，包括三國魏正始年間的三體石經收録了《春秋》與《左傳》，未及《公羊傳》。目前發現的敦煌經部文獻中亦尚未得見《公羊傳》，直到唐代文宗時期刊刻而成開成石經，才有《公羊傳》傳世。所幸的是日本保存流傳的原本《玉篇》殘卷中徵引了不少《公羊傳》及其舊注作爲書證，爲我們考察蕭梁時期的《公羊傳》經注文本提供了彌足珍貴的資料。

南朝顧野王編纂的《玉篇》是我國繼《説文解字》、《字林》後又一部重要字書。唐代高宗上元之末，孫强對《玉篇》進行了增字減注,至北宋真宗大中祥符年間,陳彭年、吴鋭、丘雍等又奉詔重修,再作增補,名爲《大廣益會玉篇》,流傳至今。19 世紀末 20 世紀初,黎庶昌、楊守敬、羅振玉先後在日本發現並輯印出版了一系列《玉篇》寫本殘卷,釋義完備,引證豐富,且保留了大量顧野王的案語,疑是孫强增字删注前的《玉篇》原本,因而通常把這部分殘卷稱之爲原本《玉篇》。原本《玉篇》編纂體例、注音釋義方式和《説文》差異明顯,卻與後世的《經籍籑詁》、《故訓匯纂》較爲相似,加之其底本年代是南朝蕭梁時期[①],因此其中的引書資料可以作爲考察南朝蕭梁文獻的重要依據。

## 一、原本《玉篇》殘卷徵引《公羊傳》經注材料條辨

現存的原本《玉篇》共七個殘卷,共徵引《公羊傳》46 則,其中有 3 則轉引自《爾雅》、《説文》與《禮記》鄭玄注,30 則附有何休《春秋公羊傳解詁》,5 則附有劉兆注,以下將這 46 則材料逐一甄别考辨。

[1] 卷八心部"愬"字:《公羊傳》:"愬而再拜。"何休曰:"愬,驚皃也。"(第 242 頁,此爲上海古籍出版社 2002 年《續修四庫全書》第 228 册《玉篇》殘卷對應頁碼,隨文標注,下同)

按:《公羊傳·宣公六年》:"愬而再拜。"何休注:"愬者,驚貌。"(第 2279 頁,此爲中華書局 1980 年《十三經注疏》對應頁碼,隨文標注,下同)

---

① 根據筆者研究,《玉篇》殘卷之中的書證材料涉及"綱"改"維"、"剛"改"堅"的嚴格改字現象,而且"卷第廿七"之下的糸部完整無缺,收字頭 392 個,其間"統"、"綱"二字未收,而北宋廣益本《玉篇》糸部卷末分别補進了這兩個字頭,據此推斷産生這一系列現象的根源是因爲避梁諱("統"避蕭統,"綱"、"剛"避蕭綱)而致,原本《玉篇》殘卷的底本當可溯源至南朝梁代,詳參拙文《原本〈玉篇〉避諱字"統"、"綱"發微》,《辭書研究》2011 年第 1 期。

“何休”之“休”,《玉篇》引文或作“休”,或作“烋”,疑存舊貌。《説文》:“休,息止也”,而無“烋”字,後人或以“烋”爲“休”俗體。然而《大廣益會玉篇》:“休,息也。定也。”“烋,美也。福禄也。慶善也。”①承襲《玉篇》的《篆隸萬象名義》無“休”字,有“烋,美也。徵也。福也。慶也。善也。嘉也。”②據此可窺中古時期二字的用字特點,從漢魏六朝時期碑刻文獻看,人名用字亦多作“烋”,何休之名,疑原作“烋”。

[2] 卷九言部“諓”字:《公羊傳》:“其惟諓諓。”何烋曰:“諓諓,淺薄之皃也。”(第 249 頁)

按:《公羊傳·文公十二年》:“其爲能變奈何? 惟諓諓善竫言。”何休注:“諓諓,淺薄之貌。”(第 2272 頁)阮元《校勘記》:“諸本同。唐石經缺。《釋文》:‘諓,《尚書》作截’。”(第 2275 頁)《玉篇》引文與傳世本《公羊傳》同。

[3] 卷九言部“設”字:《公羊傳》:“榷之所設。”何烋曰:“設,施也。”(第 250 頁)

按:《公羊傳·桓公十一年》:“權之所設。”何休注:“設,施也。”(第 2220 頁)《玉篇》引文“榷”字當是“權”字形訛。

[4] 卷九言部“託”字:《公羊傳》:“託不得已。”何烋曰:“因託以也。”(第 251 頁)

按:《公羊傳·莊公八年》:“託不得已也。”何休注:“師出本爲

① 《大廣益會玉篇》,中華書局,2004 年,第 62 頁、第 100 頁。
② [日]空海《篆隸萬象名義》,中華書局,1995 年,第 212 頁。

下滅盛興,陳、蔡属與魯伐衛,同心人國遠,故因假以諱滅同姓,託待二國爲留辭主,所以辟下言'及'也。加'以'者,辟實俟。陳、蔡稱人者,略以外國辭稱,人微之。"(第 2230 頁)《玉篇》所引何休《解詁》與今本不同,或是節引,又有脱誤。

[5] 卷九言部"訝"字:《周礼》:"掌訝,掌邦國之積,以待賓客。"鄭玄曰:"訝,迎也。"《尔雅》亦云,郭璞曰"《公羊傳》'跛者訝詙者御'"是也。《聲類》亦爲迓字,在辵部。(第 253 頁)

按:此條《公羊傳》轉引自《爾雅》郭璞注,《爾雅·釋詁下》:"迓,迎也。"郭璞注:"《公羊傳》曰:'跛者迓跛者。'"(第 2577 頁)《公羊傳·成公二年》:"於是使跛者迓跛者"何休注:"迓,迎。"《釋文》:"迓,本又作'訝',五嫁反,迎也。"(第 2290 頁)《玉篇》引文衍誤一"御"字,且"迓"作"訝"。

[6] 卷九言部"讇"字:《公羊傳》曰:"讇乎隱公。"何休曰:"讇猶佞也。"(第 257 頁)

按:《公羊傳·隱公四年》:"公子翬諂乎隱公。"何休注:"諂猶佞也。"(第 2205 頁)《玉篇》所引《公羊傳》用字有異。《説文》:"讇,諛也。从言、閻聲。諂,讇或省。"

[7] 卷九言部"諼"字:《公羊傳》:"其言救江河爲諼也。"何休曰:"諼,作也。"(第 257 頁)

按:《公羊傳·文公三年》:"此伐楚也。其言救江何?爲諼也。"何休注:"諼,詐。"(第 2267 頁)《説文》:"諼,詐也。"《玉篇》引文"詐"誤爲"作"。

［8］卷九言部“譖”字:《公羊傳》:“譖公于齊侯。”何烋曰:“如其事曰訴,加誣曰譖。”劉兆曰:“言旁入曰譖。”(第 260 頁)

按:《公羊傳·莊公元年》:“夫人譖公於齊侯。”何休注:“如其事曰訴,加誣曰譖。”(第 2224 頁)《慧琳音義》卷五十七“譖之”注引劉兆注《公羊傳》:“言旁入口曰譖。”①

［9］卷九言部“譏”字:《公羊傳》:“何譏尓?”何烋曰:“譏,猶譴也。”(第 260 頁)

按:《公羊傳》“何譏爾”出現六十次,是常見的表達。如《隱公二年》“譏。何譏爾?”何休注:“譏,猶譴也。”(第 2203 頁)

［10］卷九言部“訌”字:野王案:以言相訌發也。《論語》“訌其兩端”、《公羊傳》“吾爲子口隐”並是也。(第 266 頁)

按:《公羊傳·隱公四年》:“吾爲子口隱矣。”何休注:“口,猶口語相發動也。”(第 2205 頁)阮元《校勘記》:“按下‘口’字,即《説文》‘訌’字之省。”(第 2206 頁)《説文》“訌,扣也,如求婦先訌叕之。”段玉裁注:“此蓋古語。……《公羊傳》:‘吾爲子口隱矣。’何曰:‘口猶口,語發動也。’按:‘猶口,當作猶叩,句絶。’”②

［11］卷九言部“誄”字:《公羊傳》:“讀誄謚於南郊。”《礼記》:“賤不誄貴,幼不誄長,礼也。唯天子稱天以誄之,諸侯相誄,非礼也。”鄭玄曰:“誄,累也。謚當由尊者成也。”(第 281 頁)

① 徐時儀校注《一切經音義三種校本合刊》,上海古籍出版社,2008 年,第 1521 頁。原標點誤將“言”字置於引文之前。

② 段玉裁《説文解字注》,上海古籍出版社,1981 年,第 98 頁。

按:《禮記·曾子問》:“賤不誄貴,幼不誄長,禮也。唯天子稱天以誄之。”鄭玄注:“誄,累也,累列生時行迹,讀之以作謚。謚當由尊者成。《春秋公羊説》以爲讀誄制謚於南郊,若云受之於天然。”(第1398頁)《玉篇》引《公羊傳》“讀誄謚於南郊”不見於今本,疑原爲《禮記》鄭玄注的内容,編寫者以爲《公羊傳》語,析出當作書證。

[12] 卷九乃部“乃”字:《公羊傳》:“乃者何? 難也。曷爲或言而,或言乃? 乃難乎而也。”(第300頁)

按:《公羊傳·宣公八年》:“乃者何? 難也。曷爲或言而,或言乃? 乃難乎而也。”(第2281頁)

[13] 卷九吅部“嚻”字:野王案:嚻亦呼也。《説文》“高聲也。一曰大呼也。《春秋公羊傳》曰:‘魯公嚻然而哭’”是……或爲噭字、或爲叫字,並在口部;或爲訆字在言部。(第324頁)

按:《公羊傳·昭公二十五年》:“昭公於是噭然而哭。”何休注:“噭然,哭聲貌。”(第2329頁)阮元《校勘記》:“唐石經諸本同。按:《説文》‘嚻,高聲也。一曰大呼也。从吅丩聲,《春秋公羊傳》曰:魯昭公叫然而哭’,‘噭’與‘叫’聲相近,許以爲叫爲‘高聲’、‘大呼’,較之何注云‘噭然,哭聲貌’,義益切也。”(第2333頁)參之《玉篇》,可知蕭梁時期“嚻”字已與“噭”、“叫”、“訆”等字通用,《公羊傳》今作“噭”或能反映這一時期改定的文本面貌。

[14] 卷九欠部“欷”字:《公羊傳》:“在招丘,欷矣。”何休曰:“欷,悲也。”(第333頁)

按:《公羊傳·成公十六年》:“曰在招丘,悕矣。”何休注:“悕,悲也。"《釋文》:"悕音希,悲也。"(第 2298 頁)《廣雅·釋詁》:"欷,悲也。"《慧琳音義》卷九十九"殞欷"引何休注公羊傳:"欷,悲也。"[①]《説文》無"悕"字,承襲了原本《玉篇》的字書《篆隸萬象名義》亦無"悕"字。北宋時期《大廣益會玉篇》:"悕,念也。願也。"並無"悲傷"之義。綜合以上材料看,《公羊傳》原當作"欷",今作"悕"是後人傳寫所改。

[15] 卷九欠部"歃"字:《埤蒼》:"恐懼也。"野王案:《公羊傳》"歃然而駭"是也。今爲色字,在[色]部。[②](第 334 頁)

按:《公羊傳·哀公六年》:"諸大夫見之,皆色然而駭。"何休注:"色然,驚駭貌。"《釋文》:"色然,如字,本又作'垝',居委反,驚駭貌;又或作'危'。"(第 2348 頁)阮元《校勘記》:"唐石經諸本同,《釋文》'色然,如字,本又作垝,又或作危'。按:《一切經音義》引作'歃然',此作'色',蓋誤。"(第 2350 頁)據《玉篇》可知"歃"、"色"是古今字的關係,《公羊傳》原當作"歃"。

[16] 卷九食部"養"字:《公羊傳》:"斯役扈[③]養。"何烋曰:"炊者曰養,汲水漿者役,刈草爲防者曰斯也。"(第 349 頁)

按:《公羊傳·宣公十二年》:"厮役扈養,死者數百人。"何休注:"艾草爲防者曰厮,汲水漿者曰役,養馬者曰扈,炊亨者曰養。"(第 2285 頁)阮元《校勘記》:"唐石經、閩本同。監本、毛本'厮'改'斯',非。注同。"(第 2288 頁)参照《玉篇》卷廿二廣部"厮"字引此

① 徐時儀校注《一切經音義三種校本合刊》,第 2182 頁。

② 《玉篇》"在色部"之"色"字原抄脱,據文意補。

③ 扈,原誤作"尾",據引文改。原本《玉篇》殘卷存在大量形近而訛的明顯誤字,本文在録文時,以注腳説明的方式對其進行校改。

處《公羊傳》材料，詳見下文[31]，可知此處“廝”作“斯”或是傳抄者改易。又，《説文・殳部》：“役，古文‘役’从人。”引文作“伇”或存《公羊傳》舊貌。

[17] 卷九食部“饗”字：《公羊傳》：“饗齊侯于祝[①]丘。”何休曰：“牛角曰槗，加飯羹曰饗。”(第 353 頁)

按：《公羊傳・莊公四年》：“四年，春，王二月，夫人姜氏饗齊侯于祝丘。”何休注：“書者，與會部同義。牛酒曰犒，加飯羹曰饗。”(第 2226 頁)

“牛角曰槗”，“牛角”當是“牛酒”之誤，“槗”字形似“橋”，是“槁”字之訛。據前賢研究，“犒”字産生較晚，“犒師”之“犒”，原本作“槁”，如《左傳・僖公二十六年》：“公使展喜犒師，使受命於展禽。齊侯未入竟，展喜從之，曰：‘寡君聞君親舉玉趾。將辱於敝邑。使下臣犒執事。’”兩“犒”字，敦煌寫本 P. 2499、P. 4058C 皆作“槁”。[②]《玉篇》引文雖有形訛，但爲此説提供一則新證。

又，阮元《校勘記》：“加飯羹曰饗，鄂本‘飯’作‘飰’，非。”(第 2229 頁)《玉篇》引文亦作“飯”。

[18] 卷九食部“餘”字：《公羊傳》：“齊魯餘喪歸父之无後。”何休曰：“餘者，皆之辞也。關東語也。”(第 356 頁)

按：《公羊傳・成公十五年》：“自是走之齊。魯人徐傷歸父之無後也。”何休注：“徐者，皆、共之辭也。關東語。”(第 2296 頁)《玉

---

① 祝，原誤作“祀”，據引文改。

② 參見許建平《敦煌本〈左傳〉寫卷的學術價值》，《第七届中國經學國際學術研討會論文集》，華中師範大學主編，2017 年。

篇》引《公羊傳》斷句有誤,“齊”字當屬上句。

《廣雅·釋詁三》“餘,皆也。”王念孫《疏證》:“成公十五年《公羊傳》‘魯人徐傷歸父之無後也’。何休注:‘徐者,皆、共之辭也。’徐與餘亦聲近義同。”[①]朱駿聲《説文通訓定聲》引《公羊傳》何休注,認爲“徐,假借爲俱”[②],其説可商。參照《玉篇》引文看,今本《公羊傳》“徐”字原當作“餘”。又,《玉篇》“辭”作“辞”。

[19] 卷九食部“餜”字:《公羊傳》:“餜者,祭之明日也。”何烋曰:“繼昨日事,不灌[③]地降神耳。”……今爲繹字在糸部。(第 363—364 頁)

按:《公羊傳·宣公八年》:“繹者何? 祭之明日也。”何休注:“禮,繹繼昨日事,但不灌地降神爾。”(第 2280 頁)阮元《校勘記》:“毛本‘繼’誤‘祭’。”(第 2283 頁)《玉篇》引書“繼”字可證,且《公羊傳》“繹”原作“餜”,蕭梁時期“餜”已與“繹”同,二字爲古今字關係。

[20] 卷九食部“餕”字:《公羊傳》:“餕饔未就。”何烋曰:“餕,熟食也。饔,熟肉也。”(第 365 頁)

按:《公羊傳·昭公二十五年》:“餕饔未就”何休注:“餕,熟食。饔,熟肉。”(第 2329 頁)阮元《校勘記》:“餕熟食,鄂本‘熟’作‘孰’,下同。加四點者俗字。”(第 2333 頁)刁小龍整理《春秋公羊傳注疏》引阮校,並謂“今按,撫州本、余本作‘孰’。據改。”(第 1040 頁)雖然《説文》“孰,食飪也”,並無“熟”字,漢魏時期“熟”字始有出現,

① 王念孫《廣雅疏證》,江蘇古籍出版社,2000 年,第 93 頁。
② 朱駿聲《説文通訓定聲》,中華書局,1984 年,第 448 頁。
③ 灌,原誤作“催”,據引文改。

如東漢光和六年(183)《白石神君碑》即有“熟”字。參之《玉篇》,《公羊傳》何休(129—182)注作“熟”,或是何休《解詁》原貌,撫州本等宋本亦或是後人改易的文本,不當爲改字理據。

[21] 卷九甘部“嘗”字:《公羊傳》:……何㑹曰:“嘗,先辞也。秋穀成……也。”……《公羊傳》:“公嘗訊臣矣。”(第369頁)

按:《公羊傳·桓公八年》:“秋曰甞。”何休注:“甞者,先辭也。秋穀成者非一,黍先熟可得薦,故曰甞。”(第2218頁)甞,同“嘗”。《玉篇》“辭”作“辞”。

《公羊傳·僖公十年》:“君嘗訊臣矣。”(第2253頁)“君”字,《玉篇》所引作“公”,此處言晋獻公,作“公”或存舊貌。

[22] 卷十八放部“放”字:《公羊傳》:“放死不立。”[1]劉兆曰:“放,至也。”……《公羊傳》:“放乎煞母弟。”劉兆曰:“放猶比也。”(第377頁)

按:《公羊傳·昭公十三年》:“比之義宜乎效死不立。”(第2322頁)覈諸開成石經,此處殘缺。《列子·楊朱》“以放餓死”唐代殷敬順《釋文》:“《公羊傳》曰:‘放死不立,’劉兆注曰:‘放,至也。’”[2]據此可證蕭梁時期劉兆注《公羊傳》必作“放”,“放”有“至”義,故訓習見。

《公羊傳·僖公二十八年》:“放乎殺母弟者。”(第2262頁)“殺”,《玉篇》所引作“煞”,蓋存“殺”字俗體。

---

① 胡吉宣改此句爲“放乎堂下而立”,並認爲是“《宣六年》傳文”,誤。參見《玉篇校釋》,上海古籍出版社,1989年,第3434頁。

② 楊伯峻《列子集釋》,中華書局,1997年,第221頁。

[23] 卷十八丌部“畀”字:《公羊傳》:“畀[①]者何? 予也。”(第380頁)

按:《公羊傳·僖公二十八年》:“畀者何? 與也。”(第2261頁)

[24] 卷十八車部“軼”字:《公羊傳》:“軼者何? 跌者也。”何休曰:“跌,過也。”(第405—406頁)

按:《公羊傳·莊公二十二年》:“肆者何? 跌也。”何休注:“跌,過度。”《釋文》:“肆,音四,本或作‘佚’。跌,大結反,過度也。”(第2236頁)

胡吉宣《〈玉篇〉引書考異》:“顧所見本‘肆’作‘軼’。軼者車突相過也。《傳》以跌釋‘軼’,注以‘過’釋‘跌’,‘過度’則爲陸德明所申説,非何注文。慧琳《經音義》卷五十一及六十四並引何注《公羊傳》云:‘跌,過也。’”[②]胡先生説是,《玉篇》引文或存《公羊傳》舊貌。

[25] 卷十九水部“淩”字:《淮南》:“衰[③]世淩學者,不知原心反本。”許叔重曰:“淩,競進也。”野王案:《公羊傳》“淩公寢而□[④]之”是也。(第426頁)

按:《公羊傳·昭公三十一年》:“淩公寢而弑之。”(第2331頁)

[26] 卷十九水部“湯”字:《公羊傳》:“邴者何? 鄭之湯沐邑也。”野王案:以所給沐浴也。(第441頁)

---

① 畀,原誤作“卑”,據字頭及引文改。

② 胡吉宣《〈玉篇〉引書考異》,《中華文史論叢》增刊《語言文字研究專輯》(上),上海古籍出版社,1982年,第101頁。

③ 衰,原誤作“襄”,據引文改。

④ 原卷此處有殘泐。

按:《公羊傳·隱公八年》:"邴者何? 鄭湯沐之邑也。"(第 2209 頁)

[27] 卷十九水部"浚"字:《公羊傳》:"冬,浚洙。浚者何? 涂之也。"(第 444 頁)

按:《公羊傳·莊公九年》:"冬,浚洙。洙者何? 水也。浚之者何? 深之也。"(第 2231 頁)《玉篇》引文"涂"疑爲"深"字之誤。

[28] 卷十九水部"滌"字:《公羊傳》:"帝牛在于滌。"何休曰:"滌,宫名,養帝牲之舍也,取其潔淨也。"(第 450 頁)

按:《公羊傳·宣公三年》:"帝牲在于滌三月。"何休注:"滌,宫名,養帝牲三牢之處也。謂之滌者,取其蕩滌絜清。(第 2278 頁)牲,《玉篇》引文作"牛",疑爲錯訛。"絜清",《玉篇》引文作"潔淨"。

[29] 卷廿二山部"嶔"字:《公羊傳》:"即[1]死于殽[2]之嶔巖。"(第 472 頁)

按:《公羊傳·僖公三十三年》:"爾即死,必於殽之嶔巖。"(第 2264 頁)阮元《校勘記》:"唐石經諸本同。《釋文》,'嶔本或作"廞",同。'盧文弨曰:'《説文》作"欽崟"、高誘注《淮南·地形訓》作"欽吟"。'按:《説文》有'岑崟',無'欽崟',義與傳亦不同。"(第 2265 頁)《説文》實有"欽崟",在"㐺"字釋義之中:"㐺,讀若欽崟",然而與此處地名無關。據《玉篇》引文,《公羊傳》本作"嶔"。

① 即,原誤作"昴",據引文改。
② 殽,原誤作"散",據引文改。

［30］卷廿二廣部“廢”字：《公羊傳》：“廢其无聲者。”何休曰：“廢，買［置］也。者置［置者］不去。亝人語也。”（第491—492頁）

按：《公羊傳·宣公八年》：“廢其無聲者。”何休注：“廢，置也。置者，不去也，齊人語。”（第2281頁）“亝”爲“齊”之古字。

［31］卷廿二廣部“廝”字：《公羊傳》：“廝役扈[①]養。”何休曰：“刈草爲防者曰廝。《廣雅》：“廝，使也。”《字書》：“廝，役也。”野王案，謂賤役也。《史記》“門闌[②]之廝”是也。（第496頁）

按：參見［16］。

［32］卷廿二石部“磌”字：《公羊傳》：“聞其磌然。”野王案，磌然，聲響也。《廣雅》：“磌，礩。”（第524頁）

按：《公羊傳·僖公十六年》：“聞其磌然。”《釋文》：“磌然，聲響也。”（第2254頁）阮元《校勘記》：“唐石經諸本同。《釋文》：‘磌然，之人反，又大年反，本或作砰，八耕反。’《經義雜記》曰：‘《穀梁疏》云：“《説文》、《玉篇》、《字林》等無磌字，學士多讀爲砰，《公羊》古本並爲磌。張揖讀爲“磌”，是石聲之類。”今《玉篇》有“磌”字，云音響也，蓋孫強等增加。《廣雅四·釋詁》“砰，普耕反，聲也”，而無磌字。楊云張揖讀爲磌，是古本《廣雅》有磌矣。《五經文字》‘磌之人反，又大年反，聲響也。見《春秋傳》。’”（第2258頁）參之《玉篇》殘卷，即有“磌”字，楊士勛《穀梁疏》判斷有誤。

［33］卷廿二阜部“隰”字：《公羊傳》：“下平曰原。”（第541頁）

---

① 扈，原誤作“庖”，據引文改。

② 闌，原誤作“蘭”，據引文改。

按:《公羊傳·昭公元年》:“原者何？上平曰原,下平曰隰。”(第2316頁)《玉篇》殘卷當有脱誤。

[34] 卷廿二阜部“降”字:《公羊傳》:“降之者何？取之也。”(第543頁)

按:《公羊傳·莊公三十年》:“降之者何？取之也。”(第2241頁)

[35] 卷廿二阜部“陜”字:《公羊傳》:“自陜以東,周公主之。自陜以西,召公主之。”何休曰:“今弘儂農陜也。”(第550頁)

按:《公羊傳·隱公五年》:“自陜而東者,周公主之;自陜而西者,召公主之。”何休注:“陜者,蓋今弘農陜縣是也。”(第2207頁)“而”,《玉篇》引文作“以”;何休《解詁》“弘農”,《玉篇》衍一“儂”字。據《玉篇》引文“自陜以東”看,“陜”、“陜”通用。

[36] 卷廿二厽部“絫”字:《公羊傳》:“不以私邑絫公邑。”劉兆曰:“絫,次積也。”……今爲累字,在糸部。(第565頁)

按:《公羊傳·昭公五年》:“不以私邑累公邑也。”何休注:“累,次也。”(第2318頁)《玉篇》“累”字下並未引此,可見《公羊傳》原當作“絫”。何休與劉兆注解稍有差異。

[37] 卷廿七糸部“經”字:《公羊傳》:“靈王經而死。”何休曰:“經,自經也。”(第582頁)

按:《公羊傳·昭公十三年》:“靈王經而死。”(第2322頁)今本《公羊傳》何休《解詁》無“經”字注語,僅有解釋之語作“君因自經”。

［38］卷廿七糸部"紿"字：《公羊傳》："故相与往紿乎晋。"何休曰："紿，疑也。疑讞於晋，齊人語也。"（第586頁）

按：《公羊傳・襄公五年》："故相與往殆乎晋也。"何休注："殆，疑。凝讞于晋，齊人語。"（第2302頁）阮元《校勘記》："閩、監、毛本'凝'作'疑'，此誤。《釋文》'疑，魚竭反'，如作'凝'，不得音'魚竭反'矣。此本載《音義》亦誤'凝'。"（第2305頁）《玉篇》引文亦作"疑"，可證。又，蕭梁時期《公羊傳》此處作"紿"。

［39］卷廿七糸部"納"字：《公羊傳》："納者何？納者入辞也。"（第586頁）

按：與《玉篇》引文對應的文字，在《公羊傳》中出現兩次：一是《公羊傳・莊公九年》："納者何？入辭也。"（第2230頁）二是《公羊傳・文公十四年》："晋人納接菑於邾婁，弗克納。納者何？入辭也。"（第2273頁）《玉篇》所引多"納者"二字，"辭"作"辞"。

［40］卷廿七糸部"縷"字：《公羊傳》："牛馬維縷。"何休曰："縶馬曰維，縶牛曰縷。"（第620頁）

按：《公羊傳・昭公二十五年》："八佾以舞《大武》，此皆天子之禮也。且夫牛馬維婁。"何休注："縶馬曰維，縶牛曰婁。"（第2328頁）據《玉篇》引文，蕭梁時期《公羊傳》此處作"縷"。

［41］卷廿七糸部"纍"字：《公羊傳》："宋督煞其君與夷，及其大夫孔子。及者何？累也。仇牧、荀息皆累也。"何休曰："累從君死，齊人語也。"（第622—623頁）

按：《公羊傳・桓公二年》"宋督弑其君與夷，及其大夫孔父。

及者何？累也。弒君多矣，舍此無累者乎？曰：有。仇牧、荀息皆累也。”何休注：“累，累從君而死，齊人語也。”（第 2213 頁）

［42］卷廿七糸部“編”字：《公羊傳》：“《春秋》編年。”劉兆曰：“編，比連也。”（第 628 頁）

按：《公羊傳・隱公六年》：“《春秋》編年。”（第 2208 頁）此處何休無注。《慧琳音義》卷十一“瓊編”、卷七十七“編之”注引劉兆注《公羊傳》釋“編”字：“比連也。”[①]與《玉篇》引文同。

［43］卷廿七糸部“絚”字：《公羊傳》：“成公四年鄭伯絚卒。”（第 657 頁）

按：《公羊傳・成公四年》：“鄭伯堅卒。”《釋文》：“伯堅，苦刃反，本或作‘臤’。”（第 2291 頁）阮元《校勘記》：“唐石經諸本同。《釋文》作‘伯臤’，云‘本或作堅’。解云《左氏》作‘堅’字，《穀梁》作‘賢’字，今定本亦作‘堅’字。按：云‘定本亦作堅’，與《左氏》同，然則《疏》本作‘臤’，與《釋文》同也。《九經古義》云：‘臤與賢本一字。《説文》“臤，古文以爲賢字。”漢《潘乾校官碑》云：“親臤寶智。”《國三老袁良碑》云：“優臤之寵堅。”又與賢通，《東觀漢紀》云，“陰城公主名賢得”，《續漢書・天文志》作“堅得”，疑古“賢”字、”堅”字皆省作“臤”，《公羊》從古文作“臤”，《穀梁》以爲“賢”，《左氏》以爲“堅”，師讀各異故也。’”（第 2295 頁）

覈諸熹平石經《春秋》成公四年有“鄭伯絚卒”，與《玉篇》引文同，可見顧野王所見《公羊傳》經文與熹平石經《春秋經》同。

---

① 徐時儀校注《一切經音義三種校本合刊》，第 686 頁、第 1881 頁。

## 二、異文分析

通過以上的梳理分析，可以看出顧野王編纂《玉篇》時所見梁代《公羊傳》文本與後世傳本存在不少差異。現剌取數例，與《説文》引《公羊傳》、熹平石經《春秋》、《經典釋文》、唐開成石經、南宋撫州公使庫本①、清代阮元校刻《十三經注疏》版本異文列表比較，以彰明蕭梁時期《公羊傳》的文本特點。

| 對應前文編號 | 原本《玉篇》引《公羊傳》 | 説文解字 | 熹平石經 | 經典釋文② | 開成石經 | 撫州本 | 阮刻本 |
|---|---|---|---|---|---|---|---|
| [6] | 讇乎隱公 | | | | 諂 | 諂 | 諂 |
| [13] | 魯公䚩然而哭 | 䚩 | | | 噭 | 噭 | 噭 |
| [14] | 在招丘欷矣 | | | | 悕 | 悕 | 悕 |
| [15] | 歒然而駭 | | | 垝、危 | 色 | 色 | 色 |
| [16] | 斯役扈養 | | | | 役 | 役 | 役 |
| [18] | 齊魯餘喪歸父之无後 | | | | 徐 | 徐 | 徐 |
| [19] | 鐸者，祭之明日也 | | | | 繹 | 繹 | 繹 |
| [20] | 何休注："饔，熟肉。" | | | | | 孰 | 熟 |
| [21] | 公嘗訊臣矣 | | | | 君 | 君 | 君 |
| [22] | 放死不立 | | | | | 效 | 效 |
| [24] | 軼者何？跌者也。 | | | 佚 | 肆 | 肆 | 肆 |

① 南宋撫州公使庫本是現存最早的《春秋公羊傳解詁》刻本，本文依據中華再造善本影印紹熙四年(1193)重修本。

② 此處只標注《經典釋文》所録異文。

续表

| 對應前文編號 | 原本《玉篇》引《公羊傳》 | 説文解字 | 熹平石經 | 經典釋文 | 開成石經 | 撫州本 | 阮刻本 |
|---|---|---|---|---|---|---|---|
| [36] | 不以私邑絫公邑 | | | | 累 | 累 | 累 |
| [38] | 故相與往紿乎晋 | | | | 殆 | 殆 | 殆 |
| [40] | 牛馬維縷 | | | | 婁 | 婁 | 婁 |
| [43] | 成公四年鄭伯緊卒 | | 緊 | 臤 | 堅 | 堅 | 堅 |

從以上異文可以看出,《玉篇》所存蕭梁時期《公羊傳》的面貌與熹平石經殘字等存在一致之處,與《經典釋文》著録的異文存在一定關係,與唐宋時期的《公羊傳》文本存在較大差異,這種差異大多表現在古今字的用字上。結合原本《玉篇》標明的蕭梁時期古今字的合併現象看,儒家經典在傳承過程中,雖然文本變化不大,但用字習慣發生了諸多改變。

## 三、關於《公羊傳》劉兆注的問題

《玉篇》殘卷中大量徵引經典舊注作爲故訓資料,如《尚書》用僞孔安國傳、《毛詩》用鄭箋、三禮用鄭玄注、《左傳》用杜預注、《穀梁傳》用劉兆注①、《史記》用裴駰《集解》②等,《公羊傳》雖然僅有四十餘則材料,卻涉及兩家舊注,一是何休的《春秋公羊傳解詁》,一是劉兆注。爲何不全取用何休《解詁》,還另用劉兆注,我們通過比

① 筆者曾經撰文考證原本《玉篇》中引用《穀梁傳》27 處,其中 15 處附有劉兆注,詳參拙文《〈穀梁傳〉劉兆注發微——以日藏〈玉篇〉殘卷引書爲討論中心》,《古文獻研究集刊》第六輯,鳳凰出版社,2012 年,亦見於本書,篇題略有改動。

② 詳參拙文《原本〈玉篇〉引〈史記〉及相關古注材料考論——裴駰〈史記集解〉南朝梁代傳本之發現》,《文史哲》2011 年第 6 期。

較《穀梁傳》劉兆注,試圖作出解釋。

關於西晉時期的劉兆,《晋書・儒林列傳》有所記載:

> 劉兆字延世,濟南東平人,漢廣川惠王之後也。兆博學洽聞,溫篤善誘,從受業者數千人。武帝時五辟公府,三徵博士,皆不就。安貧樂道,潛心著述,不出門庭數十年。以《春秋》一經而三家殊塗,諸儒是非之議紛然,互爲讎敵,乃思三家之異,合而通之。《周禮》有調人之官,作《春秋調人》七萬餘言,皆論其首尾,使大義無乖,時有不合者,舉其長短以通之。又爲《春秋左氏》解,名曰《全綜》,《公羊》、《穀梁》解詁皆納經傳中,朱書以別之。又撰《周易訓注》,以正動二體互通其文。凡所讚述百餘萬言。①

根據此段文字,可知劉兆曾爲《春秋左傳》、《公羊傳》、《穀梁傳》作注,《隋志》、兩《唐志》亦有記載如下:

> 《隋書・經籍志》:《春秋公羊穀梁傳》十二卷晋博士劉兆撰。②
>
> 《舊唐書・經籍志》:《春秋公羊穀梁左氏集解》十一卷劉兆撰。③
>
> 《新唐書・藝文志》:劉兆《三家集解》十一卷。④

---

① 房玄齡等《晋書》,中華書局,1974 年,第 2349—2350 頁。
② 魏徵、令狐德棻《隋書》,中華書局,1982 年,第 931 頁。
③ 劉昫等《舊唐書》,中華書局,1975 年,第 1979 頁。
④ 歐陽修、宋祁《新唐書》,中華書局,1975 年,第 1440 頁。

此外，劉兆注《公羊傳》、《穀梁傳》零星散見於陸德明《毛詩音義》、《春秋公羊傳音義》、《春秋穀梁傳音義》、《文選》李善注以及玄應、慧琳《一切經音義》和希麟《續一切經音義》等。

綜合這些材料，我們推斷顧野王編纂《玉篇》時使用的正是《隋志》所著録的劉兆撰十二卷本《春秋公羊穀梁傳》，因此所涉《穀梁傳》全用劉兆注，所涉《公羊傳》在使用何休《解詁》的同時，亦雜入劉兆注。若用劉兆《三家集解》，在《左傳》的部分，亦當有所反映，然而現存的《玉篇》殘卷涉及《左傳》的條目，無一處徵引劉兆注。劉兆所傳《公羊傳》與何休《解詁》本在某些文本細節上存在差異，比如前文揭櫫的[22]《公羊傳・昭公十三年》："比之義宜效死不立。"劉兆注本"效死不立"作"放死不立"，且注："放，至也。"今傳世本《公羊傳》此處無注，疑何休所傳本作"效死"，"效死"是先秦漢魏常用詞，義爲"捨命報效"，故不出注。"放死"雖於先秦漢魏文獻中亦有使用，但不多見，故劉兆作注。可見，劉兆注所傳承的《公羊傳》具有獨特的文本價值，這恐怕也是顧野王兼采劉注的原因。

## 結　論

本文通過對原本《玉篇》徵引《公羊傳》及其舊注的釐析，得出如下結論：

一、南朝蕭梁時期《春秋公羊傳》文本與唐開成石經、宋刻本相比，基本已經定型；

二、南朝蕭梁時期《春秋公羊傳》文本在古今字用字方面，保留了古貌，如《成公十五年》"魯人徐傷歸父之無後也"的"徐"，《玉篇》引文作"餘"；

三、《經典釋文》所存的異文一定程度上可以反映《公羊傳》的早期文本面貌,但又有所變異;

四、《玉篇》引書本身的異文,如"斯役扈養"的斯、廝,又在一定程度上反映寫本時期傳抄用字的不確定性;

五、《玉篇》所引《公羊傳》、《穀梁傳》的劉兆注或皆出自《春秋公羊穀梁傳》一書,顧野王重視劉兆注與何休《解詁》的差異,這種差異有時可能體現在此兩家所傳承《公羊傳》文本的差異,如昭公十三年"效死不立",劉兆傳本作"放死不立",與何休傳本或有不同。因此,南朝蕭梁時期的公羊學不主何休一家,兼采劉兆。

原載《歷史文獻研究》第 41 輯(廣陵書社,2018 年),略有訂正。

# 《文選》李善注引《春秋左傳》箋異

唐代初年李善的《文選注》是古書古注的典範，這主要歸功於它旁徵博引、逐字逐句對《文選》用典作了追本溯源的考證。李善注不僅爲閱讀《文選》提供了方便，更難能可貴的是留下了豐富的文獻材料，對於古籍校勘也有重要的參考價值。

《春秋左傳》作爲先秦古籍，在古代經典中有着舉足輕重的地位，對後世的影響綿延不絶。《文選》諸多篇目用典涉及《左傳》，因而李善注對《左傳》的徵引尤爲可觀，從數量上看，筆者統計有 1600 餘處，這些材料名稱各異，或稱《春秋左氏傳》、或稱《左氏傳》、或稱《左傳》、或稱《春秋傳》等等，但實際上都未出傳世本《春秋左傳》的範圍。[①] 儘管李善注在流傳過程中版本上幾經變换，文字上也難免滋生錯訛，但是它所保留的異文對於《春秋左傳》的校讀依然具有不容忽視的文獻學價值。例如，各種傳世本《左傳》昭公四年叙述叔孫豹"旦而皆召其徒"的"召"字，皆是"占"字之訛，而《文選・思

① 據筆者考察，僅有三處例外：一處出自《國語》，一處出自《公羊傳》，一處出自《三國志》裴注引《魏略》語。

玄賦》李善注引文作"瞻","瞻"、"占"音近義通,可爲辨誤提供有力的旁證,詳參本書所收《〈左傳·昭公四年〉誤字辨正——兼及"占"釋"窺察"義用例發覆》一文。

筆者根據中華書局2005年再版影印的胡刻本《文選》李善注,對其中徵引《左傳》的内容展開全面的輯録、校理,試作系統考察,今將相關異文按照《左傳》的編年次序重新編排,旨在抉發《左傳》初唐時期的異文,以箋札的形式列之於下,部分條目參考相關資料,略作考辨,祈能爲日後《左傳》的整理與研究提供一些參考。

在列出異文的箋札之前,先就行文體例等問題作如下三點説明:

第一,札記案語一般按照首列《左傳》相關文字,次列《文選》相關篇目的作者名、篇名和李善注中異文的順序編排,如有需要考辨的内容,在列出異文之後再作考辨。在羅列《文選》篇名之後有時會徵引一段《文選》正文,這種現象主要出現在兩種情形之下:

一是如果《文選》同一篇目之下,有兩處以上的李善注徵引了同一處《左傳》,而文字有異,爲了交代清楚李善注徵引《左傳》的具體位置,所以在列出《文選》篇名後徵引一段與李善注相關的《文選》正文。例如:桓公六年的"季梁",潘安仁《藉田賦》"黍稷馨香,旨酒嘉栗"下李善注引作"季良",而《藉田賦》"宜其民和年登,而神降之吉也"下李善注引作"季梁",因此案語中在羅列異文時,於兩處《藉田賦》之後各引了一段《文選》正文,以示區分,也便於查找。

二是如果《文選》正文用典的文句中出現有關《左傳》的異文,便將《文選》該篇作者名、篇名、《文選》正文中的異文和李善注在案語中一並羅列。例如:干令升《晋紀總論》"民不見德,唯亂是聞",其下李善注作:"《左氏傳》卜偃曰:'民不見德,唯戮是聞'",知此處

《文選》正文用《左傳·僖二十三年》"民不見德,而唯戮是聞"的典故,李善注述之出處。這裏《左傳》的"戮"字與《文選》正文的"亂"字有異,卻與李善注同,故僖公二十三年相關札記的案語也將《文選》正文列出,作:干令升《晋紀總論》"民不見德,唯亂是聞"下注引"民不見德,唯戮是聞"。《文選》正文用典之句和李善注相同,卻和《左傳》有異的,也逐一羅列。

此外,同一條札記之下重複出現的篇章,作者名只在首次出現之處列出,後文皆省。

第二,因避諱改字而造成"民"、"人"二字的異文在不同段落裏反復出現,考慮到這類異文數量龐大,意義甚微,逐一交待難免冗沓,因而全部略去。

第三,文中引用《左傳》的文字,以中華書局 1980 年影印世界書局本《十三經注疏》爲底本。

## 隱 公

隱元年:既而大叔命西鄙、北鄙貳於己。(第 1716 頁,此爲中華書局 1980 年影印《十三經注疏》對應頁碼,隨文標注,下同)

案:"命",朱叔元《爲幽州牧與彭寵書》注引作"令"。(第 584 頁,此爲中華書局 2005 年影印蕭統編、李善注《文選》對應頁碼,若一條材料見於《文選》多篇且有不同異文,隨文標注於引文之後,下同)

隱元年:公入而賦:"大隧之中,其樂也融融。"姜出而賦:"大隧之外,其樂也洩洩。"(第 1716—1717 頁)

案:"融融",張平子《思玄賦》"展洩洩以彤彤"下注引作"彤彤",且言"融與彤古字通"。(第 221 頁)

隱四年：敝邑以賦與陳、蔡從。（第 1725 頁）

案：左太沖《吴都賦》注引作“獘邑與陳、蔡從”（第 82 頁），此當是節引《左傳》。

隱五年：臧僖伯諫曰：“……明貴賤，辨等列，順少長，習威儀也。……”（第 1727 頁）

案：“辨等列”，張平子《東京賦》“司儀辨等”下注引作“辯等差”。（第 57 頁）

隱八年：衆仲對曰：“天子建德，因生以賜姓，胙之土而命之氏。……”（第 1733 頁）

案：“胙之土”，陸士衡《皇太子宴玄圃宣猷堂有令賦詩》“祚之宅土”下注、潘元茂《册魏公九錫文》“胙之以土”下注皆引作“胙之以土”（第 284 頁、第 502 頁），蔡伯喈《郭有道碑文》、沈休文《齊故安陸昭王碑文》注皆引作“胙之土”（第 800 頁、第 823 頁）。

## 桓　公

桓二年：衡、紞、紘、綖，昭其度也。（第 1742 頁）

案：“衡”，張平子《東京賦》“珩、紞、紘、綖。玉、笄、綦、會”下注引作“珩”。（第 58 頁）

桓二年：藻、率、鞞、鞛，鞶、厲、游、纓，昭其數也。……官之失德，寵賂章也。（第 1742—1743 頁）

案：張平子《東京賦》“藻、繂、鞶、厲”下注引“率”作“繂”，“游”作“斿”（第 58 頁）；“章”，干令升《晋紀總論》“核傳咸之奏，錢神之論，而覩寵賂之彰”下注引作“彰”（第 693 頁）。

桓二年：惠之二十四年，晋始亂，故封桓叔于曲沃。（第 1744 頁）

案：“故”，潘安仁《西征賦》注引作“復”。（第 151 頁）

桓六年：楚武王侵隨……隨人使少師董成。……漢東之國，隨爲大。隨張，必弃小國。（第 1749 頁）

案：“隨”，陳孔璋《爲曹洪與魏文帝書》注引皆作“隋”。（第 586 頁）

桓六年：季梁止之，曰：……公曰：……對曰：“……奉盛以告曰‘絜粢豐盛’……”（第 1749—1750 頁）

案：“季梁”，張平子《西京賦》、潘安仁《藉田賦》“黍稷馨香，旨酒嘉栗”下注、顔延年《應詔讌曲水作詩》注引作“季良”（第 48 頁、第 118 頁、第 289 頁），《藉田賦》“宜其民和年登，而神降之吉也”下注作“季梁”（第 118 頁）；“絜粢豐盛”，《藉田賦》下注引作“潔粢豐盛”（第 118 頁）。

桓六年：太子曰：“人各有耦，齊大，非吾耦也。”（第 1750 頁）

案：“耦”，沈休文《奏彈王源》注引作“偶”。（第 562 頁）

桓十年：初，虞叔有玉，虞公求旃。弗獻。既而悔之曰：“周諺有之：‘匹夫無罪，懷璧其罪。’吾焉用此，其以賈害也?”（第 1755 頁）

案：“旃”，張茂先《鷦鷯賦》注引作“之”；“周諺有之”，《鷦鷯賦》注引作“周任有言”；“其以賈害也”，《鷦鷯賦》“不懷寶以賈害”注引作“以賈其害”。（第 202 頁）

## 莊　公

莊九年:管仲請囚,鮑叔受之,及堂阜而税之。(1766 頁)

案:"税",楊子雲《解嘲》注引作"脱"。(第 631 頁)

## 閔　公

閔二年:大都耦國,亂之本也。(第 1789 頁)

案:"耦",潘安仁《西征賦》注引作"偶"。(第 151 頁)

## 僖　公

僖四年:爾貢包茅不入,王祭不共,無以縮酒,寡人是徵。(第 1792 頁)

案:"包",潘安仁《藉田賦》、潘元茂《册魏公九錫文》、曹元首《六代論》注引作"苞"(第 118 頁、第 501 頁、第 721 頁);"共",《藉田賦》、《册魏公九錫文》注引作"供"(第 118 頁、第 501 頁)。

僖四年:雖衆,無所用之。(第 1793 頁)

案:"雖衆",潘安仁《西征賦》"彼雖衆其焉用"下注引作"雖君之衆"。(第 152 頁)

僖五年:問於卜偃……對曰:"童謡云:'丙之晨,龍尾伏辰,均服振振……'"(第 1795 頁)

案:"均服振振",左太沖《吴都賦》、潘安仁《閑居賦》注引作"袀服振振"(第 90 頁、第 226 頁)。

僖五年：宫之奇以其族行，曰："虞不臘矣，在此行也，晋不更舉矣。"……冬十二月丙子，朔。晋滅虢。虢公醜奔京師。師還，館于虞，遂襲虞，滅之。（第1795—1796頁）

案："晋不更舉矣"，陳孔璋《爲曹洪與魏文帝書》注引作"不再舉矣"（第586頁）；"師還"，潘安仁《西征賦》、魏文帝《與鍾大理書》注引皆無"師"字（第150頁、第592頁），且《與鍾大理書》注引"還"作"旋"（第592頁）。

僖七年：文王將死，與之璧，使行，曰："唯我知女。女專利而不厭，予取予求，不女疵瑕也。"（第1798頁）

案："女"，任彦昇《奉荅敕示七夕詩啓》注引皆作"汝"；"厭"，《奉荅敕示七夕詩啓》注引作"猒"；"予取予求"，《奉荅敕示七夕詩啓》注引作"余取余求"。（第556頁）

僖八年：八年春，盟於洮，謀王室也。（第1799頁）

案："盟"，陸士衡《答賈長淵》、盧子諒《贈劉琨并書》、任彦昇《宣德皇后令》、潘元茂《册魏公九錫文》、王簡棲《頭陀寺碑文》注引作"會"（第345頁、第359頁、第500頁、第811頁）。

僖九年：君務靖亂，無勤於行。（第1800頁）

案：袁彦伯《三國名臣序贊》"靜亂庇人"下注引作"君務靜亂，無懃於行"（第670頁），任彦昇《百辟勸進今上牋》"一匡靖亂"下注引作"君務靖亂，無勤於行"（第571頁）。

僖九年：初，獻公使荀息傅奚齊。公疾，召之曰："以是藐諸孤

辱在大夫,其若之何?"(第1800—1801頁)

案:"傅",潘安仁《寡婦賦》注引作"侍"(第233頁),江文通《雜體詩》注引做"傅"(第448頁);"辱在大夫",《寡婦賦》注引無"在"字(第233頁)。

僖九年:公家之利,知無不爲,忠也。送往事居,耦俱無猜,貞也。(第1801頁)

案:"利",王仲宣《從軍詩》注引作"事"(第387頁),盧子諒《贈劉琨并書》、江文通《雜體詩》、桓元子《薦譙元彦表》、王仲寶《褚淵碑文》注引皆作"利"(第359頁、第448頁、第532頁、第805頁);"耦",盧子諒《贈劉琨并書》、《從軍詩》注引作"偶"(第359頁、第387頁),《雜體詩》、《薦譙元彦表》注引作"耦"(第448頁、第532頁)。

僖十三年:冬,晋荐饑,使乞糴于秦。(第1803頁)

案:"荐",王元長《永明九年策秀才文》"中産闕洊歲之貲"注引作"洊"。(第509頁)

僖十五年:亂氣狡憤,陰血周作,張脈僨興,外彊中乾。(第1806頁)

案:"僨",枚叔《七發》注引作"憤"。(第480頁)

僖十九年:宋人圍曹,討不服也。子魚言於宋公曰:"文王聞崇德亂而伐之。軍三旬而不降。退脩教而復伐之,因壘而降。……"(第1810頁)

案:"崇德",孫子荆《爲石仲容與孫皓書》注引作"崇侯德"(第

606 頁),陳孔璋《爲曹洪與魏文帝書》注引作“崇德”(第 586 頁);“而伐之”,《爲曹洪與魏文帝書》注引無“而”字(第 586 頁);“退脩教而復伐之”,《爲曹洪與魏文帝書》注引作“退而脩德復伐之”(第 586 頁)。

僖二十一年:脩城郭、貶食、省用、務穡、勸分,此其務也。(第 1811 頁)

案:“務穡”,潘元茂《册魏公九錫文》“君勸分務本”下注引作“務嗇”。(第 502 頁)

僖二十二年:子魚曰:“君未知戰,勍敵之人,隘而不列,天贊我也……”(第 1814 頁)

案:“隘而不列”,左太沖《魏都賦》、陸士衡《辯亡論》、顔延年《陽給事誄》、陸士衡《弔魏武帝文》注皆引作“隘而不成列”(第 103 頁、第 741 頁、第 789 頁、第 834 頁)。

僖二十三年:民不見德,而唯戮是聞。(第 1815 頁)

案:干令升《晋紀總論》“民不見德,唯亂是聞”下注引“民不見德,唯戮是聞”。(第 689 頁)

僖二十四年:吕、郤畏偪,將焚公宫而弑晋侯。(第 1816 頁)

案:“郤”,班孟堅《幽通賦》注引作“郄”(第 209 頁);“弑”,《幽通賦》、范蔚宗《宦者傳論》注引作“殺”(第 209 頁、第 698 頁)。

僖二十四年:晋侯賞從亡者,介之推不言禄,禄亦弗及。推曰:

“獻公之子九人，唯君在矣。惠、懷無親，外内弃之。……竊人之財，猶謂之盜，況貪天之功以爲己力乎？……”對曰：“尤而效之，罪又甚焉。且出怨言，不食其食。”（第1817頁）

案：“弗及”，馬季長《長笛賦》、任彦昇《宣德皇后令》注引作“不及”（第253頁、第505頁）；“唯君在矣”之“唯”，劉越石《勸進表》引作“惟”（第528頁），《長笛賦》注引作“唯”（第253頁）；外内”，《長笛賦》注引作“内外”（第253頁）；“況貪天之功以爲己力乎”，任彦昇《百辟勸進今上牋》注引作“況貪天功以爲己力”（第571頁），任彦昇《爲范尚書讓吏部封侯第一表》注引作“況貪天之功以爲己力”（第538頁）；“罪又甚焉”，《長笛賦》注引作“其又甚焉”（第253頁）。

僖二十四年：管、蔡、郕、霍、魯、衛、毛、聃、郜、雍、曹、滕、畢、原、酆、郇，文之昭也。（第1817頁）

案：“酆”，班叔皮《北征賦》注引作“豐”（第142頁），顔延年《應詔讌曲水作詩》注引作“酆”（第289頁）。

僖二十四年：故封建親戚以蕃屏周……不廢懿親。（第1817—1818頁）

案：“親戚”，左太沖《魏都賦》注引作“懿親”（第106頁），曹子建《責躬詩》、陸士衡《豫章行》、曹子建《求通親親表》、任彦昇《齊竟陵文宣王行狀》注引作“親戚”（第278頁、第395頁、第521頁、第826頁）；“以蕃屏周”，《求通親親表》、《齊竟陵文宣王行狀》注引作“以藩屏周室”（第521頁、第826頁），《魏都賦》、《責躬詩》注引作“以藩屏周”（第106頁、第278頁）。

僖二十四年：狄固貪惏，王又啓之。（第 1818 頁）

案："惏"，潘安仁《馬汧督誄》"婁婁羣狄"下注引作"惏"。（第 787 頁）

僖二十四年：頹叔、桃子曰："我實使狄，狄其怨我。"（第 1818 頁）

案："我實使狄"，陸士衡《五等論》注引作"我實能使狄"。（第 745 頁）

僖二十五年：晋於是始起南陽。（第 1820 頁）

案："起"，潘元茂《册魏公九錫文》注引作"啓"。（第 502 頁）

僖二十五年：晋侯問原守於寺人勃鞮，對曰："昔趙衰以壺飧從，徑，餒而弗食，故使處原。"（第 1821 頁）

案："餒"，范蔚宗《宦者傳論》注引作"餧"。（第 698 頁）

僖二十六年：齊侯曰："室如縣罄，野無青草，何恃而不恐？"對曰："恃先王之命。昔周公、大公股肱周室，夾輔成王。成王勞之，而賜之盟，曰：'世世子孫無相害也！'……"（第 1821 頁）

案："室如縣罄"，謝靈運《述祖德詩》注引作"室如懸磬"；"世世子孫無相害也"，《述祖德詩》注引作"世世子孫不相侵害"。（第 274 頁）

僖二十七年：楚子將圍宋，使子文治兵於睽，終朝而畢，不戮一人。（第 1822 頁）

案："治兵"，木玄虚《海賦》、盧子諒《荅魏子悌》注引作"訓兵"（第 181 頁、第 362 頁），嵇叔夜《幽憤詩》注引作"治兵"（第 327 頁）。

僖二十七年：臣亟聞其言矣，説禮、樂而敦《詩》、《書》。（第1822頁）

案："説"，陶淵明《辛丑歲七月赴假還江陵夜行塗口》、蔡伯喈《郭有道碑文》注引作"悦"（第377頁、第801頁），史孝山《出師頌》、任彦昇《齊竟陵文宣王行狀》注引作"説"（第661頁、第826頁）。

僖二十七年：於是乎伐原以示之信，民易資者，不求豐焉，明徵其辭。（第1823頁）

案："明"，潘安仁《關中詩》注引作"盟"。（第282頁）

僖二十八年：魏犨傷於胷。公欲殺之，而愛其材。（第1824頁）

案："材"，鮑明遠《放歌行》"賢君信愛才"下注引作"才"（第405頁），潘安仁《西征賦》"不愛才以成務"注引作"材"。（第158頁）

僖二十八年：軍志曰："允當則歸。"（第1824頁）

案："則"，阮嗣宗《爲鄭沖勸晋王牋》注引作"即"。（第568頁）

僖二十八年：晋侯患之，聽輿人之誦曰："原田每每，舍其舊而新是謀。"（第1825頁）

案："每每"，左太沖《魏都賦》"蘭渚莓莓"下注引作"莓莓"（第100頁），江文通《雜體詩》注引作"每"（第452頁）。

僖二十八年：子犯曰："戰也！戰而捷，必得諸侯；若其不捷，表裏山河，必無害也。"（第1825頁）

案："子犯"，徐敬業《古意詶到長史溉登琅邪城詩》注引作"咎犯”（第321頁），顔延年《始安郡還都與張湘州登巴陵城樓作一首》、鮑明遠《結客少年場行》注引作“子犯”（第383頁、第403頁）。

僖二十八年：以綏四國，糾逖王慝。（第1826頁）

案：“國”，王元長《三月三日曲水詩序》注引作“方”。（第649頁）

僖三十年：行李之往來，共其乏困，君亦無所害。（第1831頁）

案：“共”，盧子諒《覽古》注引作“供”。（第299頁）

僖三十二年：殽有二陵焉，其南陵夏后皋之墓也，其北陵，文王所辟風雨也。（第1832頁）

案：“殽”，班孟堅《西都賦》“左據函谷二崤之阻”下注引作“崤”（第22頁），潘安仁《西征賦》、謝玄暉《和王著作八公山》注引作“殽”（第150頁、第432頁）；“辟”，《西都賦》注引作“避”（第22頁）。

僖三十三年：不替孟明，“孤之過也，大夫何罪？……”（第1833頁）

案：“替”，潘安仁《西征賦》注引作“廢”（第150頁）；“孟明”，《西征賦》注引“孟明”後有“曰”字（第150頁）；“孤之過”，《西征賦》注引作作“孤之罪”（第150頁）。

## 文 公

文元年：凡君即位，卿出并聘，踐修舊好，要結外援……（第1837頁）

案：“外援”，潘安仁《關中詩》注引作“大援”。（第280頁）

文六年：九月，賈季使續鞫居殺陽處父。（第1844頁）

案："鞫"，顏延年《陽給事誄》注引作"鞠"。（第789頁）

文十八年：季文子使大史克對曰："先大夫臧文仲教行父事君之禮，行父奉以周旋，弗敢失隊。……"（第1861頁）

案："奉以周旋"，嵇叔夜《琴賦》注引作"奉君以周旋"（第256頁）；左太沖《魏都賦》、張平子《思玄賦》"庶斯奉以周旋兮"、何敬祖《贈張華》、王僧達《荅顏延年》注引作"奉以周旋"（第107頁、第214頁、第344頁、第369頁）；"弗敢失隊"，《思玄賦》、《荅顏延年》注引作"不敢失墜"（第214頁、第369頁）。

文十八年：昔高陽氏有才子八人，蒼舒、隤敳、檮戭、大臨、尨降、庭堅、仲容、叔達……天下之民謂之八愷。……忠、肅、共、懿……（第1861—1862頁）

案："尨"，張平子《思玄賦》注引作"庬"（第214頁），任彥昇《爲范尚書讓吏部封侯第一表》、劉孝標《辯命論》注引作"尨"（第539頁、第751頁）；"愷"，《爲范尚書讓吏部封侯第一表》"位裁元凱"注引作"凱"（第539頁），《思玄賦》、《辯命論》"故重華立而元凱升"注引作"愷"（第214頁、第751頁）；"共"，張平子《思玄賦》、锺士季《檄蜀文》注引作"恭"（第214頁、第623頁）。

文十八年：昔帝鴻氏有不才子……天下之民謂之渾敦。少皡氏有不才子，毀信廢忠，崇飾惡言，靖譖庸回，服讒蒐慝……顓頊有不才子，不可教訓，不知話言，告之則頑。舍之則嚚，傲很明德，以亂天常，天下之民謂之檮杌。（第1862頁）

案:“昔帝鴻氏有不才子”,干令升《晋紀論晋武帝革命》注引“才”作“材”(第687頁),劉孝標《辯命論》注引作“才”(第747頁);“少皞氏”,劉孝標《廣絶交論》注引作“少昊氏”(第758頁),潘元茂《册魏公九錫文》注引作“少皞氏”(第501頁);“服讒蒐慝”,《廣絶交論》注引作“伏讒蒐慝”(第758頁),《册魏公九錫文》注引作“邪服蒐慝”(第501頁);“顓頊有不才子”,《册魏公九錫文》注引作“顓頊氏有不材子”(第501頁),《辯命論》注引作“顓頊氏有不才子”(第752頁),“顓頊”後皆有“氏”字(第501頁、第752頁);“傲很”,《辯命論》注引作“傲狠”(第752頁)。

## 宣 公

宣二年:宋人以兵車百乘、文馬百駟以贖華元于鄭。(第1866頁)

案:“文馬百駟”,顔延年《赭白馬賦》“文駟列乎華廄”下注引作“馬百駟”(第204頁),據“文駟”知李善注脱“文”字。

宣二年:晋靈公不君,厚斂以彫牆,從臺上彈人,而觀其辟丸也;宰夫胹熊蹯不熟……(第1866—1867頁)

案:“胹”,曹子建《名都篇》、枚叔《七發》注引作“臑”(第393頁、第480頁),張景陽《七命》注引作“胹”(第496頁);熟,《名都篇》注引作“孰”(第393頁),《七發》、《七命》注引作“熟”(第480頁、第496頁)。

宣三年:故民入川澤、山林,不逢不若。螭魅罔兩,莫能逢之。(第1868頁)

案:“螭魅”,左太沖《吴都賦》注引作“魑魅”(第86頁),張平子《西京賦》“螭魅魍魎”下注、陸士衡《挽歌詩》注引作“螭魅”（第45頁、第407頁）；“罔兩”，《西京賦》“螭魅魍魎”下注、《吴都賦》注引作“魍魎”（第45頁、第86頁）；“莫能逢之”，《西京賦》“莫能逢旃”下注引作“莫能逢旃”（第45頁），《吴都賦》、《挽歌詩》注引作“莫能逢之”（第86頁、第407頁）。

宣十一年：牽牛以蹊者，信有罪矣；而奪之牛，罰已重矣。（第1876頁）

案：“已”，任彦昇《齊竟陵文宣王行狀》注引作“以”。（第828頁）

宣十二年：叛而伐之，服而舍之，德、刑成矣。（第1878頁）

案：“舍”，陸士衡《辯亡論》注引作“赦”。（第735頁）

宣十二年：韓獻子謂桓子曰：“彘子以偏師陷，子罪大矣。……”（第1880頁）

案：“子罪大矣”，潘安仁《關中詩》注引作“罪孰大焉”（第280頁），潘安仁《馬汧督誄》注引作“子罪大矣”（第785頁）。

宣十二年：王見右廣，將從之乘。屈蕩尸之，曰：“君以此始，亦必以終。”自是楚之乘廣先左。（第1882頁）

案：“右廣”，范蔚宗《宦者傳論》注引作“左廣”；“君以此始，亦必以終”，《宦者傳論》“君以此始，必以此終”下注引作“君以此始，必以此終”。（第701頁）

宣十五年：初，魏武子有嬖妾，無子。武子疾，命顆曰：“必嫁

是!”疾病,則曰:“必以爲殉!”……夜,夢之曰:“余,而所嫁婦人之父也。……”(第1888頁)

案:“必嫁是”,張平子《思玄賦》注引作“必嫁是妾”(第218頁),李令伯《陳情事表》注引作“必嫁是”(第524頁);“必以爲殉”,《思玄賦》注引作“必以殉”(第218頁),《陳情事表》注引作“必爲殉”(第524頁);“而所嫁婦人之父也”之“而”,《思玄賦》注一引作“乃”,一引作“汝”(第218頁),《陳情事表》注引作“而”(第524頁)。《思玄賦》引此段文字多紹述之詞,相關異文材料校勘《左傳》或不足取。

宣十八年:凡自虐其君曰弑,自外曰戕。(第1890頁)

案:“凡自虐其君曰弑”,左太沖《魏都賦》注引作“自内害其君曰殺”。(第109頁)

## 成公

成二年:仲尼聞之曰:“……唯器與名,不可以假人,君之所司也。”(第1894頁)

案:“唯器與名”,任彦昇《爲范尚書讓吏部封侯第一表》注引作“惟名與器”(第538頁),袁彦伯《三國名臣序贊》注引作“惟器與名”(第675頁),陸士衡《豪士賦序》注引作“唯器與名”(第643頁)。

成二年:齊侯曰:“余姑翦滅此而朝食。”不介馬而馳之。(第1894頁)

案:“不介馬”,干令升《晋紀總論》注引作“不俟介馬”。(第689頁)

成二年:左并轡,右援枹而鼓。(第 1894 頁)

案:"枹",孫子荆《爲石仲容與孫皓書》"桴鼓一震"下注引作"桴"(第 604 頁),潘安仁《西征賦》"砰揚桴以振塵"注引、楊子雲《解嘲》"叔孫通起於枹鼓之間"注引、王子淵《四子講德論》"枹鼓鏗鏘"注引皆作"枹"(第 152 頁、第 632 頁、第 714 頁)。

成二年:畏君之震,師徒橈敗。(第 1895 頁)

案:"橈",顔延年《陽給事誄》注引作"撓"(第 789 頁)。此處引杜預注:"撓,敗也。"《十三經注疏》本等皆作:"橈,曲也"。

成二年:臣,治煩去惑者也。(第 1896 頁)

案:"治煩去惑者",陸士衡《文賦》"每除煩而去濫"注引作"除煩而去惑"(第 242 頁),江文通《詣建平王上書》注引作"治煩去惑者"(第 553 頁)。

成九年:問其族。對曰:"泠人也。"……文子曰:"楚囚,君子也。言稱先職,不背本也;樂操土風,不忘舊也。……"(第 1905—1906 頁)

案:"泠",王仲宣《登樓賦》注引作"伶"(第 162 頁);"不忘舊也",陸士衡《吴趨行》、謝靈運《會吟行》注引作"不忘本也"(第 399 頁、第 402 頁),蓋涉上文"不背本也"而節引其義,《登樓賦》注引作"不忘舊也"(第 162 頁)。

成九年:君子曰:"……莒恃其陋,而不修城郭,浹辰之間,而楚克其三都,無備也夫!……雖有姬姜,無棄蕉萃。……"(第 1906 頁)

案:"而不修城郭",劉越石《勸進表》、陸佐公《石闕銘》注引作

“不修其城郭”（第528頁、第773頁）；“三都”，《勸進表》注引作“二都”（第528頁），誤，陸士衡《辯亡論》、《石闕銘》注引作“三都”（第739頁、第773頁）；“蕉萃”，班孟堅《西都賦》、任彦昇《爲范尚書讓吏部封侯第一表》、任彦昇《王文憲集序》注引作“憔悴”（第23頁、第539頁、第656頁）。

成十二年：享以訓共儉，宴以示慈惠。（第1910頁）

案：“共”，張平子《東京賦》“降至尊以訓恭，送迎拜乎三壽”下注引作“恭”，“不窮樂以訓儉”下注引作“躬”。（第62頁）

成十三年：劉子曰：“吾聞之：民受天地之中以生，所謂命也。……”（第1911頁）

案：“所謂命也”，謝靈運《石壁精舍還湖中作》注引作“所爲命”。（第515頁）

成十三年：夏四月戊午，晋侯使吕相絶秦，曰：“昔逮我獻公及穆公相好，戮力同心，申之以盟誓，重之以昏姻。……”（第1911頁）

案：“申之以盟誓”，潘安仁《懷舊賦》“遂申之以婚姻”注引、盧子諒《贈劉琨并書》“申以婚姻”下注引皆作作“申之以婚姻”（第232頁、第359頁），蓋節引“申之以盟誓，重之以昏姻”之義。

成十三年：無禄，文公即世……迭我殽地……康犹不悛，入我河曲，伐我涑川，俘我王官，翦我羈馬，我是以有河曲之戰。（第1912頁）

案：顔延年《陽給事誄》“軼我河縣，俘我洛畿”下注引作“迭我

殺地,入我河縣,俘我王官。迭與軼古字通。"(第 790 頁)

成十六年:子反命軍吏察夷傷。(第 1919 頁)

案:"命",張平子《西京賦》、顏延年《陽給事誄》注引作"令"。(第 47 頁、第 790 頁)

成十六年:公待於壞隤,申宫、儆備、設守,而後行,是以後。(第 1919—1920 頁)

案:"儆備",陸士衡《豪士賦序》"則申宫警守以崇不畜之威"下注引作"警備"。(第 644 頁)

成十七年:君驕侈而克敵,是天益其疾也,難將作矣。(第 1921 頁)

案:"驕侈",干令升《晋紀總論》注引作"無禮"。(第 694 頁)

成十八年:晋欒書、中行偃使程滑弑厲公……周子有兄而無慧,不能辨菽麥,故不可立。(第 1923 頁)

案:"弑",劉孝標《辯命論》注引作"殺"(第 750 頁);"無慧",《辯命論》注引作"無惠"(第 750 頁),陳孔璋《檄吴將校部曲文》注引作"無慧"(第 619 頁)。

成十八年:二月乙酉朔,晋悼公即位于朝。……凡六官之長,皆民譽也。(第 1923—1924 頁)

案:"六官",盧子諒《贈崔温》注引作"公宫"(第 361 頁),任彦昇《王文憲集序》、劉孝標《廣絶交論》注引作"六官"(第 657 頁、第 759 頁)。

## 襄　公

襄三年：使鄧廖帥組甲三百、被練三千以侵吳。（第1930頁）

案："組甲三百"，左太沖《吳都賦》、顔延年《赭白馬賦》注引"百"作"千"（第89頁、第205頁），蓋涉下文"被練三千"而誤。謝玄暉《和伏武昌登孫權故城》注引作"組甲三百"（第431頁）。

襄四年：君子曰："志所謂'多行無禮，必自及也'，其是之謂乎！"（第1932頁）

案："志所謂"，潘安仁《西征賦》注引"所謂"前有"有之"二字（第153頁），蓋涉襄二十五年"仲尼曰"例而訛。

襄四年：各有攸處，德用不擾，在帝夷羿，冒于原獸，忘其國恤，而思其麀牡，武不可重，用不恢于夏家，獸臣司原，敢告僕夫。（第1933頁）

案："用不恢于夏家"，左太沖《魏都賦》注引"用"前有"是"字。（第101頁）

襄八年：子駟曰："周詩有之曰：'俟河之清，人壽幾何？……'"（第1939頁）

案："周詩"，張平子《思玄賦》注引作"周諺"（第222頁），王仲宣《登樓賦》、應休璉《與從弟君苗君胄書》注引作"周詩"（第163頁、第599頁）。

襄八年：舍之聞之：杖莫如信。完守以老楚，杖信以待晋，不亦

可乎？（第1939頁）

案："杖莫如信"，潘安仁《西征賦》注引作"杖德莫如信"。（第161頁）

襄八年：知武子使行人子員對之曰："君有楚命，亦不使一介行李告于寡君，而即安于楚。……"（第1940頁）

案："子員"，陸士衡《辯亡論》注引作"子貢"（第738頁），"貢"當是"員"字之訛，孔文舉《論盛孝章書》注引作"員"（第583頁）。

襄十年：余羸老也，可重任乎？（第1947頁）

案："也"，潘安仁《閑居賦》注引作"矣"。（第225頁）

襄十一年：子教寡人和諸戎狄以正諸華……（第1951頁）

案："和諸戎狄"，左太沖《魏都賦》注引作"和戎狄"（第108頁），鮑明遠《擬古》、潘元茂《册魏公九錫文》、王仲寶《褚淵碑文》注皆引作"和諸戎狄"（第443頁、第500頁、第809頁）。

襄十三年：石臭言於子囊曰：先王卜征五年，而歲習其祥，祥習則行。（第1955頁）

案："歲習其祥"，張平子《東京賦》、顔延年《車駕幸京口侍遊蒜山作》注引作"歲卜其祥"（第64頁、第317頁）。

襄十四年：子臧去之，遂弗爲也，以成曹君。君子曰：……（第1956頁）

案："弗"，潘安仁《西征賦》、任彦昇《爲褚諮議蓁讓代兄襲封表注》注引作“不”（第 151 頁、第 541 頁），羊叔子《讓開府表》、嵇叔夜《與山巨源絶交書》注引作“弗”（第 523 頁、第 601 頁）；“以成曹君”，《與山巨源絶交書》注引無“君”字（第 601 頁），蓋涉下文“君子”之“君”而脱，《西征賦》、《讓開府表》、《爲褚諮議蓁讓代兄襲封表注》注皆有“君”字（第 151 頁、第 523 頁、第 541 頁）。

襄十四年：秦伯問於士鞅曰：“晋大夫其誰先亡？”……對曰：“然。欒黶汏虐已甚，猶可以免，其在盈乎！”秦伯曰：“何故？”對曰：“……欒黶死，盈之善未能及人，武子所施没矣，而黶之怨實章，將於是乎在。”（第 1956 頁）

案：“汏虐”，班孟堅《幽通賦》注引作“忕虐”；“猶可以免，其在盈乎”，《幽通賦》注引作“猶可以免其身，禍在盈也”；“怨實章”，《幽通賦》注作“惡實彰”。（第 211 頁）

襄十四年：公使厚成叔弔于衛，曰：“寡君使瘠，聞君不撫社稷，而越在他竟。若之何不弔？以同盟之故，使瘠敢私於執事……”（第 1957 頁）

案：“厚”，謝希逸《月賦》注引作“原”（第 198 頁），爲“厚”字之誤，嵇叔夜《幽憤詩》注引作“后”（第 327 頁），潘元茂《册魏公九錫文》注引作“厚”（第 500 頁）；“他竟”，《幽憤詩》注引作“他境”（第 327 頁），《册魏公九錫文》注引作“佗境”（第 500 頁）。

襄十四年：夫君，神之主也，民之望也。（第 1958 頁）

案：“神之主也，民之望也”，盧子諒《贈劉琨并書》、任彦昇《百辟勸進今上牋》注引作“神之主而民之望也”（第 361 頁、第 572 頁）。

襄十四年：王使劉定公賜齊侯命，曰："昔伯舅大公右我先王，股肱周室，師保萬民。世胙大師，以表東海。……"(第 1958 頁)

案："胙"，孫子荆《爲石仲容與孫皓書》"則世祚江表"下注引作"祚"（第 606 頁），潘元茂《册魏公九錫文》"世胙大師"下注引作"世胙大師"（第 502 頁）。

襄十七年：齊晏桓子卒，晏嬰麤縗斬，苴絰、帶、杖，菅屨，食鬻，居倚廬，寢苫、枕草。（第 1964 頁）

案："縗斬"，楊子雲《解嘲》注引作"斬衰"（第 630 頁），任彦昇《齊竟陵文宣王行狀》注引作"衰斬"（第 827 頁）。

襄十九年：二月甲寅，卒，而視，不可含。……乃瞑，受含。（第 1968 頁）

案："含"，潘安仁《馬汧督誄》注引作"唅"（第 788 頁）。

襄十九年：臧武仲謂季孫曰："……且夫大伐小，取其所得，以作彝器，銘其功烈，以示子孫。……"(第 1968 頁)

案："夫大伐小"，張平子《東京賦》注引作"夫以大伐小"（第 53 頁）；"取其所得，以作彝器"，張平子《東京賦》注引作"取所得彝器"（第 53 頁），任彦昇《王文憲集序》注引作"取其所得，以作彝器"（第 655 頁）。

襄二十三年：閔子馬見之，曰："子無然。禍福無門，唯人所召。……"……敬共朝夕，恪居官次。（第 1977 頁）

案："閔子馬"，陳孔璋《檄吴將校部曲文》、劉孝標《辯命論》、陸士衡《演連珠》、王仲寶《褚淵碑文》注引作“閔子騫”（第 616 頁、第 747 頁、第 761 頁、第 804 頁）;“唯”,《辯命論》“唯人所召”注引作“惟”（第 747 頁）,《檄吴將校部曲文》“禍福無門,惟人所召”下注“《左氏傳》閔子騫之辭”（第 616 頁）;“共”,潘安仁《在懷縣作》、《演連珠》、《褚淵碑文》注引作“恭”（第 374 頁、第 761 頁、第 804 頁）。

襄二十三年:季孫用之,乃盟臧氏,曰:“毋或如臧孫紇干國之紀,犯門斬關!”(第 1978 頁)

案:“毋”,潘元茂《册魏公九錫文》、干令升《晋紀總論》、陸士衡《辯亡論》注引作“無”（第 503 頁、第 689 頁、第 736 頁）。

襄二十三年:若免於罪,猶有先人之敝廬在,下妾不得與郊弔。(第 1978 頁)

案:“敝”,羊叔子《讓開府表》“願復守先人弊廬”注引作“弊”。(第 522 頁)

襄二十四年:魯有先大夫曰臧文仲,既没,其言立,其是之谓乎!（第 1979 頁）

案:“没”,班孟堅《幽通賦》注引作“歿”。(第 212 頁)

襄二十四年:毋寧使人謂子,“子實生我”,而謂子“浚我以生”乎?（第 1979 頁）

案:“毋”,干令升《晋紀總論》注引作“母”,誤。(第 690 頁)

襄二十四年:大叔曰:“不然。部婁無松柏。”(第 1980 頁)

案:“部婁”,左太沖《魏都賦》“培塿之與方壺也”下注引作“培塿”。(第 97 頁)

襄二十五年:仲尼曰:“志有之:‘言以足志,文以足言。’不言,誰知其志? 言之無文,行而不遠。……”(第 1985 頁)

案:“以足”,陸士衡《文賦》注引作“足以”(第 241 頁),劉越石《荅盧諶詩一首并書》“文以明言,言以暢神”下注引作“以足”(第 356 頁)。

襄二十六年:子鮮不獲命於敬姒,以公命與甯喜言,曰:“苟反,政由甯氏,祭則寡人。”(第 1988 頁)

案:“苟反”,陸士衡《豪士賦序》注引作“苟反國”。(第 644 頁)

襄二十六年:上其手,曰:“夫子爲王子圍,寡君之貴介弟也。”(第 1989 頁)

案:“君”,劉伯倫《酒德頌》注引作“吾”(第 662 頁),因字形相近而誤,作“君”是,沈休文《齊故安陸昭王碑文》注引作“君”(第 824 頁)。

襄二十六年:公徐聞其無罪也,乃亨伊戾。(第 1990 頁)

案:“徐聞其無罪”,范蔚宗《宦者傳論》注引作“徐聞其罪”(第 699 頁);“亨”,《宦者傳論》注引作“烹”(第 699 頁)。

襄二十七年:伯有賦鶉之賁賁。(第 1997 頁)

案:“賁賁”,吴季重《荅東阿王書》注引作“奔奔”(第 596 頁),

沈休文《奏彈王源》注引作“賁賁”（第 563 頁）。

襄二十九年:吴公子札來聘……爲之歌《齊》,曰:“美哉,泱泱乎！大風也哉！表東海者,其大公乎！國未可量也。”……爲之歌《魏》,曰:“美哉,渢渢乎！大而婉,險而易行,以德輔此,則明主也。”……爲之歌《頌》,曰:“至矣哉！……邇而不偪,遠而不攜……節有度,守有序,盛德之所同也。”(第 2006—2007 頁)

案:“歌《齊》”之“歌”,陸士衡《齊謳行》注引作“謌”（第 397 頁),干令升《晋紀總論》注引作“歌”（第 691 頁);“險而易行”,左太沖《魏都賦》注引“險”作“儉”（第 97 頁);“則明主也”,《魏都賦》注“則”後有“爲”字(第 97 頁);“節有度,守有序”,潘安仁《笙賦》“聲成文而節有叙”下注引“序”作“叙”（第 261 頁）。

襄二十九年:適衛,説蘧瑗、史狗、史鰌、公子荆、公叔發、公子朝,曰:衛多君子,未有患也。(第 2008 頁)

案:曹大家《東征賦》注引“公子朝”前有“謂”字。(第 145 頁)

襄三十年:從政一年,輿人誦之……曰:“……子産而死,誰其嗣之?”(第 2014 頁)

案:“而”,班孟堅《東都賦》、潘安仁《關中詩》、王仲寶《褚淵碑文》下注皆引作“若”（第 35 頁、第 281 頁、第 808 頁),沈休文《齊故安陸昭王碑文》注引作“而”（第 823 頁）。

襄三十一年:僑聞文公之爲盟主也,宫室卑庳,無觀台榭,以崇大諸侯之館,館如公寢……圬人以時塓館宫室。(第 2015 頁)

案:“宫室卑庳”,左太沖《魏都賦》注引“庳”作“埤”(第 102 頁);“塓”,《魏都賦》“葺墻冪室”注引作“冪”(第 102 頁)。

襄三十一年:然明曰:“蔑也今而後知吾子之信可事也。小人實不才,若果行此,其鄭國實賴之,豈唯二三臣?”(第 2016 頁)

案:“其鄭國實賴之”,潘元茂《册魏公九錫文》注引作“鄭國其實賴之也”(第 500 頁),《新序·雜事》引此事同今本《左傳》。

襄三十一年:猶未能操刀而使割也。(第 2016 頁)

案:潘安仁《西征賦》注引“割”前有“之”字。(第 161 頁)

襄三十一年:北宫文子見令尹圍之威儀……故能有其國家,令聞長世。(第 2016 頁)

案:“令聞長世”,左太沖《魏都賦》、鮑明遠《蕪城賦》、何平叔《景福殿賦》、陸士衡《辯亡論》注引“聞”作“問”(第 96 頁、第 167 頁、第 172 頁、第 740 頁)。

## 昭　公

昭元年:將恃大國之安靖己,而無乃包藏禍心以圖之?(第 2019 頁)

案:“包”,陸士衡《辯亡論》“然皆苞藏禍心”、阮元瑜《爲曹公作書與孫權》“以爲老夫苞藏禍心”下注引作“苞”(第 735 頁、第 588 頁)。

昭元年:疆埸之邑,一彼一此,何常之有?(第 2021 頁)

案:“邑”,盧子諒《贈崔温》注引作“患”。(第 361 頁)

昭元年：吾儕偷食，朝不謀夕，何其長也。（第 2022 頁）

案："其"，劉孝標《廣絶交論》注引作"可"（第 760 頁），李令伯《陳情事表》注引作"其"（第 524 頁）。

昭元年：昔高辛氏有二子，伯曰閼伯，季曰實沈，居於曠林，不相能也，日尋干戈，以相征討。……其季世曰唐叔虞。（第 2023 頁）

案："曠林"，干令升《晋紀總論》注引作"曠壄"（第 689 頁），陸士衡《爲顧彦先贈婦二首》、陸士龍《答兄機》注引作"曠林"（第 249 頁、第 354 頁）；"季世"，曹子建《與吴季重書》注引作"季葉"（第 594 頁），《爲顧彦先贈婦二首》、《答兄機》、王正長《雜詩》注引作"季世"（第 249 頁、第 354 頁、第 419 頁）。

昭三年：張趯曰："善哉。吾得聞此數也！然自今子其無事矣。譬如火焉，火中，寒暑乃退。……"（第 2030 頁）

案："火中，寒暑乃退"，潘安仁《閑居賦》注引作"火星中而寒暑乃退"（第 227 頁），陸佐公《新刻漏銘》注引作"火中，寒暑乃退"（第 776 頁），下引鄭玄《毛詩箋》曰"火星中，寒暑退"（第 776 頁）。潘安仁《夏侯常侍誄》注引作"火中，寒暑乃退"（第 785 頁）。

昭三年：初，景公欲更晏子之宅，曰："子之宅近市，湫隘囂塵，不可以居，請更諸爽塏者。"（第 2031 頁）

案："隘"，謝玄暉《之宣城出新林浦向版橋》注引作"溢"（第 384 頁），左太沖《吴都賦》"邦有湫阨而踡跼"下注、《魏都賦》注、應休璉《與從弟君苗胄書》、劉孝標《廣絶交論》"斯則斷金由於湫隘"下注引作"隘"（第 94 頁、第 96 頁、第 599 頁、第 758 頁）。

昭四年:是以先王務修德音以亨神人。(第 2033 頁)

案:"亨",王文考《魯靈光殿賦》注引作"享"。(第 169 頁)

昭四年:或多難以固其國,啓其疆土。(第 2033 頁)

案:"或多難",干令升《晋紀總論》注引作"或乃多難"。(第 692 頁)

昭四年:其藏冰也,深山窮穀,固陰沍寒。(第 2034 頁)

案:"固",張平子《西京賦》"其遠則九嵕甘泉,涸陰沍寒,日北至而含凍,此焉清暑"下注引作"涸"(第 37 頁),左太沖《魏都賦》、張平子《思玄賦》、張茂先《雜詩》注引作"固"(第 100 頁、第 219 頁、第 417 頁)。潘安仁《西征賦》下引《西京賦》作"固陰沍寒"(第 160 頁)。

昭四年:成有岐陽之蒐。(第 2035 頁)

案:張平子《東京賦》"岐陽之蒐"注引作"成王有岐陽之蒐"。(第 63 頁)

昭四年:君子作法於涼,其敝猶貪。作法於貪,敝將若之何?(第 2036 頁)

案:"敝",干令升《晋紀總論》、陸士衡《五等論》注引作"弊"(第 690 頁、第 743 頁)。

昭四年:初,穆子去叔孫氏,及庚宗,遇婦人……夢天壓己,弗勝,顧而見人,黑而上僂,深目而豭喙,號之曰:"牛!助余!"乃勝之。旦而皆召其徒,無之。……田於丘蕕,遂遇疾焉。……使寘饋於个而退。牛弗進,則置虚命徹。(第 2036 頁)

案:“遇婦人”,李蕭遠《運命論》注引作“過婦人”(第731頁),“過”當是“遇”之誤字,張平子《思玄賦》注引作“遇婦人”(第217頁);“弗勝”,《思玄賦》注引作“不勝”(第217頁);“豭喙”,《思玄賦》注引作“猳喙”(第217頁);“旦而皆召其徒”,《思玄賦》注引“召”作“瞻”(第217頁),作“瞻”是,詳參本書所收《〈左傳·昭公四年〉誤字辨正——兼及“占”釋“窺察”義用例發覆》;“丘蕕”,《運命論》注引作“蒲丘”(第731頁);“使寘饋於个而退”,《思玄賦》、《運命論》注“个”皆引作“介”(第217頁、第731頁);“置虛命徹”,《運命論》注引作“置虛器命徹”(第731頁)。

昭五年:薳啓彊曰:“……求諸侯而麇至……”(第2042頁)

案:“薳”,顏延年《皇太子釋奠會作詩》、謝玄暉《和伏武昌登孫權故城》注引作“蔿”(第290頁、第431頁);“麇”,《皇太子釋奠會作詩》注引作“麕”(第290頁)。

昭五年:王欲敖叔向以其所不知,而不能,亦厚其禮。(第2042頁)

案:“敖”,繁休伯《與魏文帝牋》注引作“傲”。(第565頁)

昭六年:猶求聖哲之上、明察之官、忠信之長、慈惠之師,民於是乎可任使也,而不生禍亂。(第2044頁)

案:“上”,干令升《晋紀總論》注引作“主”。(第690頁)

昭六年:楚公子棄疾如晋,報韓子也。……禁芻牧採樵,不入田,不樵樹。(第2045頁)

案:“禁”,張景陽《雜詩》注引作“楚”(第422頁),“禁”之誤字;

“採樵”,《雜詩》注引作“樵采”(第 422 頁)。

昭七年:薳啓彊來召公,辭曰:“……孤與其二三臣。悼心失圖。……今君若步玉趾……”(第 2048 頁)

案:“薳啓彊”,成公子安《嘯賦》注、劉公干《贈五官中郎將》注引作“蔿啓强”(第 262 頁、336 頁);王康琚《反招隱詩》注引作“蔿啓彊”(第 311 頁);應休璉《與侍郎曹長思書》注、班孟堅《典引》注引作“薳啓疆”(第 598 頁、第 685 頁);任彦昇《爲齊明帝讓宣城郡公第一表》注、《啓蕭太傅固辭奪禮一首》注、江文通《雜體詩三十首·劉太尉琨》注、陸士衡《五等論》注引作“薳啓彊”(第 536 頁、第 556 頁、第 448 頁、第 746 頁)。

昭七年:人有言曰:“雖有挈缾之知,守不假器,禮也。”(第 2049 頁)

案:“知”,張平子《東京賦》、陸士衡《文賦》注引作“智”(第 65 頁、第 243 頁)。

昭七年:抑諺曰“蕞爾國”。(第 2050 頁)

案:“蕞爾國”,左太沖《魏都賦》、陸士衡《皇太子宴玄圃宣猷堂有令賦詩》、嵇叔夜《養生論》注引作“蕞爾小國”(第 109 頁、第 284 頁、第 728 頁);陸士衡《謝平原内史表》、《弔魏武帝文》注引作“蕞爾之國”(第 525 頁、第 833 頁)。

昭七年:其祖弗父何以有宋而授厲公。及正考父佐戴、武、宣,三命兹益共……(第 2051 頁)

案:“何以有宋”,潘正叔《贈陸機出爲吴王郎中令》注引作“何始有國”（第351頁）；“益共”,《贈陸機出爲吳王郎中令》注引作“恭敬”（第351頁）。

昭八年：舜重之以明德,寘德于遂。（第2053頁）

案：“寘德于遂”,潘元茂《册魏公九錫文》注引作“宣德於遠也”。（第501頁）

昭九年：叔向謂宣子曰：“文之伯也,豈能改物？翼戴天子,而加之以共。……”（第2057頁）

案：“戴”,陸士衡《五等論》“主弱憑其翼戴”注作“載”（第744頁）,袁彦伯《三國名臣序贊》“有翼戴之功”注引作“戴”（第671頁）;“共”《五等論》注作“恭”（第744頁）。

昭十二年：左史倚相趨過,王曰：“是良史也,子善視之！是能讀《三墳》、《五典》、《八索》、《九丘》。”（第2064頁）

案：趨,潘正叔《贈陸機出爲吳王郎中令》、夏侯孝若《東方朔畫贊》注引作“趍”（第351頁、第668頁）。

昭十二年：其詩曰：祈招之愔愔……（第2064頁）

案：“招”,束廣微《補亡詩》、袁彦伯《三國名臣序贊》注引作“昭”（第273頁、第672頁）,左太沖《吳都賦》注引作“招”（第93頁）。

昭十三年：冶區夫曰：“非也。若見費人,寒者衣之,饑者食之,爲之令主,而共其乏困……”（第2069頁）

案：“爲之令主”,陸士衡《五等論》“國乏令主”下注引作“爲乏

令主”,或涉正文而誤。(第 744 頁)

昭十三年:投龜,詬天而呼曰:“是區區者而不余畀,余必自取之。”(第 2070 頁)

案:“余畀”,陸士衡《弔魏武帝文》注引作“畀余”(第 833 頁),陸士衡《辯亡論》注引作“余畀”(第 740 頁)。

昭十三年:初,共王無冢適,有寵子五人,無適立焉。乃大有事于群望……使五人齊,而長入拜。康王跨之,靈王肘加焉,子干、子皙皆遠之。平王弱,抱而入,再拜,皆厭紐。(第 2070 頁)

案:“共王無冢適”,劉孝標《辯命論》注引作“恭王無冡適”(第 750 頁),“冡”爲“冢”字之訛;“大有事”,張平子《東京賦》注引作“有事”(第 60 頁),《辯命論》注引作“大有事”(第 750 頁);“使五人齊”,《辯命論》注引作“使五人拜”(第 750 頁);“厭”,《辯命論》注引作“壓”(第 750 頁)。

昭十三年:有楚國者,其棄疾乎!君陳、蔡,城外屬焉。苛慝不作,盜賊伏隱……(第 2070 頁)

案:“君陳、蔡”,阮嗣宗《爲鄭沖勸晋王牋》注引作“君居陳、蔡”。(第 568 頁)

昭十三年:子産歸,未至。聞子皮卒,哭且曰:“吾已!無爲爲善矣。唯夫子知我。”(第 2073 頁)

案:“吾已!無爲爲善矣”,劉孝標《廣絶交論》注引作“吾以!無爲爲善”。(第 755 頁)

昭十七年：鳳鳥適至，故紀於鳥，爲鳥師而鳥名。（第 2083 頁）

案："故紀於鳥"，張景陽《七命》注引作"故以鳥紀"（第 497 頁），王元長《永明十一年策秀才文》注引作"故紀於鳥"（第 510 頁）。

昭十七年：鄭裨竈言於子産曰："宋、衛、陳、鄭將同日火。若我用瓘斝玉瓚，鄭必不火。"子産弗與。（第 2084 頁）

案：張平子《思玄賦》注引"瓘斝玉瓚"後有"禳之"兩字（第 218 頁）；"鄭必不火"作"猶必不火"（第 218 頁），"猶"爲誤字；"弗與"作"不予"（第 218 頁）。

昭十七年：……楚師繼之，大敗吴師，獲其乘舟餘皇。……吴公子光請於其衆，曰："喪先王之乘舟，豈唯光之罪，衆亦有焉。……"（第 2085 頁）

案："餘皇"，郭景純《江賦》"運艅艎"下注引作"艅艎"（第 188 頁），左太沖《吴都賦》"邁餘皇於往初"下注引作"餘皇"（第 92 頁）；"先王"，《吴都賦》注引作"先君"（第 92 頁）。

昭十八年：梓慎登大庭氏之庫以望之，曰："宋、衛、陳、鄭也。"（第 2085 頁）

案：陸佐公《新刻漏銘》注引無"氏"字。（第 777 頁）

昭十八年：子産曰："天道遠，人道邇，非所及也，何以知之？……"（第 2085 頁）

案："非所及也"，張平子《思玄賦》注引作"非爾及也"。（第 218 頁）

昭十九年：駟氏聳。……駟氏懼，駟乞欲逃，子產弗遣。（第2087頁）

案："駟氏懼"，左太沖《魏都賦》"先生之言未卒，吴蜀二客，矆焉相顧，䁾焉失所"下注引作"駟氏矆懼"。（第109頁）

昭二十年：公曰："子死亡有命，余不忍其詢。"（第2092頁）

案："詢"，《報任少卿書》"詬莫大於宫刑"下注引作"詬"。（第577頁）

昭二十年：古者無死，爽鳩氏之樂，非君所願也。（第2094頁）

案："古者無死"，陸士衡《齊謳行》注引作"古若無死"。（第397頁）

昭二十年：大叔爲政，不忍猛而寬，鄭國多盜，取人於萑苻之澤。（第2094頁）

案：沈休文《齊故安陸昭王碑文》"雚蒲攸在"注引"取"作"聚"，"萑苻"作"雚蒲"。（第819頁）

昭二十一年：秋七月壬午朔，日有食之。……對曰："二至二分，日有食之，不爲災。日月之行也，分，同道也；至，相過也。……"（第2098頁）

案：陸士衡《弔魏武帝文》注引"食"作"蝕"，"過"作"遇"，當是"過"字之誤。（第833頁）

昭二十一年：廚人濮曰：……乃徇曰："楊徽者，公徒也。"（第

2098 頁)

案:“楊”,張平子《東京賦》“戎士介而揚揮,戴金鉦而建黄鉞”下注引作“揚”,李善注曰:“徽與揮古字通”。(第 59 頁)

昭二十二年:且曰:“雞其憚爲人用乎,人異於是。”(第 2099 頁)

案:“人異於是”,王仲宣《從軍詩》注引作“異於是矣”。(第 387 頁)

昭二十三年:武城人塞其前,斷其後之木而弗殊……(第 2101 頁)

案:“弗殊”,嵇叔夜《琴賦》“或相離而不殊”下注引作“不殊”。(第 257 頁)

昭二十五年:師己曰:“異哉!吾聞文、武之世,童謡有之,曰:鸜之鵒之,公出辱之。鸜鵒之羽,公在外野,往饋之馬。鸜鵒跦跦,公在乾侯,徵褰與襦。鸜鵒之巢,遠哉遙遙,稠父喪勞,宋父以驕。……”(第 2109 頁)

案:“文、武之世”,班孟堅《幽通賦》注引作“文、成之世”(第 211 頁),“成”爲誤字;“跦跦”,左太沖《魏都賦》注引作“株株”李善注“株音誅”(第 108 頁);“稠父喪勞”,《幽通賦》注引作“裯父喪勞”(第 211 頁)。

昭二十五年:臧昭伯率從者將盟,載書曰:“戮力壹心,好惡同之。信罪之有無,繾綣從公,無通外内!”(第 2110 頁)

案:“外内”,傅長虞《贈何劭王濟》注引作“内外”(第 353 頁),

潘安仁《爲賈謐作贈陸機》注引作“外内”（第 350 頁）。

昭二十六年：諸侯釋位，以間王政。（第 2114 頁）

案：“政”，顔延年《宋文皇帝元皇后哀策文》注引作“室”（第 797 頁），陸士衡《答賈長淵》注、潘元茂《册魏公九錫文》注、陸士衡《五等論》注引皆作“政”（第 345 頁、第 500 頁、第 744 頁）。

昭公二十七年：夏四月，光伏甲於堀室而享王……鱄設諸寘劍於魚中以進，抽劍刺王，鈹交于胷，遂弑王。（第 2116 頁）

案：“鱄設諸寘劍於魚中以進”，左太沖《吴都賦》注引“魚”前有“全”字（第 89 頁），鄒陽《上書吴王》注引無“全”字（第 547 頁）。

昭二十七年：楚郤宛之難，國言未已，進胙者莫不謗令尹。沈尹戌言於子常曰：“……子而不圖。將焉用之？……吴新有君，疆埸日駭。……”子常曰：“是瓦之罪，敢不良圖！”……盡滅其族，以説于國。（第 2117 頁）

案：“沈尹戌”，李蕭遠《運命論》注引作“沈尹戍”（第 733 頁），沈休文《齊故安陸昭王碑文》注引作“沈尹戌”（第 820 頁），“戍”疑爲誤字；“子而不圖”，《運命論》注引作“子而弗圖”（第 733 頁）；“日駭”，《齊故安陸昭王碑文》注引作“之駭”（第 820 頁）；“敢不良圖”，孫子荆《爲石仲容與孫皓書》注引作“敢弗良圖”（第 606 頁）；“以説于國”，《運命論》注引作“以説其國”（第 733 頁）。

昭二十八年：賞慶刑威曰君。（第 2119 頁）

案：“賞慶”，干令升《晋紀總論》注引作“慶賞”。（第 691 頁）

昭二十八年：昔賈大夫惡，娶妻而美，三年不言不笑。御以如皋，射雉，獲之，其妻始笑而言。（第 2119 頁）

案："始笑而言"，潘安仁《射雉賦》注引作"始笑始言"（第 142 頁），張平子《西京賦》注引作"始笑而言"（第 46 頁）。

昭二十八年：獻子辭梗陽人。（第 2120 頁）

案：潘安仁《西征賦》注引"梗陽人"後有"賂"字。（第 161 頁）

昭二十九年：夏后饗之，既而使求之。懼而遷于魯縣。（第 2123 頁）

案："既而使求之"，張平子《南都赋》注引"而"作"又"。（第 72 頁）

昭二十九年：顓頊氏有子曰犂，爲祝融。（第 2124 頁）

案："犂"，張平子《思玄賦》注引作"黎"。（第 216 頁）

昭三十一年：若艱難其身，以險危大人，而有名章徹，攻難之士將奔走之。（第 2126 頁）

案："以"，顔延年《贈王太常》注引作"若"；"章"，《贈王太常》注引作"彰"。（第 367 頁）

## 定　公

定元年：元年春王正月辛巳，晉魏舒合諸侯之大夫于狄泉，將以城成周。（第 2131 頁）

案："狄泉"，曹元首《六代論》注引作"翟泉"。（第 721 頁）

定三年:唐成公如楚,有兩肅爽馬,子常欲之,弗與,亦三年止之。唐人……竊馬而獻之子常。子常歸唐候。(第2133頁)

案:"肅爽",左太沖《吴都賦》"軺驌驦"下注、張景陽《七命》"駿唐公之驌驦"注引作"驌驦"(第90頁、第493頁);"弗與",《吴都賦》注引作"不與"(第90頁)。

定四年:鄖公辛之弟懷將弑王,曰:"平王殺吾父,我殺其子,不亦可乎?"(第2136頁)

案:"弑",陸士衡《豪士賦序》注引作"殺"。(第643頁)

定五年:於越入吴。(此爲定五年《春秋》經文)(第2139頁)

案:"於",左太沖《吴都賦》"包括干越"下注引作"干",或存古。(第83頁)

## 哀　公

哀元年:今聞夫差次有臺榭陂池焉……玩好必從,珍異是聚,觀樂是務,視民如讎,而用之日新。(第2155頁)

案:"觀樂是務",左太沖《吴都賦》注引"觀"作"歡"。(第88頁)

哀二年:甲戌,將戰,郵無恤御簡子,衛太子爲右。(第2156頁)

案:"郵無恤",盧子諒《贈劉琨并書》"眷同尤良"下注引作"郵無恤",且言"尤與郵同,古字通"(第359頁),曹子建《與吴季重書》注引亦作"郵無恤"(第595頁)。

哀三年:季桓子至……命藏《象魏》,曰:"舊章不可亡也。"(第

2157 頁）

案:"亡",班孟堅《東都賦》、張平子《東京賦》、曹子建《七啓》、陸佐公《石闕銘》注引作"忘"（第 34 頁、第 55 頁、第 489 頁、第 774 頁）,班孟堅《典引》注引作"亡"（第 683 頁）。

哀七年:對曰:禹合諸侯於塗山,執玉帛者萬國。（第 2163 頁）

案:"合",班孟堅《西都賦》、左太沖《吴都賦》注引作"會"（第 24 頁、第 94 頁）,張平子《思玄賦》注引作"合"（第 216 頁）;"執玉帛者萬國",《吴都賦》注引作"執玉帛而朝者萬國"（第 94 頁）,《西都賦》、《思玄賦》注引皆無"而朝"二字(第 24 頁、第 216 頁)。

哀十一年:吴將伐齊。越子率其衆以朝焉,王及列士皆有饋賂,吴人皆喜,唯子胥懼,曰:"是豢吴也夫!"(第 2167 頁）

案:"率其衆",李蕭遠《運命論》注引"作"率其屬";"唯",《運命論》注引作"惟"。（第 733 頁）

哀十二年:公會吴于橐皋,吴子使大宰嚭請尋盟。（第 2170 頁）

案:"皋",劉孝標《廣絶交論》注引作"睾"。（第 758 頁）

哀十六年:夏四月己丑,孔丘卒。公誄之曰:"旻天不弔,不慭遺一老,俾屏余一人以在位……"(第 2177 頁）

案:"旻",蔡伯喈《陳太丘碑文》注、沈休文《齊故安陸昭王碑文》注引作"昊"（第 802 頁、第 823 頁）,又潘安仁《楊荆州誄》有"昊天不弔",李善注:《毛詩》曰:"不弔昊天"（第 781 頁）,任彦昇《齊竟陵王文宣王行狀》注引作"旻"（第 829 頁）;"余",《陳太丘碑文》

注引作“予”（第 802 頁）。

哀十七年：越子爲左右句卒，使夜或左或右，鼓譟而進，吴師分以禦之。（第 2179 頁）

案：“句”，阮元瑜《爲曹公作書與孫權》注引作“勾”。（第 589 頁）

哀十七年：子高曰：“天命不諂。……”（第 2179 頁）

案：“諂”，張平子《西京賦》“天命不滔，疇敢以渝”注引作“滔”，且言“滔，與謟音義同”，作“諂”爲誤字。（第 38 頁）

附記：2005 年春天，我讀碩士一年級，其時正在系統研讀高郵王氏父子著作，趙生群老師佈置一項作業與我，即輯校《文選》李善注徵引《春秋左傳》的資料。是年暑假耗時月餘，終於完成任務，又幾經校改，撰成本文初稿，最後作爲附録收入碩士論文《讀〈左〉脞録》。今日回想，這項打撈異文的工作收穫雖然不大，但是我對古書異文的關注，以及鉤索沈隱的訓練，大概就是始於此時。有關李善注徵引《左傳》的異文，尚可參覈《文選》各種版本，用來檢討清儒尤其阮元《校勘記》對《文選》李善注利用的得失，甚至可以考察《左傳》在漢魏時期的接受與影響，可惜“當時胸中無此題目”（向宗魯先生語），只得留待日後再作探討了。

2019 年 10 月 17 日

# 玄應《一切經音義》徵引《左傳》研究

## ——兼論佛經音義引經底本來源的複雜性

唐代貞觀、龍朔年間，僧人玄應撰作的《一切經音義》（又稱《衆經音義》，下文簡稱"玄應《音義》"或"《音義》"）是一部注解佛典語彙的名著，敦煌吐魯番文獻中有數種傳抄寫本，日本奈良時代玄應《音義》傳到日本，正倉院《聖語藏》收録的卷六殘卷即天平年間（729—749）寫本，此後遞有傳寫與刊刻。《音義》中的書證材料大量援取儒家經典，清代學者校勘《十三經注疏》時已用《音義》的書證作爲他校資料，但利用尚不全面。本文擬對玄應《音義》徵引《左傳》的相關文獻展開系統檢覈考察。

### 一、玄應《音義》徵引《左傳》條疏

通過蒐輯查證，玄應《一切經音義》徵引《春秋左傳》凡 95 則，明引杜預注 31 則、暗引 14 則，誤將杜注引成《左傳》2 則，引服虔注 1 則。以下將這些引文資料逐一臚列考辨。

[1] 或級　《左傳》:“加勞,賜一級。”又云:“斬首二十三級。”(第12頁,此處爲徐時儀先生校注《一切經音義三種校本合刊(修訂版)》相關頁碼,上海古籍出版社2012年,下同。部分標點爲筆者增補。)

案:《左傳・僖公九年》:“加勞,賜一級,無下拜。”(第1800頁,此處爲阮元校刻《十三經注疏》相關頁碼,中華書局1980年影印世界書局本,下同)“又云‘斬首二十三級’”實出自《史記・樊酈滕灌列傳》,非《左傳》文。

[2] 姦宄　《左傳》:“在内曰姦,在外曰宄。”[又云:“亂在内曰宄”。][①](第18頁)

案:《左傳・成公十七年》:“臣聞亂在外爲姦,在内爲軌。”《釋文》:“軌,本又作宄,音同。”(第1922頁)《漢書》顔注、《後漢書》李賢注引《左傳》皆作“亂在外爲奸,在内爲宄”,《音義》引文當有倒訛。

[3] 胆佞　《左傳》云:“寡人不佞,不能事父兄。”(第20頁)

案:《左傳・昭公二十五年》:“寡人不佞,不能事父兄。”(第2110頁)

[4] 俺襲　《左傳》:“凡師輕曰襲。”注云:“掩其不備也”。又云夜戰曰襲。(第26頁)

案:《左傳・莊公二十九年》:“凡師有鍾鼓曰伐,無曰侵,輕曰

① 徐校:“又云:亂在内曰宄。《麗》、《慧》無,據《磧》補。”(“徐校”即徐時儀《一切經音義三種校本合刊》校勘記,下同)

襲。”杜注:“掩其不備。”(第 1782 頁)“夜戰曰襲”不見於傳世本《左傳》。

[5] 儕類 《左傳》“晉鄭同儕”是也[①]。(第 26 頁)

案:《左傳・僖公二十三年》:“晉鄭同儕。”(第 1815 頁)

[6] 田疇 《左傳》:“取我田疇。”注云:“並畔爲疇。”[②](第 26 頁)

案:《左傳・襄公三十年》:“取我田疇。”杜注:“並畔爲疇。”(第 2014 頁)

[7] 號哭 《左傳》“豺狼所嗥”是也。(第 35 頁)

案:《左傳・襄公十四年》:“豺狼所嗥。”(第 1956 頁)

[8] 頑嚚 《左傳》“心不則德義之經爲頑,口不道忠信之言曰嚚”是也。(第 38 頁)

案:《左傳・僖公二十四年》:“心不則德義之經爲頑,口不道忠信之言爲嚚。”(第 1818 頁)《音義》“口嚚”,傳世本作“爲嚚”。

[9] 滋蔓 《左傳》:“無使滋蔓。”服虔曰:“滋,益也。蔓,延也。謂無使其惡益延長也。”(第 40 頁)

案:《左傳・隱公元年》:“無使滋蔓”(第 1716 頁)服虔注“滋,益也。蔓,延也。謂無使其惡益延長也”爲服氏《春秋左氏傳解誼》

---

① 徐校:“《左傳》‘晉鄭同儕’是也。《慧》無。”

② 據徐校,此條下《左傳》杜注《慧》無。

佚文。

［10］頷骨　《左傳》云:“輔車相依。”(第 45 頁)

案:《左傳・僖公五年》:“輔車相依。”(第 1795 頁)

［11］創痍　《左傳》曰:“生瘍於頭。”(第 46 頁)

案:《左傳・襄公十九年》:“生瘍於頭。”(第 1968 頁)

［12］髡樹　《左傳》:“使人髡之。”(第 48 頁)

案:《左傳・哀公十七年》:“初,公自城上,見己氏之妻髮美,使髡之。”(第 2179 頁)《音義》引文多一“人”字。

［13］而弒《左傳》:“自虐其君曰弒。”(第 48 頁)

案:《左傳・宣公十八年》:“凡自虐其君曰弒。”(1890 頁)

［14］得衷　《左傳》:“楚僻我衷。”杜預曰:“衷,正也。”(第 50 頁)

案:《左傳・昭公六年》:“楚辟我衷。”杜注:“衷,正也。”(第 2045 頁)阮元《校勘記》:“楚辟我衷。《釋文》‘辟’作‘僻’,注及下‘效辟’亦皆作‘僻’。”(第 2047 頁)《音義》與《釋文》同。

［15］偃蹇　《左傳》:“偃蹇,驕傲也。”(第 59 頁)

案:《左傳・哀公六年》:“彼皆偃蹇。”杜注:“偃蹇,驕敖。”(第 2161 頁)此處《音義》引杜注語,非《左傳》文。

［16］級其　《左傳》：［“加勞，賜一級”，又云］[①]“斬首二十三級”。（第 60 頁）

案：同［1］。

［17］盟誓　《左傳》曰：“歃如志。”（第 66 頁）

案：《左傳・隱公七年》：“壬申及鄭伯盟，歃如忘。”（第 1732 頁）《音義》“志”當是“忘”字形訛。

［18］佞蘖　《左傳》：“寡人不佞，不能事父兄。”[②]（第 71 頁）

案：同［3］。

［19］丘慈　《左傳》云：“屈産之乘也。”（第 98 頁）

案：《左傳・僖公二年》：“屈産之乘。”（第 1791 頁）

［20］芟除　《左傳》：“芟夷薀崇之。”（第 99 頁）

案：《左傳・隱公六年》：“芟夷蘊崇之。”（第 1731 頁）阮元《校勘記》：“蘊，石經、宋本作‘薀’，《釋文》亦作‘薀’。《周禮・稻人》《薙人》鄭司農注引傳文竝作‘溫’。此本作‘蘊’，俗字。注及《正義》同。”（第 1737 頁）《音義》引文與《釋文》同，可爲旁證。

［21］諮詢　《左傳》：“訪問於善爲諮，諮親爲詢。”諮問善道、詢問親戚之義也。（第 100 頁）

案：《左傳・襄公四年》：“臣聞之訪問於善爲咨。”杜注：“問善

① 徐校：“加勞賜一級，又云《麗》無，據《磧》補。”

② 據徐校，此處文字《麗》無，據《磧》補。

道。""咨親爲詢。"杜注:"問親戚之義。"(第 1932 頁)此處《音義》先引《左傳》,之後化用杜注作解。

[22] 五兵　《左傳》:"子惡出五甲五兵。"(第 110 頁)

案:《左傳・昭公二十七年》:"子惡曰:'我,賤人也,不足以辱令尹。令尹將必來辱,爲惠已甚。吾無以酬之,若何?'無極曰:'令尹好甲兵,子出之。吾擇焉。'取五甲五兵。"(第 2116 頁)

[23] 頑嚚　《左傳》:"心不則德義之經爲頑,口不道忠信之言爲嚚。"(第 115 頁)

案:參[8]。《左傳・僖公二十四年》:"心不則德義之經爲頑,口不道忠信之言爲嚚。"(第 1818 頁)此處《音義》引文與傳世本《左傳》同。

[24] 卓犖　《左傳》:"犖有力焉,能投蓋于稷門。"(第 116 頁)

案:《左傳・莊公三十二年》:"犖有力焉,能投蓋于稷門。"(第 1783 頁)

[25] 蛸蜚　《左傳》:"秋,有蜚,不爲灾。"(第 117 頁)

案:《左傳・隱公元年》:"秋……八月……有蜚,不爲災。"(第 1718 頁)

[26] 自韙　《左傳》:"犯五不韙。"注云:"韙,是也。"(第 125 頁)

案:《左傳・隱公十一年》:"犯五不韙。"杜注:"韙,是也。"(第

1737 頁)

[27] 不豫　《左傳》'公必與焉'是也。(第 131 頁)

案:不見傳世本《左傳》。《左傳・文公十三年》有"孤必與焉"(第 1852 頁)、《左傳・定公十三年》有"戌必與焉"(第 2150 頁)。

[28] 灾火　《左傳》:"凡人火曰火,天火曰灾。"(第 134 頁)

案:《左傳・宣公十六年》:"凡火,人火曰火,天火曰災。"(第 1888 頁)《音義》節引《左傳》。

[29] 背傴　春秋宋鼎銘云:"一命而僂,再命而傴,三命而俯。"杜預曰:"俯恭於傴,傴恭於僂。"(第 135 頁)

案:《左傳・昭公七年》:"一命而僂,再命而傴,三命而俯。"杜注:"俯共於傴,傴共於僂。"(第 2051 頁)共,《音義》作"恭",同。

[30] 商估　《左傳》:"荀罃之在楚也,鄭賈人褚中以出。"(第 135 頁)

案:《左傳・成公三年》:"荀罃之在楚也,鄭賈人有將寘諸褚中以出。"(第 1901 頁)《音義》引文有節略。

[31] 委政　《左傳》:"爲政事庸力。"杜預曰:"在君爲政,在臣爲事。"(第 138 頁)

案:《左傳・昭公二十五年》:"爲政事庸力。"杜注:"在君爲政,在臣爲事。"(第 2108 頁)

［32］討伐　《左傳》:“有鍾鼓曰伐。”(第139頁)

案:《左傳·莊公二十九年》:“凡師有鍾鼓曰伐。”(第1782頁)

［33］拜跪　《左傳》:“跪而戴之也。”(第139頁)

案:《左傳·襄公十八年》:“跪而戴之。”(第1965頁)

［34］屬累　《左傳》:“相時而動,無累後人。”(第140頁)

案:《左傳·隱公十一年》:“相時而動,無累後人。”(第1736頁)

［35］詢法　《左傳》:“諮親爲詢。”詢問親戚之議也。(第149頁)

案:參［21］。此處“詢問親戚之議也”當是杜注。

［36］屋宇　《左傳》:“失其宇。”注云:“於國則四垂爲宇。”(第160頁)

案:《左傳·昭公四年》:“失其守宇。”杜注:“於國則四垂爲宇。”(第2033頁)

［37］邑中　《左傳》:“凡邑有宗廟先君之主曰都,無曰邑。”(第167頁)

案:《左傳·莊公二十八年》:“凡邑有宗廟先君之主曰都,無曰邑。”(第1782頁)

［38］怨仇　［《左傳》:］①“怨偶曰仇。”(第188頁)

---

① 徐校:“《左傳》《麗》無,據《磧》補。”

案:《左傳·桓公二年》:"怨耦曰仇。"(第1743頁)偶、耦可通。

[39] 黜而　[《左傳》:"使無黜嫚。"杜預曰:][1]"黜,放也。"(第189頁)

案:《左傳·襄公二十八年》:"使無黜嫚。"杜注:"黜猶放也。"(第2001頁)

[40] 草芥　[《左傳》:"視民如土芥。"][2](第189頁)

案:《左傳·哀公元年》:"以民爲土芥。"(第2155頁)又,《孟子·離婁下》有"視臣如土芥"之語。

[41] 剛愎　《左傳》:"愎諫違卜。"[杜預注曰:][3]"愎,戾也。"又曰:"强愎不仁。""愎,恨也。"(第191頁)

案:《左傳·僖公十五年》:"愎諫違卜。"杜注:"愎,戾也。"(第1806頁)《左傳·宣公十二年》:"剛愎不仁。"杜注:"愎,很也。"(第1880頁)"愎,恨也",當是暗引杜注。檢《中華再造善本》唐宋編所收海源閣舊藏宋本《春秋經傳集解》杜注亦作"愎,很也。"《説文》:"很,不聽从也。"即違戾義。杜注多處釋"愎"作"很也",可見《音義》引文"恨"字誤。

《音義》"剛"作"强",疑爲避梁諱改字,詳参下文"引書疑爲避梁諱改字之例"。

---

① 徐校:"左傳……杜預曰　《麗》無,據《磧》補。"

② 徐校:"《左傳》'視民如土芥'《麗》無,據《磧》補。"

③ 徐校:"杜預注曰　《麗》無,據《磧》補。"

［42］饕餮　《左傳》："縉雲氏有不才子貪于飲食，冒於貨賄，斂積不知紀極，天下人民謂之饕餮。"杜預曰："貪財曰饕，貪食曰飻也。"（第 193 頁）

案：《左傳・文公十八年》："縉雲氏有不才子，貪于飲食冒于貨賄。……聚斂積實，不知紀極……天下之民以比三凶，謂之饕餮。"杜注："貪財爲饕，貪食爲餮。"（第 1863 頁）《音義》引文有節略。

［43］踙躔　《左傳》"湫隘踙躔"是也。（第 194 頁）

案：《左傳・昭公三年》："湫隘踙躔。"（第 2031 頁）

［44］行旅　《左傳》："羇旅之臣。"杜預曰："羇旅，寄客也。"（第 213 頁）

案：《左傳・莊公二十二年》："羇旅之臣。"杜注："羇，寄也。旅，客也。"（第 1774 頁）

［45］躓頓　［《左傳》云："躓而蹎。"案躓猶頓也。］①（第 252 頁）

案：《左傳・宣公十五年》："躓而顛。"（第 1888 頁）

［46］諮詢　《左傳》："訪問於善爲諮，諮親爲詢。"諮問善道，謂諮問親戚之義。（第 253 頁）

案：同［21］。

---

① 徐校："《左傳》云：躓而蹎。案躓猶頓也 《麗》無，據《磧》補。"

［47］憫泣　［《左傳》：］①"憫憫然［如農夫之望歲］②也。"（第257頁）

案：《左傳·昭公三十二年》："閔閔焉如農夫之望歲。"（第2127頁）《説文》有"閔"字，無"憫"字，"憫"疑爲表哀傷義的"閔"字的後起字。

［48］將曁　《左傳》："猶懼不曁。"注曰："曁，至也。"（第259頁）

案：《左傳·隱公六年》："猶懼不蔇。"杜注："蔇，至也。"（第1732頁）阮元《校勘記》："猶懼不蔇。《衆經音義》十二引作'不曁'。案：曁、蔇古今字。《莊九年傳》'公及齊大夫盟于蔇'，《公羊》、《穀梁》竝作'曁'。"（第1737頁）

［49］應襲　［《左傳》："九德不衍故襲禄。"杜預曰：］③"襲，受也。"（第269頁）

案：《左傳·昭公二十八年》："九德不愆……故襲天禄。"杜注："襲，受也。"（第2119頁）

［50］鼎沸　《左傳》曰："昔夏之方有德也，貢金九牧，鑄鼎。"（第270頁）

案：《左傳·宣公三年》："昔夏之方有德也……貢金九牧，鑄鼎象物。"（第1868頁）

---

① 徐校："左傳　《麗》無，據《磧》補。"
② 徐校："如農夫之望歲　《麗》無，據《磧》補。"
③ 徐校："《左傳》：九德不衍故襲禄。杜預曰《麗》無，據《磧》補。"

［51］拜謁　［《左傳》云："不謁。"杜預曰：］①"謁，白也。"（第270頁）

案：《左傳·昭公四年》："弗謁。"杜注："謁，白也。"（第2036頁）阮元《校勘記》："謁日也。宋本、淳熙本、岳本、足利本'日'作'白'是也。"（第2039頁）《音義》引文可爲旁證。

［52］［財賄　《左傳》："厚賄之。"注云："贈送也。"］②（第270頁）

案：《左傳·文公十二年》："厚賄之。"杜注："賄，贈送也。"（第1851頁）

［53］皮韜　［《左傳》云："以樂韜憂。"杜預曰：］③"韜，藏也。"（第271頁）

案：《左傳·昭公三年》："以樂慆憂。"杜注："慆，藏也。"（第2031頁）《説文》："慆，説也。"即爲喜悦義。《説文》："韜，劍衣也。"即爲弓袋義，後引申隱藏、掩藏義。孔穎達《春秋左傳正義》："劉炫云：'慆，慢也。好音樂而慢易憂禍也。'杜以'慆'爲藏，當讀如弓韜之韜。"（第2031頁）可見，孔穎達所見本亦作"慆"，杜注因聲求義，將"慆"字破假借爲"韜"。《音義》或是將杜注及《左傳》正文"慆"字皆改爲"韜"，非是存古。

［54］夷滅　《左傳》："芟夷。"杜預曰："夷，煞也。"（第285頁）

① 徐校："《左傳》云：不謁。杜預曰　《麗》無，據《磧》補。"
② 據徐校，此處文字《麗》無，據《磧》補。
③ 徐校："《左傳》云：以樂韜憂。杜預曰　《麗》無，據《磧》補。"

案:《左傳·隱公六年》:"芟夷蕴崇之。"杜注:"夷,殺也。"(第1731頁)"煞"、"殺"是因"殺"字小篆字形隸定分化形成的異體字,中古寫本多用"煞"。隱公六年引文亦可參[20]。

[55] 韅攝　《左傳》:"晋車七百乘,韅靷鞅絆。"杜預曰:"在背曰韅,在匈曰靷,在頸曰鞅,在足曰絆。"(第285頁)

案:《左傳·僖公二十八年》:"晋車七百乘,韅、靷、鞅、靽。"杜注:"在背曰韅,在胷曰靷,在腹曰鞅,在後曰靽。"(第1825頁)《説文》:"絆,馬縶也。"而無"靽"字。疑《左傳》作"靽"是涉上文从"革"之字類化而成的俗字,作"絆"或是《左傳》原貌。

[56] 霖雨　[《左傳》:"雨自三日已上爲霖。"]①(第286頁)

案:《左傳·隱公九年》:"凡雨自三日以往爲霖。"(第1734頁)阮元《校勘記》:"凡雨自三日以往爲霖。《禮記·月令》鄭注云:'雨三日以上爲霖。'《正義》云隱公九年《左傳》文。"(第1738頁)《音義》所引與《禮記》鄭注同。

[57] 老耄　《左傳》:"老將智耄又及之。"②杜預曰:"耄,亂也。"(第297頁)

案:《左傳·昭公元年》:"諺所謂老將知而耄及之者。"杜注:"八十曰耄。耄,亂也。"(第2022頁)

① 徐校:"《左傳》:雨自三日已上爲霖 《麗》無,據《磧》補。"
② 徐校:"蔣曰:'智當作至。'"

[58] 何與 [《左傳》'公必與焉'是也。][1](第 300 頁)

案:同[27]。

[59] 貪饕 《左傳》:"縉雲氏有不才子,貪於飲食,冒于貨賄,斂積不知紀極,人民謂之饕餮。"杜預曰:"貪財曰饕,貪食曰餮。"(第 301 頁)

案:同[42]。

[60] 玦玔 《左傳》:"金寒玦離。"杜預曰:"玦如環而玦不相連也。"(第 302 頁)

案:《左傳·閔公二年》:"金寒玦離。"杜注:"玦如環而缺不連。"(第 1788 頁)

[61] 挽出 [《左傳》'或輓之或推之'是][2]也。(第 303 頁)

案:《左傳·襄公十四年》:"或輓之或推之。"(第 1957 頁)

[62] 汪水 [《左傳》:"尸諸周氏之汪。"杜預曰:][3]"汪,池[水][4]也。"(第 303 頁)

案:《左傳·桓公十五年》:"尸諸周氏之汪。"杜注:"汪,池也。"(第 1758 頁)

---

① 據徐校,此處文字《麗》無,據《磧》補。

② 徐校:"《左傳》'或輓之或推之'是 《麗》無,據《磧》補。"

③ 徐校:"《左傳》:尸諸周氏之汪。杜預曰 《麗》無,據《磧》補。"

④ 徐校:"水 《麗》無,據《磧》補。"

［63］隈處　［《左傳》："秦人過析隈。"杜預曰：］[①]"隈，隱蔽之處也。"（第 304 頁）

案：《左傳・僖公二十五年》："秦人過析隈。"杜注："隈，隱蔽之處。"（第 1821 頁）

［64］貯器　［《左傳》："取我衣冠而貯之。"杜預曰：］[②]"貯，蓄也。"（第 307 頁）

案：《左傳・襄公三十年》："取我衣冠而褚之。"杜注："褚，畜也。"（第 2014 頁）阮元《校勘記》："取我衣冠而褚之。案《吕覽・樂成篇》作'貯之'，元應書引同。盧文弨云《周禮・廛人》注'䐗藏'，《釋文》云：'䐗，本作貯，又作褚。'"（第 2017 頁）

［65］燈盛　《左傳》："旨酒一盛。"（第 326 頁）

案：《左傳・哀公十三年》："旨酒一盛。"（第 2172 頁）

［66］掩襲　《左傳》："凡師輕曰襲。"注云："掩其不備也。"（第 329 頁）

案：同［4］。

［67］酒烝　《左傳》："定王享之肴烝。"杜預曰："丞（烝）[③]，升也。"（第 352 頁）

案：《左傳・宣公十六年》："定王享之原襄公相禮，殽烝。"杜

① 徐校："《左傳》：秦人過析隈。杜預曰　《麗》無，據《磧》補。"

② 徐校："《左傳》：取我衣冠而貯之。杜預曰　《麗》無，據《磧》補。"

③ 徐校："丞　《海》作'烝'。"

注:“烝,升也。”(第 1888 頁)

[68] 貪饕　杜預注《左傳》云:“貪財曰饕,貪食曰飻。”(第 361 頁)

案:同[42]。

[69] 擐甲　《左傳》:“擐甲執兵。”杜預曰:“擐,貫也。”(第 366 頁)

案:《左傳・成公二年》:“擐甲執兵。”杜注:“擐,貫也。”(第 1894 頁)

[70] 郭邑　《左傳》:“凡邑有宗廟先君之主曰都,無曰邑。”(第 366 頁)

案:同[37]。

[71] 姦宄　《左傳》:“在内曰姦,在外曰宄。”一云:“亂在内曰宄。”(第 369 頁)

案:同[2]。

[72] 暨今　《左傳》:“猶懼不暨。”注云:“暨,至也。”(第 389 頁)

案:同[48]。

[73] 批捥　《左傳》:“搲而煞之。”杜預曰:“手搲之也。”(第 396 頁)

案:《左傳·莊公十二年》:"批而殺之。"杜注:"手批之也。"(第1770頁)阮元《校勘記》:"批而殺之。案今《説文》作捘,無批字,《玉篇》引傳正作'捘而殺之。'""手批之也。宋本、淳熙本無'也'字。"(第1776頁)覆嶯《大廣益會玉篇》"捘"字:"《左氏傳》:'捘而殺之。'"[1]此處《音義》亦作"捘"。

[74] 使覘 《左傳》云'使覘之'是也。(第397頁)

案:《左傳·成公十七年》:"公使覘之,信。"(第1922頁)

[75] 鯨鯢 《左傳》:"鯨鯢,大魚也。"(第400頁)

案:《左傳·宣公十二年》:"取其鯨鯢而封之。"杜注:"鯨鯢,大魚名。"(第1883頁)此處所引當是杜注,而非《左傳》。《音義》"也"字,傳世本杜注作"名"。《群書治要》引作"鯨鯢,大魚名也。"[2]

[76] 注霖 《左傳》:"雨自三日以往爲霖。"(第403頁)

案:參[56]。

[77] 羸瘠 《左傳》:"瘠即甚矣。"杜預曰:"瘠,瘦也。"(第405頁)

案:《左傳·襄公二十一年》:"瘠則甚矣!"杜注:"瘠,瘦也。"(第1971頁)"即"、"則"義近,古書中常相換用。此處似以"即"字義勝。

---

① 《大廣益會玉篇》,中華書局,2004年,第30頁。

② 魏徵《群書治要》(一),日本宫内廳書陵部藏本,金澤文庫舊藏古寫本,汲古書院,1989年,第235頁。

［78］仕宦　［《左傳》："乃宦卿之嫡。"注云：］①"宦，亦仕也。"（第 411 頁）

案：《左傳・宣公二年》："乃宦卿之適子而爲之田，以爲公族。"杜注："宦，仕也。"（第 1867 頁）阮元《校勘記》："乃宦卿之適子而爲之田。此本初刊無'子'字，後剜擠補刊。石經、宋本、岳本亦無。案昭廿八年《正義》、《詩・汾沮洳》《正義》並引作'宦卿之適以爲公族'，亦無'子'字。適，《釋文》云又作嫡。"（第 1871 頁）《音義》引文亦爲旁證。

［79］扈船　［《左傳》："扈人無淫者。"杜預曰："扈，止也。"］②（第 422 頁）

案：《左傳・昭公十七年》："扈民無淫者也。"杜注："扈，止也。"（第 2084 頁）民，《音義》引文作"人"。

［80］襲持　《左傳》："凡師輕曰襲。"注曰："掩其不備也。"又夜戰曰襲。（第 423 頁）

案：同［4］。

［81］逆旅　《左傳》："保於逆旅。"杜預曰："逆旅，客舍也。"（第 435 頁）

案：《左傳・僖公二年》："保於逆旅。"杜注："逆旅，客舍也。"（第 1791 頁）

---

① 徐校："《左傳》：乃宦卿之嫡。注云　《麗》無，據《磧》補。"

② 徐校："《左傳》：扈人無淫者。杜預曰：扈，止也　《麗》無，據《磧》補。"

［82］勍敵　《左傳》:“勍敵之人。”杜預曰:“勍,强也。”(第 436 頁)

案:《左傳・僖公二十二年》:“勍敵之人。”杜注:“勍,强也。”(第 1814 頁)

［83］能擐　《左傳》:“擐甲執兵。”杜預曰:“擐,貫也。”(第 437 頁)

案:同［69］。

［84］視覘　《左傳》“公使覘之”是也。(第 439 頁)

案:同［74］。

［85］饕餮　《左傳》:“縉雲氏有不才子,貪於飲食,冒於貨賄,斂積不知紀極,人民謂之饕餮。”杜預曰:“貪財曰饕,貪食曰餮。”(第 450 頁)

案:同［42］。

［86］擐甲　《左傳》:“擐甲執兵。”杜預曰:“擐,貫也。”(第 459 頁)

案:同［69］。

［87］諮詢　《左傳》:“訪問於善爲諮,諮親爲詢。”諮,問［善］①道也。詢,問親慼之議。(第 461 頁)

案:同［21］。

---

① 徐校:“善《麗》無,據《磧》補。”

［88］襲師　《左傳》:“凡師輕曰襲。”掩其不備也。(第 463 頁)

案:同[4],“掩其不備也”爲注文。

［89］頑嚚　《左傳》:“心不惻德義之經曰頑,口不道忠信之言曰嚚”是也。(第 480 頁)

案:同[8]。《音義》兩“曰”字,傳世本《左傳》作“爲”。

［90］中名　《左傳》:“名以制義。”(第 489 頁)

案:《左傳・桓公二年》:“名以制義。”(第 1743 頁)

［91］霖淫　《左傳》:“雨自三日已上爲霖。”(第 493 頁)

案:同[56]。

［92］佞歌　《左傳》:“寡人不佞,不能事父兄。”(第 495 頁)

案:同[3]。

［93］姬媵　《左傳》:“以媵秦穆姬。”杜預曰:“送女曰媵。”(第 496 頁)

案:《左傳・僖公五年》:“以媵秦穆姬。”杜注:“送女曰媵。”(第 1796 頁)

［94］頑嚚　《左傳》:“心不惻(則)[1]德義之經爲頑,口不道忠信之言曰嚚。”(第 501 頁)

案:同[8]。

---

① 徐校:“惻　《磧》作‘則’。”

［95］謗讟　《左傳》:“民無謗讟。”杜預曰:“讟,誹也。”（第507頁）

案:《左傳・昭公元年》:“民無謗讟。”杜注:“讟,誹也。”（第2019頁）

通過梳理以上95則玄應《音義》徵引《左傳》的材料可以看出,阮元校勘《春秋左傳正義》時,已利用到了《音義》材料,如［48］“不暨”、［64］“貯器”條,而［14］“得衷”、［51］“拜謁”、［55］“韅攝”、［56］“霖雨”、［73］“批捥”、［78］“仕官”條,阮元失檢,《音義》引文皆可補正舊説。又如［9］“滋蔓”條引據的服虔注語可作輯佚。其餘條目涉及的《左傳》杜注異文,亦可供文本考證之用。

然而,《音義》徵引《左傳》資料的文獻價值並不局限於此,其中的幾類特殊現象,可以引發更爲深入的探討。

## 二、玄應《音義》引書的幾類現象

下面來討論這些引書中的幾類特殊現象。

### (一) 引書與原本《玉篇》殘卷一致之例

1.［1］“或級”全文:

羇立反。《禮記》:“級,次也。”《左傳》:“加勞賜一級。”又云:“斬首二十三級。”案師旋,斬首一人賜爵一級,因名賊首爲級也。[①]（第12頁）

---

① ［16］“級其”條引書與此條全同,僅省略了《禮記》書名。

原本《玉篇》殘卷糸部“級”字：

> 級：畸立反。《國語》：“明等級以道之礼。”賈逵曰：“等級上下等差也。”《左氏傳》：“云降一級而辞。”杜預曰：“下階一級也。”野王案：階之等數名級也，《礼記》：“主人就東階，客就西階，涉級聚足連步以上”是也。《礼記》又曰：“授車以級。”鄭玄曰：“級，次也。”《史記》：“秦始皇賜爵一級。”野王案：官仕自卑之高，猶階梯而升，所以一命一等名爲階級也。《左氏傳》“加勞賜一級”是也。又曰：“斬首廿三級。”野王案：師旅斬賊首一人賜爵一級，因名賜首爲級也。《説文》：“絲次弟也。”①

比較以上兩段文字，玄應《音義》先後徵引《禮記》、《左傳》、又云，後加案語，與《玉篇》殘卷文字存在高度的一致性，甚至連錯誤都存在一致，依照《玉篇》殘卷引書體例，“又曰”是承襲前一種引書的省稱，那麽此處“級”字下《左氏傳》後“又曰”的文字亦當引自《左傳》，然而通過覈實發現，“斬首廿三級”實際引自《史記·樊酈滕灌列傳》，玄應《音義》引書中的“又云”恰恰承襲了這一錯誤。再者，玄應《音義》下“案師旋”以下文字，與《玉篇》殘卷顧野王案語也存在一致性。因此，可知玄應《音義》這段引書並非據《禮記》、《左傳》等而來，應該直接采自《玉篇》，僅僅稍作變異，如將《禮記》鄭注更爲《禮記》，《左氏傳》更爲《左傳》，“又曰”更爲“又云”，“廿三”更爲

① 顧野王：《玉篇》殘卷，《續修四庫全書》228 册，上海古籍出版社，2002 年，第592 頁。

“二十三”，删去了“野王”二字，把“師旅”誤寫成了“師旋”。①

2. [95]謗讟

徒木反。《左傳》：“民無謗讟。”杜預曰：“讟，誹也。”《廣雅》：“讟，惡也。”《方言》：“讟，痛也。”（第 507 頁）

原本《玉篇》殘卷言部“讟”字：

徒木反。《左氏傳》“民無謗讟。”杜預曰：“讟，誹也。”《方言》：“讟，痛。”郭璞曰：“謗誣怨痛也。”《廣雅》：“讟，惡也。”《字書》或爲𤺺字，在疒部。②

此處“讟”字音切及釋義，玄應《音義》與《玉篇》殘卷幾乎全同，疑亦引自《玉篇》。

### （二）引書與宋本《玉篇》一致之例

如[73]“批捥”條引書：

《左傳》：“搥而煞之。”杜預曰：“手搥之也。”（第 396 頁）

《左傳・莊公十二年》：“批而殺之。”杜注：“手批之也。”“搥”字

① “廿三”作“二十三”，或是後世傳寫所改，未必玄應原文，宋前古寫本中的“廿”、“卅”、“卌”，在刻本時代以後，多改成爲“二十”、“三十”、“四十”，日本金剛寺藏玄應《一切經音義》古寫本此處即作“廿三”；“師旅”誤成“師旋”，亦可能是後世傳寫之誤，日本七寺藏玄應《一切經音義》古寫本此處即作“旅”，皆可爲證。（金剛寺、七寺藏本參見國際佛教學大學院大學學術フロンティア實行委員會 2006 年編集發行的《玄應撰一切經音義二十五卷》）

② 顧野王：《玉篇》殘卷，第 245—246 頁。

不見於存世的原本《玉篇》殘卷，然覈諸北宋陳彭年奉旨重修的《大廣益會玉篇》，其中"捲"字書證亦作"《左氏傳》：'捲而殺之'"，正與《音義》引文一致。《大廣益會玉篇》承襲唐代《玉篇》傳本而來，疑與《音義》引書有同源關係。

**（三）引書與原本《玉篇》殘卷不一致之例**

如[34]"屬累"條，全文如下：

> 之欲反，下力僞反。屬，託也。《説文》："屬，連也。"《廣雅》："委、託，累也。"謂以事相屬累也。《左傳》："相時而動，無累後人。"謂累重也。（第140頁）

恰巧原本《玉篇》殘卷糸部全存，因此可以將《音義》文字比對《玉篇》殘卷"累"字釋義。《音義》引《左傳》語，雖然也見於《玉篇》"累"字書證，但前後文，如"謂累重也"，並不見於《玉篇》，和上舉"級"、"繡"二字情形大不一樣，可見《音義》引書並非全據《玉篇》。

**（四）引書疑爲避梁諱改字之例**

《音義》徵引《左傳》的資料中，有一處非常獨特的異文，見於上文[41]"剛愎"條，此條引《左傳・宣公十二年》"剛愎不仁"四字作"强愎不仁"，這裏是解釋"剛愎"，書證中卻把原作"剛愎"的傳文引作"强愎"。

結合前文所討論的《音義》引書與《玉篇》的淵源，我們想到了原本《玉篇》引書中也存在的與"剛"字有關的異文現象。筆者在過往的研究發現，《玉篇》殘卷之中的書證材料涉及"綱"改"維"、"剛"改"堅"的嚴格改字現象，而且"卷第廿七"之下的糸部完整無缺，收字頭392個，其間"統"、"綱"二字未收，而北宋廣益本《玉篇》糸部卷末分別補進了這兩個字頭，據此可推斷産生這一系列現象的根源是因爲避梁諱（“統”避蕭統，“綱”、“剛”避蕭綱）而致。[①]

那麽，《音義》“剛愎”這條釋義，如果像“或級”、“級其”、“謗讟”條那樣全據《玉篇》抄撮而來，“强”與“剛”這組異文産生的原因也就可解了，“剛愎”條引《左傳》作“强愎”，或是承襲《玉篇》“愎”字釋義而來，《音義》的編纂者没有注意到引文中的避諱改字問題。因此，我們懷疑《音義》某些書證可能承襲了《玉篇》避梁諱改字的現象。

但是這並不意味着《音義》的所有書證都像《玉篇》那樣嚴格避梁諱，首先“剛愎”條就有“剛”字，其次[49]“應襲”條引《左傳》“九德不衍故襲禄”，出現了蕭衍的名諱。

### （五）引書疑爲避唐諱之例

《音義》中也存有可能因避唐諱而改字之處。如[79]“扈船”條引《左傳》“扈人無淫者”，此處“人”字，傳世本《左傳》作“民”，疑是避唐太宗李世民名諱而致。覈諸唐開成石經，此處“民”字缺筆。

## 三、玄應《音義》引經底本來源的複雜性

綜合以上玄應《音義》徵引《左傳》中所出現的幾類現象，似乎可以給出一種粗淺的認識與描述：玄應徵引的《左傳》文本，有部分承襲顧野王《玉篇》而來，其底本年代甚至可以上溯到南朝梁代以前，有部分可能來自唐代傳寫的文獻，如唐代《春秋經傳集解》的傳本。玄應《音義》成書以後，部分文字在傳襲過程中仍有易變，如“廿”易作“二十”、“師旅”訛作“師旋”之類。因此，流傳至今的玄應

---

① 詳參拙文《原本〈玉篇〉避諱字“統”、“綱”發微》，《辭書研究》2011年第1期。

《一切經音義》中引據的《左傳》底本，時間跨度極大，即使可以借助《音義》各種傳世版本的匯校本來反思其原貌，仍難釐清其引經的底本來源。在經學研究中，唐宋時期典籍的引書資料爲大家所重視，如今進入了數據庫時代，挖掘查證古書引文的條件愈加便利迅捷，但利用這些引文展開研究時務須謹慎，對其文本年代不能簡單定位，尤其是涉及異文問題的研究，要慎之又慎。古書，尤其是古注文獻援引儒家經典的底本往往存有多重來源，異常複雜，又有歷時性注本之間的因襲、繼承與影響，使用這些引書文獻時，應當具體問題具體分析。

附記：本文曾在“經學史研究的回顧與展望——林慶彰先生榮退紀念”學術研討會（2015 年 8 月 21 日）報告，虞萬里、史睿兩位先生分别提出過修改意見，謹致謝忱。

原載《中國經學》第十九輯（廣西師範大學出版社，2016 年）。原文《十三經注疏》使用臺灣藝文印書館股份有限公司 2001 年影印本，今爲了全書統一，替换成中華書局 1980 年影印本，所涉引文，悉已重新覆覈。

# 《史記》三家注引杜預古注校札

《史記》三家注中大量徵引杜預古注，這些古注多出自《春秋經傳集解》（以下簡稱“《左傳》杜注”或“杜注”），亦有出《春秋釋例》者，凡計420餘處。筆者近來將這些材料檢校一過，通過查覈相關文獻，撰成札記18則，以期對《史記》三家注和《春秋經傳集解》的標點、校勘研究有所補益。

1.《史記·周本紀》：“定王元年，楚莊王伐陸渾之戎……”（第155頁[①]）《正義》：……杜預云：“允姓之戎居陸渾，在秦、晋西北，二國誘而徙之伊川，遂從戎號，今洛州陸渾縣，取其號也。”……《括地志》云：“……《左傳》‘單浮餘圍蠻氏’，杜預云‘城在河南新城東南，伊洛之戎陸渾蠻氏城也。俗以爲麻蠻聲相近故耳’。”（第156頁）

《史記·匈奴列傳》：“於是戎狄或居于陸渾……”（第2882頁）《索隱》：《春秋左氏》“秦晋遷陸渾之戎于伊川”。杜預以爲“允姓之戎居陸渾，在秦晋之間。二國誘而徙之伊川，遂從戎號，今陸渾縣”

① （ ）内爲中華書局1982年第2版、2003年第18次印刷《史記》三家注點校本的相關頁碼。

是也。(第 2883 頁)

按:《左傳·僖公二十二年》"秋,秦、晋遷陸渾之戎于伊川"下杜注:"允姓之戎居陸渾,在秦、晋西北。二國誘而徙之伊川,遂從戎號,至今爲陸渾縣也。"①

將杜注原文和《周本紀》張守節《正義》、《匈奴列傳》司馬貞《索隱》相關文字比較來看,《正義》"今洛州陸渾縣,取其號也"恐非杜注,而爲張守節述語。《舊唐書·地理志》:"河南府　隋河南郡。武德四年,討平王世充,置洛州總管府,領洛、鄭、熊、穀、嵩、管、伊、汝、魯九州。洛州領河南、洛陽、偃師、鞏、陽城、緱氏、嵩陽、陸渾、伊闕等九縣。"②武德是唐初高祖李淵年號,張守節《史記正義》作于玄宗時期,其時陸渾縣正屬洛州。《周本紀》此段《正義》標點當作:"杜預云:'允姓之戎居陸渾,在秦、晋西北,二國誘而徙伊川,遂從戎號。'今洛州陸渾縣,取其號也。"

《匈奴列傳》司馬貞《索隱》"杜預以爲"下一段話,當是意引杜注,非杜注原文,《匈奴列傳》此段《索隱》標點當作:"杜預以爲:允姓之戎居陸渾,在秦晋之間。二國誘而徙之伊川,遂從戎號,今陸渾縣,是也。"

《左傳·哀公四年》"單浮餘圍蠻氏"下無杜預注,《周本紀》張守節《正義》裏的《括地志》引杜預云"城在河南新城東南,伊洛之戎陸渾蠻氏城也。俗以爲麻蠻聲相近故耳",疑是《左傳》杜注佚文。

2.《史記·秦本紀》:"繆公於是復使孟明視等將兵伐晋,戰于

---

① 本文所用《春秋經傳集解》,主要依據中華書局 1980 年影印本阮元校刻《十三經注疏》,參以北京大學出版社 2000 年出版的《十三經注疏》繁體字整理本、上海古籍出版社 1988 年新 1 版《春秋經傳集解》以及敦煌寫本等。

② 劉昫等《舊唐書》,中華書局,1975 年第 1 版,第 1421 頁。

彭衙。"《集解》:杜預曰:"馮翊郃陽縣西北有衙城。"(第192頁)

按:《左傳·文公二年》"晉侯及秦師戰于彭衙"下杜注:"馮翊郃陽縣西北有彭衙城。"疑《史記集解》所引杜注脱一"彭"字。

3.《史記·項羽本紀》:"爲高俎,置太公其上……"(第327頁)《索隱》:……姚察按:《左氏》"楚子登巢車以望晋軍",杜預謂"車上櫓也"……(第328頁)

按:《左傳·成公十六年》"楚子登巢車,以望晋軍"下杜注:"巢車,車上爲櫓。"

4.《史記·封禪書》:"於是自殽以東。"《索隱》:案:殽即崤山。杜預云"崤在弘農澠池縣西南"。(第1371頁)

按:《左傳·僖公三十二年》"晋人禦師必於殽"下杜注:"殽在弘農澠池縣西。"疑《左傳》杜注脱一"南"字。

5.《史記·吴太伯世家》:"歌《邶》、《鄘》、《衛》。"(第1452頁)《集解》:杜預曰:"武王伐紂,分其地爲三監。三監叛,周公滅之,并三監之地,更封康叔,故三國盡被康叔之化。"(第1453頁)

按:《左傳·襄公二十九年》"爲之歌《邶》、《鄘》、《衛》"下杜注:"武王伐紂,分其地爲三監。三監叛,周公滅之。更封康叔,并三監之地。故三國盡被康叔之化。""更封康叔,并三監之地"一句順序和《史記集解》相反,《史記集解》引文次序義勝。

6.《史記·吴太伯世家》:"歌《小雅》。"(第1452頁)《集解》:杜預曰:"《小雅》,小正,亦樂歌之章。"(第1455頁)

按:《左傳・襄公二十九年》"爲之歌《小雅》"下杜注:"《小雅》,小正,亦樂歌之常。"此"常"字或是"章"字之訛。

7.《史記・吴太伯世家》:"十五年,孔子相魯。"(第 1467 頁)《索隱》:定十年《左傳》曰"夏,公會齊侯于祝其,實夾谷,孔丘相。犁彌言於齊侯曰'孔丘知禮而無勇'"是也。杜預以爲"相會儀也",而史遷《孔子系家》云"攝行相事"。(第 1468 頁)

按:《十三經注疏》整理本《春秋左傳正義》定公十年傳"孔丘相"下杜注:"相,會儀也。"[①]以爲"會儀"是釋"相"之詞,在"相"後點斷,實誤。"相會儀也"之"相"是動詞,"相會儀也",即"助行盟會禮儀"。"孔丘相"之"相"亦爲動詞,杜預以"相會儀也"解說。《國語・周語上》"吕甥、郤芮相晋侯不敬"韋昭注:"相,詔相禮儀也。"[②]可爲旁證。而《孔子系家》"攝行相事"之"相"是名詞,指專職助行盟會禮儀之人,後引申爲官名,爲百官之長。《史記索隱》引杜注和《孔子世家》以存兩説。

8.《史記・齊太公世家》:"公執戈將擊之。"(第 1510 頁)《集解》:杜預曰:"疑其作亂也。"(第 1511 頁)

按:《左傳・哀公十四年》"公執戈,將擊之"下杜注作"疑其欲作亂",較《史記集解》引文多一"欲"字,《太平御覽・兵部・戈》引《左傳》杜注亦有"欲"字。[③] 有"欲"字義勝,《史記集解》或有脱文。

---

① 《春秋左傳正義》,李學勤主編《十三經注疏》繁體字整理本,北京大學出版社,2000 年,第 1827 頁,下同。

② 《國語》,上海古籍出版社,1998 年,第 35 頁。

③ 李昉等《太平御覽》,中華書局,1995 年,第 1616 頁。

9.《史記·魯周公世家》:"牙遂飲鴆而死,魯立其子爲叔孫氏。"(第1532頁)《集解》:杜預曰:"不以罪誅,故得立後,世繼其禄也。"(第1533頁)

按:《左傳·莊公三十二年》"立叔孫氏"下杜注作"不以罪誅,故得立後,世其禄","世"有繼承之義,無"繼"字亦通。《集解》引文或存舊,或爲後人增字。

10.《史記·魯周公世家》:"釐公元年,以汶陽鄪封季友。"《集解》:杜預曰:"汶陽,汶水北地也。汶水出泰山萊蕪縣。"(第1534頁)

按:《左傳·僖公元年》"公賜季友汶陽之田及費"下杜注作"汶陽田,汶水北地。汶水出泰山萊蕪縣,西入濟"。《史記集解》當是節引《左傳》杜注,略去了"西入濟"三字,顯然是以"西"字屬下讀,而《十三經注疏》整理本《春秋左傳正義》關於這段杜注的標點將"西"字屬上[①],實誤。《説文》"汶"字釋義引桑欽曰:"汶水出泰山萊蕪,西南入泲。"[②]泲,即"濟"。《水經注·濟水》引李欽曰:"汶水出泰山萊蕪,西南入濟是也。"李欽,一説即桑欽也。又,《水經·汶水》:"汶水出泰山萊蕪縣原山……又西南至安民亭,入于濟。"[③]皆可爲旁證。

11.《史記·魯周公世家》:"季氏與郈氏鬬雞……"《集解》:杜預曰:"季平子、郈昭伯二家相近,故鬬雞。"(第1540頁)

按:"鬬雞",《左傳·昭公二十五年》"季、郈之雞鬬"及杜注皆作"雞鬬"。

---

① 《春秋左傳正義》,李學勤主編《十三經注疏》繁體字整理本,第369頁。
② 許慎《説文解字》,中華書局,2002年,第227頁。
③ 陳橋驛《水經注校證》,中華書局,2007年,第206頁、第578頁、第584頁。

12.《史記·管蔡世家》:“封叔振鐸於曹,封叔武於成……”《索隱》:按:《春秋》隱五年:“衞師入郕”。杜預曰:“東平剛父縣有郕鄉。”(第 1564 頁)

按:《左傳·隱公五年》“衞之亂也,郕人侵衞,故衞師入郕”下杜注作“郕,國也,東平剛父縣西南有郕鄉”,較《史記索隱》引文多“西南”二字。

13.《史記·陳杞世家》:“皋陶之後,或封英、六……”《索隱》……又僖十七年:“齊人、徐人伐英氏。”杜預又曰:“英、六皆皋陶後,國名。”(第 1585 頁)

按:此杜注不見於今本《左傳·僖公十七年》,或是《左傳》杜注佚文。

另,《史記·夏本紀》“封皋陶之後於英、六”《正義》:“《左傳》云子燮滅蓼。”(第 83 頁)《左傳·文公五年》“冬,楚子燮滅蓼。臧文仲聞六與蓼滅……”下有杜注:“蓼與六,皆皋陶後也。”此處杜注與《史記索隱》引文有何關係,未詳。

14.《史記·衞康叔世家》:“晋更從南河度,救宋。”《集解》:服虔曰:“南河,齊南之東南流河也。”杜預曰:“從汲郡南度,出衞南。”(第 1595 頁)

按:阮刻本《十三經注疏》僖公二十八年傳“還,自河南濟”下杜注作“從汲郡南渡,出衞南而東”。敦煌寫本 P. 2509《春秋左氏經傳集解》作“還,自南河濟”,其下杜注與阮刻《十三經注疏》本同。唐石經、金澤文庫本《左傳》,《宋本册府元龜》卷二五二引《左傳》皆作

“自南河濟”[①]，可知阮刻本“河南”當是“南河”之訛，而《史記》作“南河”不誤。《十三經注疏》整理本《春秋左傳正義》已據《左傳詁》改爲“南河”。《史記集解》引杜注無“而東”二字，或是傳寫有脱誤，或是裴駰節引所致。

15.《史記·晋世家》：“十年，伐千畝，有功。”《集解》：杜預曰：“西河界休縣南有地名千畝。”（第1637頁）

“生少子，名曰成師。”《集解》：杜預曰：“意取能成其衆也。”（第1637頁）

按：以上兩條杜注出自《左傳·桓公二年》“其弟以千畝之戰生，命之曰成師”之下，《十三經注疏》整理本和上海古籍版《春秋經傳集解》都標點作“西河界休縣南有地，名千畝，意取能成其衆”[②]。今覈諸《史記集解》引文，知“意取能成其衆”實是釋“成師”之詞，《左傳》將兩條杜注合爲一條，因而造成了理解上的偏差。《左傳》杜注標點當作：“西河界休縣南有地名千畝。意取能成其衆。”或據《史記集解》引文將兩條杜注分置兩處。

16.《史記·晋世家》：“稟命則不威，專命則不孝，故君之嗣適不可以帥師。……率師不威，將安用之？”（第1643頁）《集解》：杜預曰：“專命則不孝，是爲師必不威也。”（第1644頁）

按：“爲師必不威”之“師”，《左傳·閔公二年》“帥師不威，將焉用之”下杜注作“帥”。據文義和《左傳》杜注判斷，《史記集解》引文

① 參見楊伯峻《春秋左傳注》，中華書局，1990年，第451頁；趙生群《春秋左傳新注》，陝西人民出版社，2008年，第244頁。

② 《春秋左傳正義》，李學勤主編《十三經注疏》繁體字整理本，第175頁；《春秋經傳集解》，上海古籍出版社，1988年新1版，第75頁。

之“師”應是“帥”的訛字。

17.《史記·趙世家》:“衞不内,居戚。”《正義》:《括地志》云:“故戚城在相州澶水縣東三十里。杜預云‘戚,衞邑,在頓丘[衞]縣西有戚城’是也。”(第1792頁)

按:中華書局點校本《史記》在“頓丘”後補一“衞”字。《左傳·文公元年》經文“秋,公孫敖會晋侯于戚”下杜注:“戚,衞邑,在頓丘衞縣西。”又,哀公二年傳孔穎達《正義》引《春秋釋例·土地名》“戚,頓丘衞縣西戚城,在枯河東”,《漢書·五行志》“又會晋侯於戚”顔師古注:“……戚,衞邑,在頓丘衞縣西。”[1]可知張守節《史記正義》引《括地志》轉引杜預注“頓丘”後應脱一“衞”字,中華本《史記》所補無誤。

18.《史記·刺客列傳》:“齊桓公許與魯會于柯而盟。”(第2515頁)《索隱》:杜預云:“濟北東阿,齊之柯邑,猶祝柯今爲祝阿也。”(第2516頁)

按:《左傳·莊公十三年》經文“冬,公會齊侯,盟于柯”下杜注:“此柯,今濟北東阿,齊之阿邑。猶祝柯今爲祝阿。”“齊之阿邑”之“阿”疑是“柯”字之訛,杜預以爲“今濟北東阿”即古“齊之柯邑”,據此以釋“柯”,並以闡明古今地名關係,故下文又申之以“猶祝柯今爲祝阿”,《史記索隱》引文可資爲證。

原載《書品》2009年第3輯,當時紙質投稿,因編輯部疏忽,出現多處OCR轉换錯誤,同年第4輯有勘誤更正。今據原稿,略有增訂。

① 班固《漢書》,中華書局,1962年第1版,2002年第11次印刷,第1390頁。

# 敦煌單疏寫本《春秋正義》殘卷録文及校勘記

## 一、概 説

唐貞觀年間,孔穎達等奉詔撰修《五經正義》,書成之後一直疏注别行,單獨流傳,直到宋代刻經,才將孔穎達的疏文和經傳、注文合刊,成爲我們今日所見的面貌。文獻學史上將没有注文(包含傳、箋等)、僅標有注文起止與相關疏文的經書寫本或刻本稱之爲單疏本。① 現存的十二經單疏本數量極其有限,就《春秋左傳》而言,只有日本文化年間(1804—1817)近藤守重手鈔的宋槧《春秋正義》,以及一些零星碎葉②。

① 有關單疏本的考證可參汪紹楹《阮元重刻宋本〈十三經注疏〉》(《文史》第三輯)、張國風《十三經單疏本概述》(《中華文史論叢》第五十一輯)、張麗娟《宋代經書注疏刊刻研究》(北京大學出版社,2013 年)等。

② 參見虞萬里先生《斯坦因黑城所獲單疏本〈春秋正義〉殘葉考釋與復原》,《榆枋齋學術論集》,江蘇古籍出版社,2001 年。

然而,法藏敦煌文獻中 P3634V、P3635V 卻抄有《春秋正義》,其中"民"、"秉"[①]皆缺筆避諱,"世"字不諱,雖然很難具體斷代,但爲唐代寫本無疑,當是迄今可見最早的《春秋正義》單疏本。這兩個卷子從字跡上看似非一人所抄,可内容是幾乎連貫的,所用字體也十分接近,非常秀美,幾可比媲智永的楷書《千字文》。因而,無論從文獻校勘的角度,還是從文物價值、藝術欣賞價值來看,這兩個卷號的殘卷都彌足珍貴。

今試將這兩個卷號綴合、輯録並校勘。[②] P. 3634V 現存 94 行[③],P. 3635V 存 51 行,綴合後,存凡 145 行,每行 18—22 字不等,其中 34 行都有殘字。内容起于哀公十二年疏文"……傳言'昭公娶于吴'故不書姓",迄于哀公十四年疏文"……之末有肉,象……",P3634V 中間有一處因原卷斷闕而造成大段文字的脱漏,位于録文第 57 行與第 58 行之間,P3634V 與 P3635V 中間亦有一段文字缺漏,位于録文第 94 行與第 95 行之間。另外,每段正義前有用朱筆所書注文起止,起到小標題的作用,因爲筆者所見的圖片是黑白影印件,許多處朱筆所書的内容已難於辨認,故録文中作空

---

① "秉"字係避唐高祖李淵父親李昞嫌名諱。

② 本文原稿在《敦煌學研究》2006 年第 2 期刊出後,讀到許建平先生新出版的《敦煌經籍敘録》,得知這兩個卷號的殘卷日本學者財木美樹也曾作過校録,但與本文所使用的對校、參校資料略有不同,這裏特作交代説明。其後許先生據敦煌縮微膠卷亦有校録,收入張涌泉主編《敦煌經部文獻合集》第三册(中華書局,2008 年)。近年李霖先生又據法藏彩色圖版重作校録考證,詳參《宋本群經義疏的編校與刊印》(中華書局,2019 年)。

③ 許建平先生統計 P. 3634V 共 95 行,把斷殘的前後兩部分分别編號爲 P. 3634VA 和 P. 3634VB,統計 P. 3634VA 共 58 行(詳參《敦煌經籍敘録》,中華書局,2006 年,第 276 頁),而筆者的統計是 57 行。

缺處理,可以辨認之處將在校勘記裏指出。①

日藏影鈔宋槧單疏本《春秋正義》使用了大量日本簡化漢字,而且抄寫年代去今不遠,已經不能完整反映《春秋正義》的早期面貌,僅具參考價值,故本文在校勘敦煌寫本《春秋正義》殘卷(以下簡稱"敦煌本")時以阮元校刻的《十三經注疏》(以下簡稱"注疏本")②爲對校本,參以日藏影鈔宋槧單疏本《春秋正義》(以下簡稱"單疏本")③和今人的《十三經注疏》整理本(以下簡稱"整理本")④。整理本是針對注疏本的整理本,所以校勘記中若整理本和注疏本相同的内容一般都只列出注疏本的情況,不再列整理本。凡是列出整理本的,一定是與注疏本不同之處。凡是敦煌殘卷中常見的俗字異文、單疏本因使用日本簡化漢字造成的異文,概不列入校記,但原卷的缺筆避諱字形、古字(如"号"、"礼")等盡量保留原貌。

## 二、録　文

(001—145 爲綴合後按照原卷次序排列的行號,□、□均表示原卷殘缺的部分。原稿校録時,敦煌文獻不易得見,爲了盡

① 本文原稿使用的黑白圖版據《法藏敦煌西域文獻》(上海古籍出版社,1994—2002 年)。近年獲見法國國家圖書館公佈的高清彩圖,參考彩圖對録文與校勘記略作訂補。圖版引自法國國家圖書館網站:https://gallica.bnf.fr/ark:/12148/btv1b83025391 與 https://gallica.bnf.fr/ark:/12148/btv1b83016006。爲了便于學界同仁利用,本書卷首將其作爲彩色插圖影印。

② 阮元校刻《十三經注疏》據中華書局 1980 年影印本。

③ 日藏影鈔宋槧單疏本《春秋正義》據《四部叢刊續編》影印本,上海書店,1985 年。

④ 《十三經注疏》整理本據十三經注疏整理委員會整理《春秋左傳正義》,北京大學出版社,2000 年。

量保存行款原貌，未施標點，如今敦煌文獻經由數字化，已經化身千萬，此次修訂增補了標點。）

**P. 3634V**

001 傳言‘昭公娶于吴，故不書姓’，此爲昭公故諱，不復

002 繫吴，改其姓号。傳因而弗革也。《論語》謂之吴孟子，

003 盖時人常言，非經、傳正文也。而賈氏以爲言孟子，若

004 □[吴][1]之長女也。稱吴長女，既不異扵同姓，且娶同姓，

005 長之与少，未聞其異，無所爲别也。”　　正義曰：

006 礼，既葬，日中自墓反，虞□正寢，所謂反哭于寢。反

007 □者，是夫人之正禮也。季氏以同姓之故，不□

008 □，[不]爲反哭，故不書葬。所以懲臣子之過□

009 □之孟子者，以同姓爲闕。生革其姓，過而□

010 □之太伯，下及魯昭，扵親逺矣，所諱在乎□

011 □夫人之位，藉小君之尊，已三世矣。□

012 □至令仲尼釋已之經，國朝不成其□

013 □[築]，此季氏之咎也。”杜言不書□

014 □經也。

015 □已去臣位。若在臣□

016 □已故云“孔子始老”□

017 □[炫]云：“案十六年，‘仲□

018 □則是哀公不用□

[1] [吴]，此類標識代表雖有殘缺，依然可辨認之字，下同。

019 [及]諸書無云仲尼仕扵哀公，杜焉得□
020 今知不然者，以上十一年傳稱仲尼□
021 召之。是召之而來，當以任用，故冉有□
022 待子而行”，後乃致仕，故孟子之[喪]□
023 仐不能用，何須以幣召之？但哀公[不]□
024 能用”。扵傳文上下理甚苻同。劉以爲不仕[哀]□
025 過，非也。《喪服》“齋衰三月”章曰：“爲舊君、＝①之母妻。傳曰：
026 爲舊君者孰謂？仕焉而已者。何以服齋衰三月？言
027 与民同也。君之母妻則小君也。”鄭玄云：“仕焉而已，謂
028 老若有癈疾而致仕者也。爲小君服者，恩深扵民也。”
029 是其服与民同，不服臣爲小君之服，故与弔也。礼，齋衰
030 之喪，始死而絻，以至扵成服。絻代吉冠，故以絻爲喪
031 冠也。孔子以季孫當服臣爲小君之礼，故以小君礼往
032 弔季氏。傳言“適季氏”，謂適季氏哭位，故杜言往弔，
033 謂就其位也。季孫既不服喪冠，孔子不得復服弔服，
034 故去絰，從主節也。大夫之弔，服弁絰。郑玄云：“弁絰者，
035 如爵弁而素，而加環絰。”“絰大如緦之絰”，纒而不糺也。《曲
036 礼》云：“凡非弔喪，非見國君也，無不荅拜。”郑玄云：“喪，賔
037 不荅拜，不自賔客也。”礼弔無拜法，而此言孔子放絰而
038 拜者，記言“喪，賔不荅拜”者，謂喪主既拜賔，＝不荅拜
039 耳。其初見主人，或卑者先拜。攄此傳文，必有拜法。記
040 無其事，記不具耳。　　　正義曰：《少牢・有司徹》
041 云“乃尋尸俎”，鄭玄云：“尋，温也。”引此“若可尋，亦可寒”。

---

①　＝，此處爲重文符號，下同。

042 則諸言“尋盟”者，皆以前盟已寒，更温之使熱。温舊
043 即是重義，故以尋爲重。傳意言若可重温使熱，亦
044 可歇之使寒，故言寒歇，不訓寒为歇也。
045 　正義曰：長木，喻吴國大也。狗瘈，喻吴失道也。國狗
046 猶家狗，言家畜狂，必齧人。　　　　　　　　　　正
047 義曰：畏吴竊盟，恐吴知之，故不敢書于策也。成二年
048 公及楚人、秦人云＝盟于蜀。傳曰：“卿不書，匱盟也。扵
049 是乎畏晉而竊与楚盟，故曰匱盟。”彼以畏晉竊盟，
050 故諸侯之卿皆貶而稱“人”。此亦畏吴竊盟，宜應貶此
051 三國。經遂没而不書者，彼以晉是盟主，諸侯不應背
052 晉，故貶諸侯之卿，以成晉爲霸主。此吴夷礼自處，不
053 合主諸侯之盟，故与吴盟者悉皆不書，是不与吴爲
054 盟主也。既不与吴，則三國私盟，扵義可許，不合貶責。
055 但魯自不書，仲尼亦從而不書之耳。《釋例》曰：“諸侯畏
056 晉而竊与楚盟，而貶其卿，所以成晉爲盟主也。吴之
057 强大，始扵會繒，終扵黄池。凡三會三伐三盟，唯書會

**(中有闕文)**

058 也。今以《長曆》推《春秋》，此十二月乃夏之九月，實周之
059 十一月也。此年當有閏，而今不置閏，此爲失一閏月耳。
060 十二月不應螽，故季孫恠之。仲尼以斗建在戌，火星
061 尚未盡没，據今猶見，故言‘猶西流’，明夏之九月尚
062 可有螽也。季孫雖闻仲尼此言，猶不即改。明年十二
063 月復螽，扵是始寤。十四年春乃置閏，欲以補正時曆
064 也。傳扵十五年書閏月，盖置閏之正，欲明十四年之閏，
065 扵法當在十二年也。”　　　　　　正義曰：杜以此

066 与經別，故言丘明不以爲義例，故使文不齊同。劉炫以
067 爲傳説當時事耳，更到夲隟地之事，載其日月，使
068 与明年相接。今知不然者，案宣二年“壬申，朝于武宫”，
069 是十月五日，下乃云“冬，趙盾为旄車之族”。彼注云：“壬申
070 是十月五日。既有日而無月，冬又在壬申下，明傳文
071 無較例”。彼既無到夲其事，与後年相接，足知此
072 亦不爲到夲其事，使九月在十二月之下，明傳因簡
073 牘舊文，或日月前後不以爲例。若以到叙其事爲
074 後年張夲，案傳之上下，凡到叙事为後年張本
075 者，唯道事之所由，不具載其日月。劉以此而規杜過，非
076 也。　　　　　　　　正義曰：七年會吴于
077 繒，十二年會吴于槖睪，皆不稱子。此稱“吴子”，故解之。夫
078 差欲霸中國，尊事天子而自号爲王，則諸侯不服，故
079 去其僣号，自稱吴子，以告令諸侯，故諸侯之筞承而
080 書曰“吴子”。《吴語》説此事云，晉侯命董褐告吴王曰：“今君
081 掩王東海，而滛名扵天子，君有短垣而自踰之，況蠻楚
082 其何有扵周室？夫命圭有命，固曰吴霸，不曰吴王。諸
083 侯是以敢辭。夫諸侯無二君，周無二王，君若無卑天
084 子，而曰吴公，孤敢不順從君命！”吴王許諾。是其去僣
085 号也。扵此會去王号耳，其扵吴國猶称王不改也。
086 　　　　　　正義曰：《公羊傳》曰：“孛者何？彗星也。
087 其言于東方何？見乎旦。”杜用彼説。衆星皆没，故不言
088 所在之次。　　　　　　　正義曰：如此傳
089 文，則趙鞅先欲与吴戰也。《吴語》云：吴晉争長未成，邊
090 遽仍至，以越亂告。吴王懼，乃會大夫而謀曰：“無會而

091 歸与會而先晉,孰利?"王孫雄先對曰:"二者莫利。必會
092 而先之。"乃爲吴王設計布陳,雞鳴乃定。去晉軍一里。
093 未明,王乃秉枹,鳴鼓,三軍皆嘩,聲動天地。於是
094 晉軍大駭,乃令董褐請事。賈逵等皆云,董褐

**P. 3635V**

095 二臣爲吴晉之臣?劉以□
096 正義曰:建,立也。立鼓,擊之与戰也。《大射礼》云:"建鼓
097 在阼階西。"鄭玄云:"建猶樹也。木貫而載之,樹之跗也。"
098 彼謂立之於地,所謂殷人楹鼓,与此别也。
099 正義曰:《吴語》説此事云:"董褐既致命,乃告
100 趙鞅曰:'臣觀吴王之色,類有大憂,小則嬖子死,否則國
101 有難;大則越入吴也。將毒,不可与戰。主其許之先。'"与
102 此傳小異也。 正義曰:《吴語》説此事云:"吴公先
103 歃,晉侯次之。"与此異者,經□"公會晉侯及吴子",傳
104 稱"公會單平公、晉定□夫差",吴皆在下,晉實
105 先矣。經據魯史策書,傳採魯之簡牘,魯之所書,
106 必是依實。《國語》之書,當国所記,或可曲筆直己,辞
107 有抑揚,故与《左傳》異者多矣。鄭玄云:不可以《國語》
108 亂周公所定法。傅玄云:《國語》非丘明所作。凡有共説一
109 事而二文不同,必《國語》虚而《左傳》實,其言相反,不可
110 强合之也。 正義曰:《曲礼》云:"五官之長曰
111 伯,是職方。九州之長,入天子之国,曰牧。於外,曰侯"
112 職方者,二伯各主一方。州長者,州牧,各主一州。《周礼》所
113 謂"八命作牧、九命作伯"是也。"王合諸侯,則伯帥侯牧",

114 當如康王之誥，大保帥西方諸侯，畢公帥東方諸
115 侯，以見扵王也。計當盡帥諸侯，獨言帥侯牧者，舉
116 尊爲言，其實盡帥之也。“伯合諸侯，則侯帥子男”。侯，謂牧
117 也，牧帥諸國之君見扵伯也，亦當盡帥在會諸侯，獨
118 云子男，舉小爲言，其實見在會者，盡帥以見伯也。
119 　　　　正義曰：言魯供軄貢扵吴，有豊扵晉，
120 無有不及晉時，以吴爲伯故也。　　　　　正
121 義曰：七年傳茅夷鴻請救扵吴云“邾賦六百乗，君之
122 私也。魯賦八百乗，君之敵也。今魯賦八百乗以貢扵吴，
123 □□爲伯故也。吴今帥魯以見扵晉，則吴为州牧，魯
124 □□□男，晉成伯矣。邾是子爵，以六百乗貢吴，邾以吴
125 爲伯故也。魯既以晉爲伯，吴爲牧，＝卑扵伯，則將半邾
126 三百乗以属扵吴，而如邾六百乗以事扵晉也。
127 　　　　　正義曰：七月，辛丑，盟，因景伯以還。今
128 景伯稱十月，當謂周之十月也。周之十月，非祭上帝先公
129 之時，且祭終朝而畢，無上辛盡扵季辛之事。景伯以
130 吴信鬼，皆虚言以恐吴耳。
131 正義曰：酒盛扵器，故謂一器爲一盛。《説文》云：“睨，邪視也。”
132《詩》云：“無衣無褐，何以卒歲！”鄭玄云：“褐，毛布也。人之
133 貴者無衣，賤者無褐。”是褐者，寒時賤人之衣服也。
134 言我与披褐之父，但得共邪視之，不得飲之。告已之
135 之食也。　　　　　正義曰：食以稻粱爲貴，故以粱
136 表精。若求粱米之飯，則無矣；麁者，則有之。若我登
137 首山以叫呼“庚癸乎”，汝則諾。軍中不得出粮与人，故作
138 隱語，爲私期也。庚在西方，穀以秋熟，故以庚主穀。癸在

139 北方,居水之位,故以癸主水。言欲致飯并致飲也。《土地
140 名》首山,闕,不知其處。當在吴所營軍之旁也。
141 □義曰:言吴不能報越,求与之平。伍負所
142 □
143 □正義曰:《公羊傳》曰:"麟者,仁
144 □宍,設武備而不为害,□
145 □之末有宍象□

## 三、 校勘記

**1. 此爲昭公故諱(001,此爲該句所在録文的行號,下同)**

按:故,注疏本、單疏本作"加"。

**2. 既不異於同姓(004)**

按:整理本"姓"後有"之長女"三字,注疏本、單疏本均無。整理本校記(以下簡稱"校記"):"'之長女'三字原無,據《釋例》補。"

**3. 所諱在乎(010)**

按:乎,注疏本、單疏本作"于"。

**4. 藉小君之尊(011)**

按:藉,注疏本、單疏本作"籍",阮元《十三經注疏校勘記》(以下簡稱"阮校"):"浦鏜《正誤》'籍'作'藉'"。

從文義看,上句言"居夫人之位"("居"字敦煌本殘),此句言"藉小君之尊",知此處"藉"當爲憑借、依靠之義,故作"藉"義勝。

**5. 釋己之經(012)**

按:經,注疏本作"經"是,單疏本亦誤作"經"

**6. 經也(014)**

按:據高清彩圖,參照注疏本、單疏本可知,“經也”後敦煌本原有朱筆“注孔子至節制”六字。

**7. 後乃致仕(022)**

按:仕,注疏本、單疏本作“事”,下文亦有“老若有癈疾而致仕者也”,作“仕”或存舊貌。

**8. 仝不能用(023)**

按:仝,注疏本、單疏本作“全”,《干禄字書》:“仝、全:上俗,下正。”①故知“仝”爲“全”之俗字。

**9. 扵傳文上下理甚苻同(024)**

按:苻,注疏本、單疏本作“符”,“苻”爲“符”之俗字。

**10. 爲舊君者孰謂仕焉而已者何以服齌衰三月(026)**

按:注疏本、單疏本“謂”、“者”後均有“也”字。

齌,注疏本作“齊”,單疏本作“斉”,《説文》:“齌,緶也。”②即齊衰之齊。

整理本“月”後有“也”字,校記:“‘也’字原無,從《儀禮·喪服》補。”

**11. 君之母妻則小君也鄭玄云仕焉而已(027)**

按:小君,注疏本作“不名”,單疏本亦作“小君”。阮校:“宋本‘不名’作‘小君’,與《儀禮·喪服》傳合”,今據敦煌本、單疏本可證作“不名”誤。

注疏本、單疏本“已”字後均有“者”字。

---

① 顏元孫《干禄字書》,《叢書集成初編》第1064册,中華書局,1985年,第10頁。

② 許慎《説文解字》,中華書局,2002年,第172頁。

**12. 老若有癈疾而致仕者也(028)**

按:若,注疏本作“苦”、單疏本作“若”;癈,注疏本、單疏本作“廢”。阮校:“宋本‘苦’作‘若’。案‘廢疾’之‘廢’當作‘癈’。”今據敦煌本可證阮校所言爲是。

**13. 故與弔也(029)**

按:注疏本、單疏本“與”後有“常”字。和此段疏文對應的杜預注作“孔子始老,故與弔也”,這裏疏文正是對杜注的闡釋,當從敦煌本“故與弔也”爲勝,“常”字疑爲後人所加。

**14. 絻代吉冠(030)**

按:注疏本、單疏本“絻”後有“以”字。

**15. 傳言適季氏(032)**

按:言,單疏本作“書”,注疏本作“言”。單疏本作“書”誤,“傳言……”爲孔穎達《春秋左傳正義》習用語。

**16. 謂就其位也季孫既不服喪冠孔子不得復服弔服(033)**

按:注疏本、單疏本“其”後有“哭”字。

“冠”、“復”,注疏本、單疏本均無。此段文字所疏解的《左傳》正文是“季氏不絻,放绖而拜”,杜預注曰:“絻,喪冠也。”故疏文“季孫既不服喪”之後當有“冠”字於義爲勝。

“孔子不得復”後之“服”,單疏本亦作“服”,阮校:“宋本上‘服’字誤‘成’”。

**17. 從主節也(034)**

按:注疏本、單疏本“節”後有“制”字。這段疏文相對應的杜預注作:“孔子以小君禮往弔,季孫不服喪,故去绖,從主節制”,由此可知疏文中亦當有“制”字,敦煌本脱。

**18. 經大如緦之經(035)**

按:第一個"經"字,注疏本、單疏本均無。校記:"'經'字,原無,據《周禮·司服》鄭玄注本補。"今據敦煌本知"經"字原有,注疏本、單疏本等當是後人抄脱。

**19. 非見國君也無不荅拜(036)**

按:注疏本、單疏本皆無"也"字,"拜"後皆有"者"字。

**20. 記言喪賔不荅拜者(038)**

按:注疏本、單疏本無"者"字。

**21. 或卑者先拜(039)**

按:或,阮校:"此本'或'字模糊,依宋本改,閩本、監本、毛本誤'成'。"

卑,注疏本、單疏本作"弔",作"卑"義勝。

**22. 正義曰(040)**

按:"正義曰"前,敦煌本有朱筆"寒歇"二字,參以注疏本、單疏本,此處原當有"注尋重也寒歇也"七字。

**23. 引此若可尋亦可寒(041)**

按:注疏本、單疏本"尋"、"寒"後皆有"也"字,疑爲後人傳抄所增。

**24. 歇也(044)**

按:據高清彩圖,參照注疏本、單疏本可知,"歇也"後敦煌本原有朱筆"長木至噬也"五字。

**25. 言家畜狂必齧人(046)**

按:狂,注疏本、單疏本作"狂狗",似無"狗"字義勝。據高清彩圖,"齧人"後敦煌本原有朱筆"注盟不書畏吴竊盟"八字,注疏本、單疏本作"注盟不至竊盟"六字,似有減省。

**26. 晉而竊與楚盟而貶其卿(056)**

按:整理本“與楚盟”後有“故書盟”,校記:“‘故書盟’三字原無,據《釋例》補。”

**27. 始扵會繒(057)**

按:繒,注疏本、單疏本作“鄫”。《説文》:“鄫,姒姓國,在東海。”①然敦煌本鄫國之鄫皆作“繒”。

**28. 今以長厤推春秋(058)**

按:厤,注疏本作“厤”,單疏本、整理本作“歷”。《正名要録》:“曆正,歷、厤正。”《敦煌俗字典》按:“原卷‘厤’下注‘正’字,當是誤注”,故正作“曆厤,(上)正,(下)相承用”。② 因而“厤”當是“曆”在唐代時的習慣通用字。又《玉篇・日部》:“曆,古本作厤。”③《莊子・天下》陸德明《釋文》:“厤,古歷字。”④《廣韻・錫部》:“歷,或作曆。”⑤由此可知,“厤”當同“曆”,“歷”和“曆”亦可相通,而“厤”分别與“歷”、“曆”都是古今字的關係。“厤”、“曆”、“歷”這三個字在作和日期、曆法相關的義項時可互相通用。清代避高宗弘歷諱,“歷”常被改作“厤”,注疏本作“厤”或因避諱而改。

**29. 扵是始寤十四年春乃置閏欲以補正時厤(063)**

按:寤,注疏本、單疏本作“悟”。《康熙字典・宀部》:“寤,《字彙補》:寤字之訛。”⑥而查《字彙補・宀部》作“寤,寤字之訛。”⑦《康

① 許慎《説文解字》,第135頁。

② 黄征《敦煌俗字典》,上海:上海教育出版社,2005年,第241頁。

③ 《大廣益會玉篇》,中華書局,2004年,第95頁。

④ 陸德明撰、黄焯彙校《經典釋文彙校》,中華書局,2006年,第827頁。

⑤ 《宋本廣韻》,江蘇教育出版社,2002年,第154頁。

⑥ 《康熙字典》,上海古籍出版社,1996年,第1686頁。

⑦ 吴任臣《字彙補》,《續修四庫全書》第233册,上海古籍出版社,2002年,第507頁。

熙字典》引文恐有誤。今據敦煌本可知“寤”是“悟”字的異體。

磿,注疏本作“厤”,單疏本、整理本作“歷”。

**30. 盖置閏之正(064)**

按:之正,注疏本、單疏本作“正之”,當是,敦煌本有倒訛。

**31. 是十月五日(070)**

按:注疏本、單疏本“日”後有“也”字。

**32. 去其僣号(079)**

按:注疏本、單疏本無“其”字。

**33. 掩王東海而滛名扵天子君有短垣而自踰之況蠻楚(081)**

按:掩,注疏本、單疏本皆作“奄”。《國語·吴語》:“今君掩王東海,以淫名聞於天子。”①此處孔疏正是引《國語》,作“掩”或存舊,韋昭注:“掩,蓋也。”②

注疏本、單疏本“名”後有“聞”字,“子”作“下”。

“楚”作“荆”,《説文·林部》:“楚,叢木,一名荆也。”段玉裁注:“楚國,或評楚,或評荆,或絫評荆楚。”③古籍中常出現荆、楚二字的互爲異文的情形,如《韓非子·内儲説下》:“魏王遺荆王美人,荆王甚悦之。”④《藝文類聚》卷十八引《韓非子》作:“魏王遺楚王美女,王甚悦之。”⑤

**34. 固曰吴霸(082)**

按:霸,注疏本、單疏本作“伯”。“伯”與“霸”古字通,當讀爲“霸”,又如《楚辭·服賦》“勾踐伯世”、《荀子·王霸》“五伯是也”之

① 《國語》,上海古籍出版社,1998年,第613頁。
② 《國語》,第614頁。
③ 段玉裁《説文解字注》,上海古籍出版社,1981年,第271頁。
④ 陳奇猷《韩非子新校注》,上海古籍出版社,2000年,第635頁。
⑤ 歐陽詢《宋本藝文類聚》,上海古籍出版社,2013年,第505頁。

“伯”，皆此例也。

**35. 其言於東方何見乎旦(087)**

按：乎，注疏本、單疏本作“于”。阮校：“于，宋本同，與《公羊傳》合。閩、監、毛本作‘平’。”此處原當作“乎”爲是，阮校所引閩、監、毛本作“平”，蓋“乎”字之訛。“乎”異文作“于”，習見於古籍，如《莊子・人間世》“且幾有翦乎”，陸德明《釋文》：“翦乎，崔本作‘前于’”[①]，不煩備舉。

注疏本、單疏本“旦”後有“也”。

**36. 乃會大夫而謀曰(090)**

按：會，注疏本作“合”。

**37. 未明(093)**

按：未，注疏本、單疏本作“昧”。未，亦可作“昧”解，《釋名・釋天》：“未，昧也，日中則昃向幽昧也。”[②]敦煌本之“未”或存舊。

**38. 木貫而載之(097)**

按：注疏本、單疏本“木”前有“以”字。

**39. 與此别也(098)**

按：“與此别也”後至行末，敦煌本有朱筆寫的“反曰宍食者”五字，下行行首幾個朱筆字跡不可辨，但參照注疏本並根據行款格式判斷當爲“至死乎”三字，由此，我們可知此段疏文前完整的朱筆注文起止是：“‘反曰宍食者’至‘死乎’”，而注疏本、單疏本均作“‘反曰’至‘死乎’”。據此可知，《春秋正義》在流傳過程中，後世對其段首相當於標題作用的注文起止有過文字删節。

---

① 陸德明撰、黄焯彙校《經典釋文彙校》，第 749 頁。

② 劉熙撰、畢沅疏證、王先謙補《釋名疏證補》，中華書局，2008 年，第 12 頁。

**40. 小則嬖子死否則(100)**

按:嬖子,注疏本、單疏本作"嬖妾適子"。否,注疏本、單疏本作"不然"。今本《國語・吴語》此文作"小則嬖妾、嫡子死,不則……"①可知,敦煌本當是節引《吴語》。

**41. 大則越入吴也將毒不可與戰主其許之先與(101)**

按:也,注疏本、單疏本無。

先,注疏本、單疏本作"説"。查考《國語・吴語》,此句作"主其許之先"②,當在"先"字後斷句;注疏本、單疏本皆引作"主其許之",在"許之"後面斷句。下言"説與此傳小異",可知敦煌本所引爲是,注疏本、單疏本皆將"先"字誤"説",又衍入下文,今可據敦煌本正之。

**42. 此傳小異也(102)**

按:也,注疏本、單疏本無。

**43. 晉侯次之(103)**

按:次,注疏本、單疏本作"亞"。

**44. 强合之也(110)**

按:之,注疏本、單疏本皆無。

**45. 大保帥西方諸侯(114)**

按:大,注疏本作"太",單疏本作"大"。

**46. 吴爲伯故也　　　正(120)**

按:"也"字後,"正"字前有朱筆所書注文起止"魯賦至事晉"五字。

**47. 邾賦六百乘君之私也魯賦八百乘君之敵也(121、122)**

按:注疏本、單疏本作"魯賦八百乘,君之貳也。邾賦六百乘,

---

① 《國語》,第612頁。

② 《國語》,第612頁。

君之私也。”此句出自《左傳・哀公七年》，注疏本、單疏本引文與今本《左傳》文字同，敦煌本引文的文字有别於今本《左傳》，語序上也有所顛倒，恐爲意引。

**48. 當謂周之十月也(128)**

按：也，注疏本、單疏本無。

**49. 且祭終朝而畢(129)**

按：注疏本、單疏本“祭”後有“禮”字。

**50. 以恐吴耳(130)**

按：“耳”字後有朱筆書注文起止“注‘一盛’至‘飲之’”六字，注疏本、單疏本均作“注‘一盛’至‘得飲’”。查考注疏本這段的注文完整的起止句分别是“一盛，一器也”和“言但得視，不得飲”，今據敦煌本朱筆所標注文起止，可推斷出敦煌本所據杜預注“言但得視，不得飲”後當有一“之”字。

**51. 是褐者寒時賤人之衣服也(133)**

按：時，注疏本、單疏本皆無。當有“時”字，於義爲勝。

**52. 之食也　　　　　正義曰食以稻粱爲貴故以粱(135)**

按：之，注疏本、單疏本作“乏”。根據上下文判斷，敦煌本的“之”字應爲“乏”字之訛。此句作“告已之之食也”，亦可證敦煌本後一“之”字爲誤字，否則前有“之”字，此處按全卷抄寫習慣當用重文符號。

食，注疏本作“飲”，單疏本作“食”。此處當作“食”爲是，作“飲”恐爲後人涉上文“不得飲之”(見“録文”第134行)而誤改。

參照注疏本、單疏本可知，“之食”後敦煌本或有朱筆“對曰至則諾”五字，據高清彩圖，可見“則”字。

粱，或爲“粱”之俗訛字，注疏本、單疏本皆誤，下同。

**53. 之末有宍，象[有武而不用]([ ]内文字敦煌本殘缺，爲語義完整，據注疏本補)(145)**

按：象，注疏本、單疏本作"示"。

原載《敦煌學研究》2006 年第 2 期（韓國首爾出版社），後修訂收入《古文獻研究集刊》第二輯（鳳凰出版社，2008 年）。近年新見法國國家圖書館網站公佈的高清彩圖，朱筆漫漶之處可一睹真容，今略作訂補。原文文末的"參考文獻"作爲脚注散入正文。

# 竹添光鴻《左氏會箋》誤引《説文》“歃”字釋義考原

日本學者竹添光鴻撰有《左氏會箋》一書，針對《春秋左傳》的字句展開過精細的訓詁與考辨，在隱公七年曾對“歃”字有過考證，具體如下：

> 歃如忘。箋曰：歃非歠血之謂也。《説文》“一曰盟者以血塗口旁曰歃”，此説是也。《淮南子·齊俗訓》：“越人劗臂，中國歃血，一也。”①

經查覈發現，《説文·欠部》：“歃，歠也。从欠、臿聲。《春秋傳》曰：‘歃而忘。’”②而《左氏會箋》引自《説文》的釋義“一曰盟者以血塗口旁曰歃”，既不見於《説文》所有的傳世版本，也不見於歷代

① ［日］竹添光鴻《左氏會箋》，巴蜀書社，2008年，第88頁。
② 許慎《説文解字》，中華書局影印陳昌治刻本，2002年，第180頁。

典籍徵引《説文》的詞句。

目前可見最早記録這一釋義的是兩宋之交浙江江山毛晃、毛居正父子撰著的《增修互注禮部韻略》，該書卷五（入聲）：

> 歃，色洽切。歠也。盟者以血塗口旁曰歃。又業韻，从千誤，今正而圈。[①]

其後這條釋義在元明清的韻書、字書中屢有承襲，例如：

1. 元代黄公紹、熊忠《古今韻會舉要》卷三〇（入聲）：

> 歃，色洽切，音與殺同。《説文》："歠也。从欠、臿聲。"引《春秋左傳》"歃而忘"。《增韻》："盟者以血塗口旁曰歃血。"[②]

2. 明代張自烈、廖文英《正字通》辰集下・欠部：

> 歃，霜洽切，音霎。《説文》："歠也。"或曰："盟者以血塗口旁曰歃血。"《春秋傳》："歃而忘。"俗讀若插，義同。通作唼，《漢・高紀》："唼血而盟。"又通作喢，《後漢・馮衍傳》："喢血昆陽。"舊注訓歠，改音攝，非。[③]

3. 清代《康熙字典》辰集・欠部：

---

① 毛晃增注、毛居正重增《增修互注禮部韻略》（全十册），《中華再造善本》據上海圖書館藏元至正十五年日新堂刻明修本影印，北京圖書館出版社，2005年。

② 黄公紹、熊忠《古今韻會舉要》，中華書局，2000年，第489頁。

③ 張自烈、廖文英《正字通》，中國工人出版社，1996年，第550頁。

> 歃，《唐韻》："山洽切。"《集韻》、《韻會》、《正韻》："色洽切"，並音"啑"。《説文》：歠也。一曰：歃血也，盟者以血塗口旁曰歃血。《淮南子·齊俗訓》："胡人彈骨，越人𦚔臂，中國歃血，所由各異，其於信一也。"《史記·平原君傳》："王當歃血而定從。"通作啑。《後漢·馮衍傳》："啑血昆陽。"又通作唼。《前漢·高帝紀》："唼血而盟。"……①

《增修互注禮部韻略》，元代的《古今韻會舉要》將其簡稱爲《增韻》，查覈《古今韻會舉要》的幾種存世版本發現，中國國家圖書館藏元刻本、日本宫内廳書陵部藏元刻本、日本早稻田大學圖書館藏古活字本在"歃"字釋義下徵引《增韻》時，皆有相當於書名號功能的括號標識，而到了明嘉靖十五年秦鉞、李舜臣刻十七年劉儲秀重修本，卻不見了標識書名的括號，可見明代的刻書者可能已經不知此處"增韻"是書名簡稱，參見"圖 1～4"。

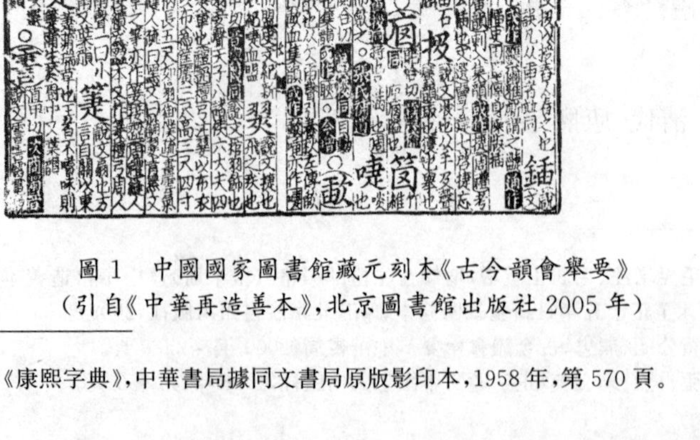

圖 1　中國國家圖書館藏元刻本《古今韻會舉要》
（引自《中華再造善本》，北京圖書館出版社 2005 年）

① 《康熙字典》，中華書局據同文書局原版影印本，1958 年，第 570 頁。

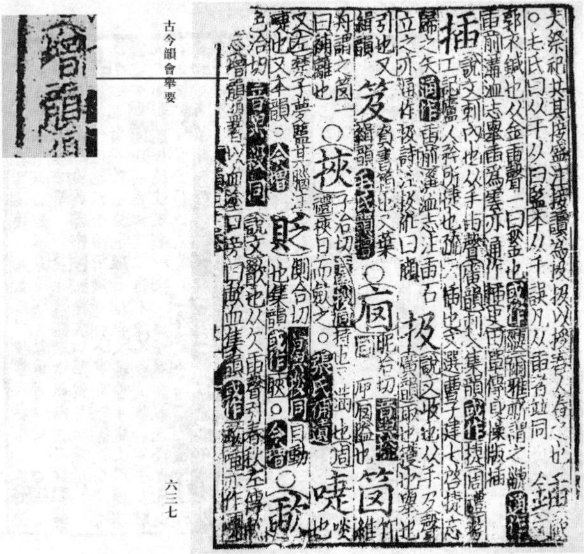


圖 2　日本宫内廳書陵部藏元刻本《古今韻會舉要》
（引自《日本宫内廳書陵部藏宋元版漢籍選刊》第 30 册，
上海古籍出版社，2013 年，第 637 頁）

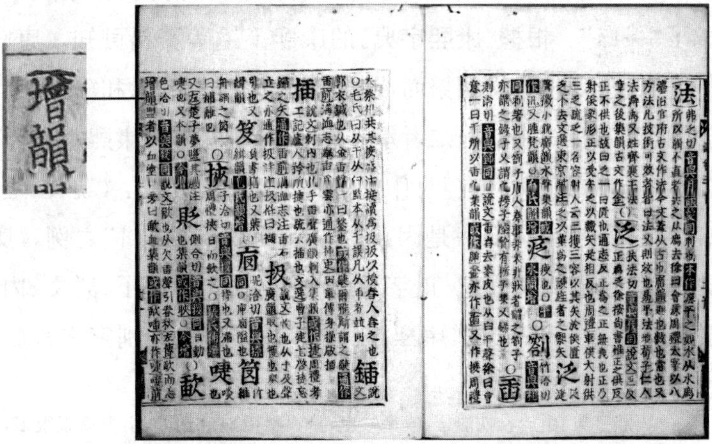

圖 3　日本早稻田大學圖書館藏古活字本《古今韻會舉要》
（引自日本早稻田大學圖書館網站：http://archive.wul.waseda.ac.jp/kosho/ho04/ho04_00367/ho04_00367_0015/ho04_00367_0015_p0043.jpg）

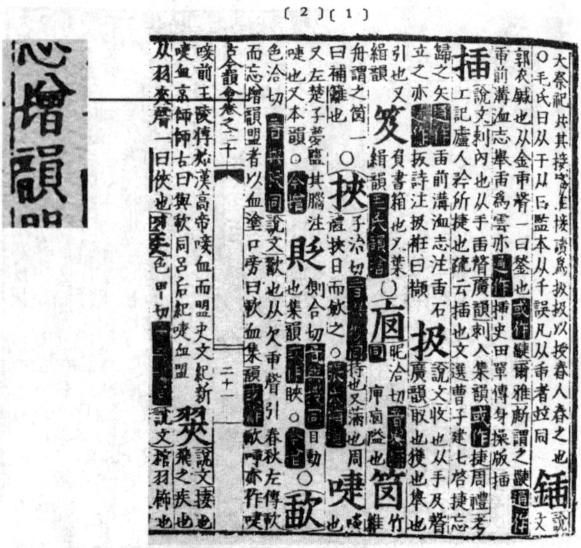

圖 4　明嘉靖十五年(1536)秦鉞、李舜臣刻,十七年(1538)劉儲秀重修本《古今韻會舉要》(引自中華書局影印本,2000 年)

至明代《正字通》“增韻”變成了“或曰”,而清代的《康熙字典》又成了“一曰”。根據《康熙字典》的康熙上諭等資料可知,《康熙字典》多取《正字通》之文刪繁而成,通過對比《正字通》和《康熙字典》關於“歃”字的釋義内容,二者承襲關係清晰可辨,《康熙字典》正是將《正字通》“或曰”的内容改作“一曰”云云,連綴在了《説文》之後。這裏存在兩種可能性:一是因爲《説文》釋義有“或曰”之例,《康熙字典》編者由於粗疏誤把《正字通》引的“或曰”當成了《説文》内容,録於《説文》之後[1];二是《康熙字典》編者只是附記别家之言於《説

[1] 《康熙字典》由於卷帙浩繁,成書較速,纂輯諸臣迫於期限,引書錯誤很多,清代學者王引之曾經奉旨糾正《康熙字典》引書之誤 2588 條,撰成《康熙字典考證》,日本學者渡部温的《康熙字典考異正誤》和王力先生的《康熙字典音讀訂誤》也分别針對《康熙字典》的訛誤作過校正。也許因爲“歃”字此處“一曰”的内容很難斷言是《康熙字典》編者誤作《説文》,所以這些校訂著作中都未及此問題。

文》後，以存異説。從《康熙字典》引書體例與標注來看，前者的可能性更大。然而無論哪種可能，《康熙字典》的文字編排都在客觀上容易給人造成誤讀，因爲《説文》釋義也有“一曰”之例，在《康熙字典》中又存有大量徵引《説文》“一曰”的内容，於是極易讓人誤認爲“一曰歃血也，盟者以血塗口旁曰歃血”遂自《説文》。

竹添氏引《説文》“一曰盟者以血塗口旁曰歃”，後又引《淮南子·齊俗訓》之語，和《康熙字典》如出一轍，可見他所使用的關於“歃”字的釋義材料極有可能是從《康熙字典》轉引的，且把“一曰”後的文字誤認作《説文》。

竹添氏關於“歃”字的這一釋義影響廣泛，直至近年春秋盟誓研究的相關著述中仍在援引這一説法，並且把“盟者以血塗口旁曰歃血”當作《説文》的内容加以徵引。[①]以至於在大衆傳播層面，關於古代歃血結盟的認識，常以此爲漢代古義，被以訛傳訛[②]，這是應當糾正的錯誤。

《左氏會箋》將《增韻》引作《説文》的這則誤例，實際上是關係古代字書引書在傳承過程中的訛變問題，字書的書證材料未必取自原書，有時是字書之間的輾轉傳抄，由此産生了書證與引書原文之間的差異，二者進而構成異質化的文本，甚至會反向影響原書的文本面貌。這類現象在古代字書以及現代工具書中普遍存在，使用這些資料時務必要保持警惕，注意甄别查證。

---

① 吕靜《春秋盟誓研究》第五章：“《説文解字》最早提出了盟法中歃血的具體做法：盟者以血塗口旁，曰歃血。竹添光鴻在《左氏會箋》注釋陳五父‘歃如忘’時指出，歃並没有‘歠’的意思。”（上海古籍出版社，2007 年，第 181 頁。）

② 例如，2013 年 1 月 4 日深圳衛視《年代秀》節目，即以“漢代許慎在《説文解字》中注解歃血的具體做法爲‘盟者以血塗口旁曰歃血’”作爲競猜答案公佈。視頻參見：http://v.youku.com/v_show/id_XNDk3NTgzOTc2.html，28：23 開始。

附記：關於竹添光鴻誤引《説文》的問題是師弟吴柱最早發現的，後來筆者經查覈考證，找到致誤之由，寫就本文。初稿完成後，承蒙真大成兄、蕭旭先生審閲匡正，今併致謝忱。

2014年8月2日

補記：本文原以《竹添光鴻〈左傳會箋〉誤引〈説文〉一例考原》爲題刊於《漢語史學報》第十三輯（2013年12月），原刊目録中篇名文字排印有誤。今將篇名稍作改易，以彰明文章考察重點，正文部分亦有訂補，尤其是又覆覈了《古今韻會舉要》的幾種版本，發現明代刻書家對於《增韻》一書的認識已經比較模糊，增補了一段文字及插圖。

由此想到，作爲流傳有序的古書，即使是内容完全一樣的同一部書，在物質形態翻刻複製的同時，也會融入知識階層的理解、認知與判斷，如今大量海内外古籍善本的影印出版和掃描共享，爲我們一睹古人思想觀念的變遷提供了前所未有的條件。

2017年9月21日

# 隱義:一種消失的古書形制

近年來隨着國内外圖書資源的開放,許多以往秘不示人的珍本古籍也被掃描上網,提供在綫閲覽,爲學術研究的深入提供了便利與契機,比如 2016 年 7 月份日本宫内廳陸續公開的 119 件漢文古籍善本全文圖像,其中有大量的漢文舊抄本,這些舊抄本不僅從内容上承襲了我國古代經典在寫本時代的異文,而且從形制上保留了不少我國古寫本的特點,非常值得重視。以金澤文庫舊藏日本文永四至五年(1267—1268)《春秋經傳集解》抄本和鐮倉時期(1185—1333)《史記・范雎蔡澤列傳》抄本爲例,在相關文字紙背的對應位置分别抄有唐代孔穎達《春秋左傳正義》和司馬貞《史記索隱》、張守節《史記正義》,這是極爲特别的現象,這種現象與我國六朝隋唐時期流行的一種古書形制——"隱義"、"音隱"或存歷史淵源。

## 一、六朝隋唐時期的"隱義"類文獻

六朝隋唐時儒家經典的注釋文獻中,多有以"隱"字命名的,如

“隱義”,《梁書・何點傳》明確記載:“(何胤)注《易》,又解《禮記》,於卷背書之,謂爲《隱義》。”[①]《隋書・經籍志》載:“梁有《喪服經傳隱義》一卷,亡”,“《論語隱義注》三卷,亡”。[②] 從《梁書》記載可以看出,所謂“隱義”多在卷背書之,因此又有“背隱義”,如《隋書・經籍志》載:“梁有《毛詩背隱義》二卷,宋中散大夫徐廣撰。”[③]又有“音隱”,如《隋書・經籍志》:“《毛詩音隱》一卷,干氏撰。亡。”[④]《舊唐書・經籍志》:“《春秋左氏音隱》一卷,服虔撰。”[⑤]還有“表隱”,如《隋書・經籍志》:“梁有《毛詩表隱》二卷,陳統撰,亡。”[⑥]

此外,南朝劉宋時期裴駰《史記集解》中徵引《史記音隱》九則[⑦],隋唐時期陸德明《經典釋文》、孔穎達《禮記注疏》大量援引《禮記隱義》,慧琳《一切經音義》引有《字林音隱》,且每則内容都較爲簡短。

清代姚振宗《隋書經籍志考證》:“按齊、梁時隱士何胤注書,於卷背書之,謂爲隱義。背隱義之義,蓋如此。由是推尋,則凡稱‘音隱’、‘音義隱’之類,大抵皆從卷背録出,皆是前人隱而未發之義。當時别無書名,故即就本書加‘隱’字以明之。”[⑧]可見前人根據著録,對“隱義”、“音隱”類文獻多有推測,雖有一定的合理性,但難於明辨。大體而言,“隱義”類文獻多出現在古代經典的紙背,所謂

① 姚思廉《梁書》,中華書局,1973 年,第 735 頁。

② 魏徵、令狐德棻《隋書》,中華書局,1973 年,第 920 頁、第 936 頁。

③ 魏徵、令狐德棻《隋書》,第 917 頁。

④ 魏徵、令狐德棻《隋書》,第 916 頁。

⑤ 劉昫等《舊唐書》,中華書局,1975 年,第 1977 頁。

⑥ 魏徵、令狐德棻《隋書》,第 916 頁。

⑦ 司馬遷《史記》,中華書局,2014 年,第 41 頁、第 494 頁、第 1724 頁、第 1925 頁、第 2047 頁、第 3009 頁、第 3094 頁、第 3097 頁、第 3355 頁。

⑧ 姚振宗《隋書經籍志考證》,《二十五史藝文經籍志考補萃編(第十五卷)》,清華大學出版社,2014 年,第 1 册第 130 頁。

“隱”只是對古書形制的描述,無關古書内容的微言大義,從史志目録著録的卷次以及《史記集解》、《經典釋文》、《禮記注疏》援引的情況看,這類古注一般篇幅不大。近百年來隨着出土文獻的整理與研究,“隱義”、“音隱”類文獻出現了疑似實物,英國大不列顛博物館藏 S. 10《毛詩鄭箋》、法國巴黎國家圖書館藏 P. 2669《毛詩詁訓傳鄭氏箋》紙背的音義材料,潘重規、鄭阿財等先生認爲當即《毛詩音隱》,許建平先生對 S. 10“音隱”的判斷持有異議。① 另外,俄藏黑水城西夏文文獻 X1《同音》(丁種本)背面的注文,韓小忙先生定名爲《同音背隱音義》,認爲屬於“音隱”一類,是 12 世紀時西夏文獻對漢文文獻注釋形式的承襲。②

## 二、保存在日藏舊抄本紙背與“隱義”相關的文獻

“隱義”類文獻,因爲從形制上要寫在紙背,在進入雕版印刷時代以後,古籍的裝幀發生了巨大的變化,尤其是綫裝古書,要將每頁印有文字的紙張對折,把有字的部分露在外面,無字的部分折到裏面,每頁紙背已經無處落墨,那麼這種注釋形式在我國就徹底消失了,除了上文所述的出土文獻,至今没有其他可以佐證的實物。所幸古寫卷的形制在日本一直有所沿用,在日本傳抄的漢籍文獻中,“隱義”的形制得到了較好的繼承,如今通過日本所藏的舊抄本,可以對我國已經消失的“隱義”類文獻作出復原性探索。

---

① 潘重規《敦煌詩經卷子研究論文集》,(香港)新亞研究所,1970 年,第 1 頁;鄭阿財《論敦煌文獻展現的六朝隋唐注釋學——以〈毛詩音隱〉爲例》,《敦煌學輯刊》2005 年第 4 期;許建平《敦煌文獻叢考》,中華書局,2005 年,第 110 頁。

② 參見韓小忙《〈同音背隱音義〉整理與研究》,中國社會科學出版社,2011 年。

以《史記》爲例，平安時期(794—1185)舊抄本《孝文本紀》、鐮倉時期(1185—1333)舊抄本《范雎蔡澤列傳》紙背都在正面《史記集解》相關對應位置抄有司馬貞的《史記索隱》、張守節的《史記正義》，張宗品《〈史記〉的寫本時代：公元十世紀〈史記〉的傳寫與閱讀》(北京大學2012年博士論文)認爲這些具有"音隱"的性質。近來日本宮内廳公佈的金澤文庫舊藏文永四至五年(1267—1268)《春秋經傳集解》抄本共30個卷軸，包括春秋十二公的全部内容，其紙背抄有大量的孔穎達《春秋左傳正義》，但有删選，主要見於隱公、成公、襄公等卷軸，應當屬於節抄，我們認爲這些紙背的孔疏也和"隱義"類文獻具有相關性。

通過簡略考察這些紙背的舊注材料，可以看出舊注的内容與紙張正面文字具有較爲嚴格的對應關係，從《史記·范雎蔡澤列傳》寫卷來看，有一處司馬貞的《史記索隱》在紙背抄錯了對應位置，抄寫者用朱筆圈掉，作出更正，這條"索隱曰徐據秦本紀及表而知之也"，原當對應的正文是"已而與武安君白起有隙，言而殺之"，在紙背誤抄至正文"坐法誅"背面對應行，後又圈掉，重新寫到正確的對應位置。(見圖1、圖2)《春秋經傳集解》紙背的《春秋左傳正義》因爲有的條目篇幅過長，往往是起始行對應。(見圖3)

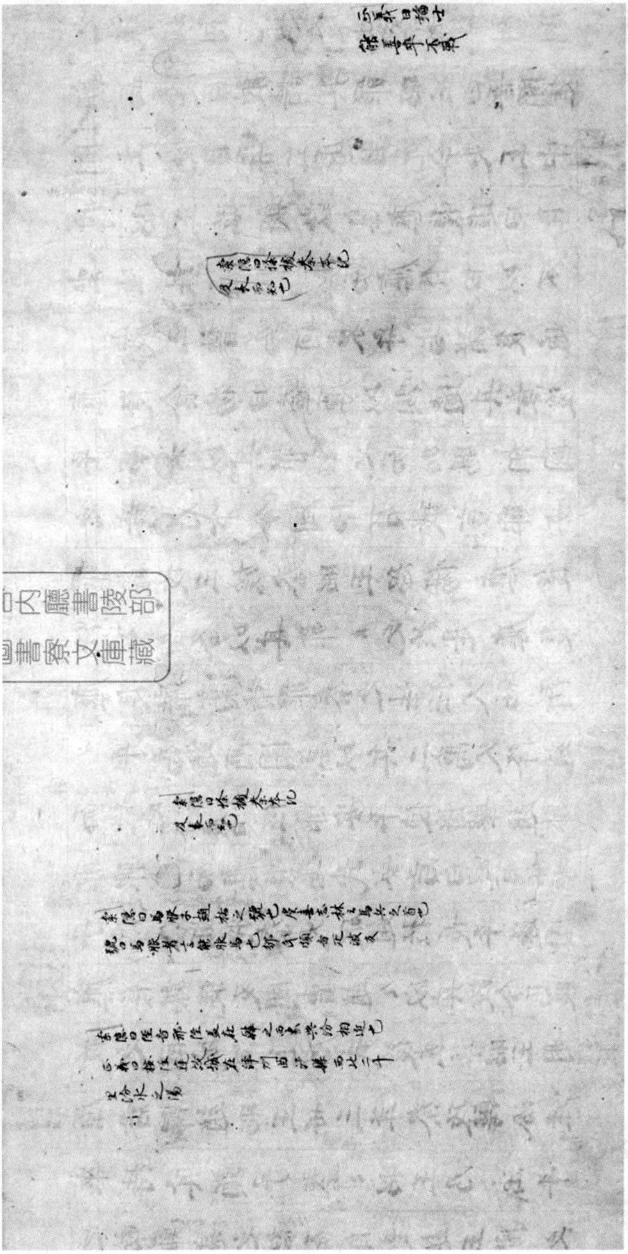


圖 1 《史記·范雎蔡澤列傳》卷背舊注

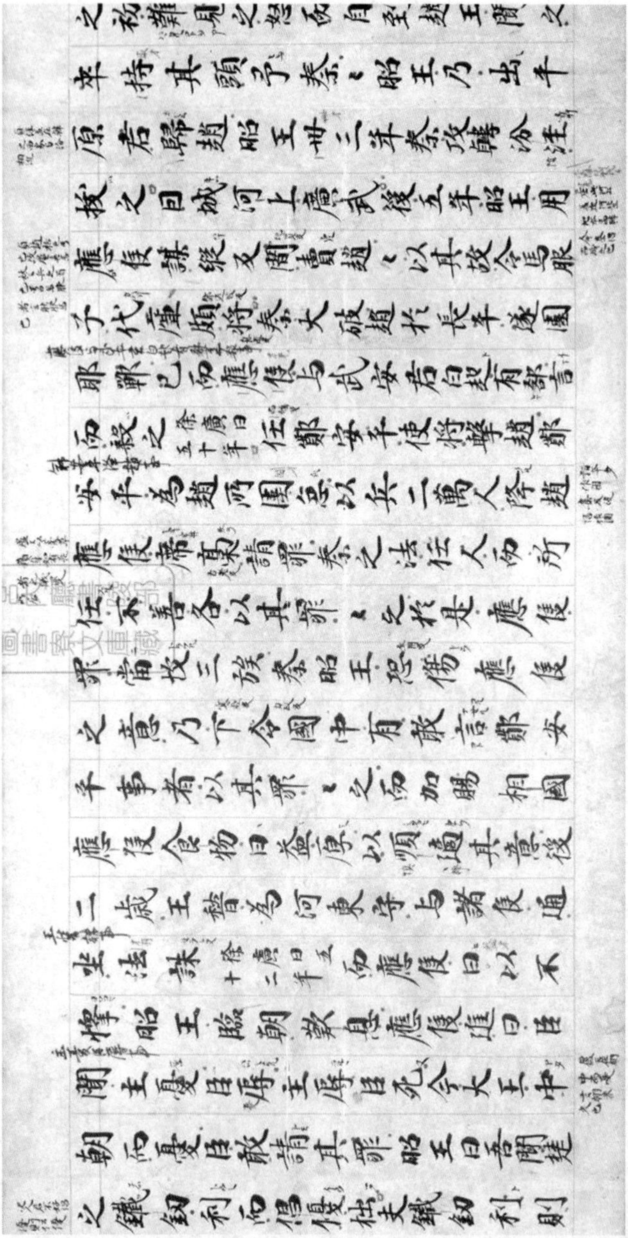

圖 2 《史記·范雎蔡澤列傳》卷子正面

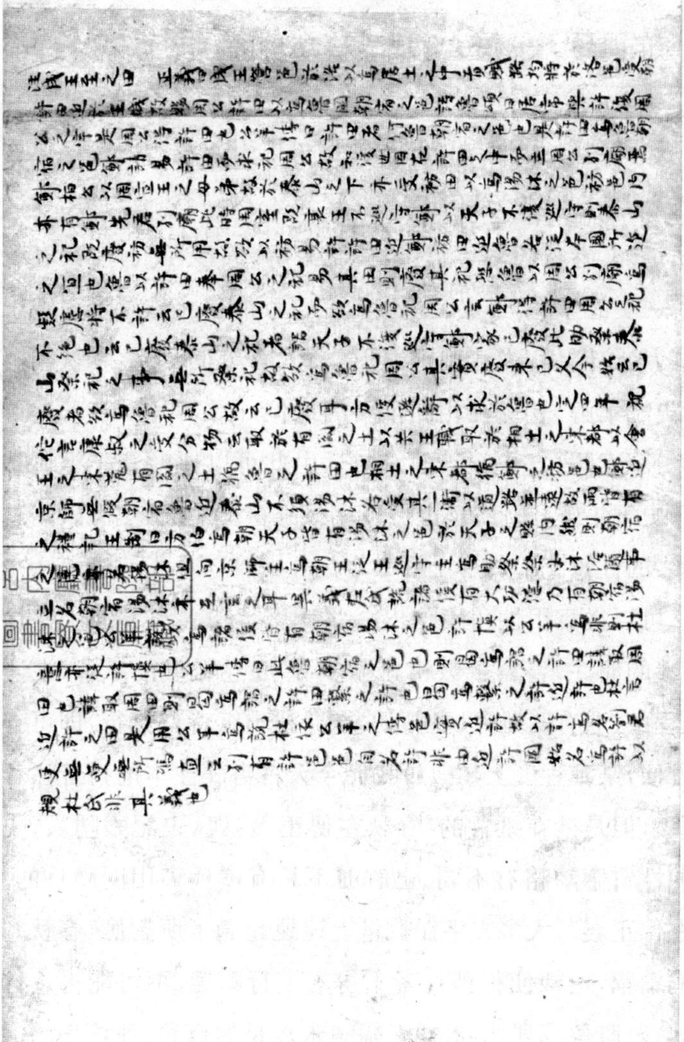

圖3 金澤文庫本《春秋經傳集解》隱公八年卷背《正義》

## 三、關於"隱義"、"音隱"相類舊注的幾點思考

這類紙背與"隱義"相類的舊注文獻可以引起我們對於經典古注以及"隱義"類文獻源流演變的更多思考。

首先,這類《春秋經傳集解》、《史記集解》與抄在紙背的《春秋左傳正義》、《史記索隱》、《史記正義》,從正反的書寫位置上决定了它們之間的地位關係,從這種書寫形式看,顯然正面的《春秋經傳集解》和《史記集解》是處在相同重要的地位,而紙背的《春秋左傳正義》與《史記索隱》、《史記正義》次之,由此可以比較儒家經典魏晋古注與《史記集解》的性質,也可以比較經書疏文與《史記索隱》、《史記正義》的性質。

其次,可以從實用性角度作出一些反思,"隱義"、"音隱"往往是詮解音義的簡注,書寫字數相對不多,抄在卷軸裝的紙背,在閱讀古書過程中,遇有疑難,只要轉動卷軸,找出紙背對應行,即可查看,極爲方便,某種程度上類似於我們今天古書譯注本的拼音注音與簡明釋義,但是抄在紙背的《春秋左傳正義》與《史記索隱》、《史記正義》的性質應該略有不同,也許並不具有這種實用閱讀目的。像《春秋左傳正義》,大多文字在數量上遠遠超過了所對應《春秋經傳集解》的篇幅,這樣使得抄寫者不得不進行删選,不可能再逐行對應,又如《范雎蔡澤列傳》這樣一幅一米多長的寫卷,連篇累牘的《史記索隱》、《史記正義》密密麻麻地抄在紙背,無論是按照行格抄寫還是翻檢閱讀都殊爲不易,那麼這些舊注作爲備覽資料的價值可能大於實用閱讀價值。這一點可以與儒家經典的單疏本、《史記索隱》單行本作出比觀與思考,從另一個角度也反映出杜預《春秋

經傳集解》、裴駰《史記集解》這類魏晋時期的經典舊注才是流佈最爲廣泛的古注,經典原文與這些古注已經合二爲一,通行於世,而其後的義疏,即使如唐代官方頒布的孔穎達《五經正義》,可能也只是知識階層閱讀經典的一種備用參考。

再次,對於"隱義"類文獻的源流發展可以做出一些探討。一方面,從《春秋經傳集解》和《史記集解》紙背的舊注材料看,大都與正面的正文以及注文有着較爲嚴格的對應關係,如上文討論,這種對應關係,對於紙本長卷而言,在抄寫與閱讀中有時不易操作。另一方面,文獻著録記載的"隱義"雖然多是東漢至六朝時期的,但大都和西漢以前的經典有關,如《毛詩》、《禮記》、《左傳》、《史記》,結合時代考慮,我們推測"隱義"這種注釋形式或許並非始於魏晋時期,而是起源於簡册形制的古書,因爲對於竹簡而言,抄寫時每支簡正反文字對應易於操作,加之"隱義"文字的簡短,一兩支簡即可容納相關内容。可惜至今出土的各類竹簡中尚未有此類實物,只能有待將來的新發現去驗證。而後世作爲卷軸裝紙背的舊注對"隱義"雖有繼承,實用閱讀價值卻在逐漸淡化與轉變,以至於會把孔穎達《春秋左傳正義》這樣的長篇經疏抄到紙背。因此如今看到的日藏舊抄本《春秋經傳集解》和《史記集解》紙背舊注,並不能完全等同於六朝隋唐時期流行的"隱義"、"音隱",但它們是我國古老書籍形制的延續與變體,是鄰邦日本對我國古代文化繼承與發展的寫照,對於我們認識已經消失的古書形制"隱義"具有彌足珍貴的參考價值。

原載《光明日報》2017年04月15日11版(國學版),編輯有删節,今據原稿,略有增訂。

# 附　録

## 條目索引（按《春秋》三傳章節次第排序）

説明：條目引文依據中華書局1980年影印《十三經注疏》本。

### 《春秋左傳》

#### 隱公

**宣公**



**成公**

**定公**

## 《春秋穀梁傳》

### 隱公



### 莊公



### 僖公



### 文公



### 宣公

## 異文索引(按音序排序)

說明:字頭依據中華書局1980年影印《十三經注疏》底本文字的用字。

Z

# 後　記

2000 年 9 月 12 日，中秋節，我來到南京師範大學古典文獻專業注册入學，至今已經十九年了，正好一個陰陽曆循環，人生又翻過了一“章”。

自 2004 年攻讀碩士以來，我一直對《春秋》三傳有所關注。圍繞《左傳》的字詞訓詁與校勘考證，撰成碩士論文《讀〈左〉脞録》，在此基礎上陸續發表若干篇文章，尤其以異文考索爲旨趣。不少曾經探討過的問題，時隔多年以後遇到新材料，又重作思考，加以訂補。此次結集，即以這些已有的研究爲基礎。

感謝趙生群老師，感謝方向東老師、施謝捷老師、黄征老師，感謝那些在不同時期給予我指導和幫助的師友。

本書在鳳凰出版社出版，説來還有一層淵源。2007 年我的碩士論文答辯主席是薛正興先生，薛先生先後師承洪自明、徐鳴謙兩位先生，後長期在江蘇古籍出版社（2002 年更名鳳凰出版社）從事編輯工作。當年答辯前後薛先生與我時有討論，後來在我讀博階段，又多蒙先生教誨。没承想 2010 年薛先生猝然離世，從此天人永隔。此番能在他生前的工作單位出版,冥冥中也是一種緣分。

由於自己學殖淺薄,書中多是餖飣獺祭之論,不成體系,姑且定名《〈春秋〉三傳研究初集》,也寄希望將來能再作更深一步的研究。

蘇芃

2019年歲末於金陵西園舊址